绿色经济与绿色发展经典系列丛书

云南省城镇绿色发展模式研究

巩合德　罗明灿　郑　丽　主编

袁朝祥　徐　刚　杨开业　崔庆江
许雯珺　高群博　戎冠霖　李莹芸　副主编

中国林业出版社

图书在版编目(CIP)数据

云南省城镇绿色发展模式研究／巩合德，罗明灿，郑丽主编. —北京：中国林业出版社，2018.12

（绿色经济与绿色发展经典系列丛书）

ISBN 978-7-5038-9919-5

Ⅰ. ①云… Ⅱ. ①巩… ②罗… ③郑… Ⅲ. ①生态城市–城市化–发展模式–研究–云南 Ⅳ. ①X321.274

中国版本图书馆 CIP 数据核字 (2018) 第 291571 号

中国林业出版社·建筑分社

责任编辑： 纪　亮　樊　菲

文字编辑： 尚涵予

出　　版：中国林业出版社
　　　　　（100009　北京西城区刘海胡同 7 号）
网　　站：http://lycb.forestry.gov.cn
发　　行：中国林业出版社
电　　话：(010) 83143610
印　　刷：北京中科印刷有限公司
版　　次：2018 年 12 月第 1 版
印　　次：2018 年 12 月第 1 次
开　　本：1/16
印　　张：14.5
字　　数：250 千字
定　　价：68.00 元

《绿色经济与绿色发展经典系列丛书》编委会

组编单位：绿色发展研究院

主　　任：吴　松

副 主 任：罗明灿　陈国兰　蓝增全

本书编委会

主　　编：巩合德　罗明灿　郑　丽

副 主 编：袁朝祥　徐　刚　杨开业　崔庆江

　　　　　许雯珺　高群博　戎冠霖　李莹芸

前　言

　　21 世纪是城市的世纪，城镇化的程度也越来越高，越来越多的人涌入到城市中生活，农村也在不断地城镇化。根据联合国预测数据，到 2020 年，世界城镇化比例将达到 54.9%，城市人口将突破 42 亿。在这个大潮流下，近些年来，我国农村城镇化的程度也不断提高，但与此同时，也出现了各种各样的问题亟待解决。空气污染、水污染是中国城镇化进程中"大城市病"的集中表现，所造成的健康损失极大，事关生命安全。中国城镇化进程中的"大城市病"并不仅仅是人口和产业过度集中所造成的交通拥挤、空气污染等问题，更与中国经济发展中的粗放型发展方式和扭曲的激励机制联系在一起，最终导致了"病态的城市化"。尤其是空气污染和水污染，甚至直接威胁城镇居民的生存底线，喝干净水、吸清洁空气已经成为重大的民生期待。

　　从中国经济社会发展背景来看，中国城市发展正处于"人与自然"和"人与人"关系的瓶颈期，特别是"人与自然"的关系越来越制约着城镇化的道路。城镇化过程中所带来的环境污染问题，引起生活环境的恶劣变化，是社会越来越迫切需要解决的问题。城市经济结构、城乡二元结构和区域城市整合等因素也制约着城镇化的发展，因此，中国城镇化迫切需要向绿色发展转型，绿色模式在我国城镇化的发展过程中显得尤为重要。

　　云南省作为我国西南边陲的一个省份，虽然有着得天独厚的自然资源，但由于各种原因，云南省的经济发展制约着城镇化的进程，尤其是绿色城镇发展试点开展较晚。为响应国家文明城市创建的号召，云南省为全面深入贯彻落实《国务院关于深入推进新型城镇化建设的若干意见》(国发〔2016〕8 号)，加快推进新型城镇化建设，也提出诸多指导意见。

　　为了更好、更快地推进云南省绿色城镇化建设，西南林业大学地理学院通过搜集、整理相关数据，从而编写了《云南省城镇绿色发展模式研究》一书，书中主要涉及城镇化的绿色化、绿色基底与碳汇碳排放核算、目标定位与绿色化指标体系构建、整体推进全域绿色城镇化、云南省城镇绿色发展模式、绿色城镇化绩效评价及能力建设、云南省城镇绿色发展案例研究等章节，期望为其他研究云南省城镇绿色发展的相关科研人员提供理论依据。

　　本书在编写过程中，借鉴和遵循了《国务院关于深入推进新型城镇化建设的若干意见》(国发〔2016〕8号)、《云南省城镇化发展特征、路径及对策研究》(郭凯峰、苏涵，2011)等成果，在此衷心感谢前人的扎实工作。同时本书在编写过程中得到昆明市保护地生态文明建设工程技术研究中心和云南省保护地生态文明建设工程研究中心等单位的大力支持，西南林业大学地理学院、西南林业大学生态旅游学院、中国科学院昆明植物研究所和中国科学院昆明动物研究所等单位的专家们也为本书的编写提出了许多建设性的意见。在此，编委会对支持和帮助本书编写的专家学者们表示诚挚的感谢。由于作者水平有限，本书难免有不足和疏漏之处，恳请各位同仁批评指正。

CONTENTS

目 录

城镇化的绿色化

1.1　推进绿色城镇化的必要性

　　什么是绿色城镇化？绿色城镇化是指：城镇发展与绿色发展紧密结合，城镇的社会和经济发展与其自身的资源供应能力和生态环境容量相协调，具有生态环境可持续性、人的发展文明性、城镇发展健康性等特征的城镇发展模式及路径。

　　在我国，"城"最早是一种大规模永久性防御设施，主要用于防御野兽侵袭，后来演变为防御敌方侵袭。最早的"城"还不具备宗庙、宫室、商业市场、手工业工厂等一般城市所应具备的物质要素。

　　"镇"与"市"原本有严格的区别。"民人屯聚之所谓村，有商贾贸易者谓之市，设官防者谓之镇"。而"镇"真正摆脱军事色彩是到了宋代，以贸易镇市的形式出现于经济领域，成为农业集市和县治之间的一级商业中心。近现代，"镇"也引申为一级政区单元和起着联系城乡经济纽带作用的较低级的城镇居民点。

　　西班牙工程师塞达（A. Serda）在 1867 年首先使用了"Urbanization"一词。20世纪 50 年代后，随着世界范围内城市化进程加快，"Urbanization"一词风靡世界。20 世纪 80 年代，我国学者在研究城市化问题之初多把"Urbanization"翻译为城市化（徐学强等，2009）。

　　城镇化是人的聚集过程、产业结构的优化过程、消费品的升级过程。城市是生产和消费的集中地，进城当市民，过上美好生活、享受城市文明成果，是中国农民的历史夙愿。进城的人多了，满足市民吃饭需求要大量的农田种庄稼；满足社会需求要供电、供水；满足环境需求要处理处置废物；满足吃饭需求的农田，满足生活需求的水、电，满足废物处理需求的环保，构成了城市的"生态足迹"。居民的吃饭穿衣、家政需求带动了服务业的发展。简而言之，城镇化是我国经济增长的原动力、出发点和落脚点（余晖等，2005）。

根据世界城镇化发展普遍规律，我国仍处于城镇化率30%~70%的快速发展区间，但延续过去传统粗放的城镇化模式，会带来产业升级缓慢、资源环境恶化、社会矛盾增多等诸多风险，可能落入"中等收入陷阱"，进而影响现代化进程。随着内外部环境和条件的深刻变化，城镇化必须进入以提升质量为主的转型发展新阶段。

城镇化发展面临的外部挑战日益严峻。在全球经济再平衡和产业格局再调整的背景下，全球供给结构和需求结构正在发生深刻变化，庞大的生产能力与有限市场空间的矛盾更加突出，国际市场竞争更加激烈，我国面临产业转型升级和消化严重过剩产能的挑战巨大；发达国家能源资源消费总量居高不下，人口庞大的新兴市场国家和发展中国家对能源资源的需求迅速膨胀，全球资源供需矛盾和碳排放权争夺更加尖锐，我国能源资源和生态环境面临的国际压力前所未有，传统高投入、高消耗、高排放的工业化城镇化发展模式难以为继。

城镇化转型发展的内在要求更加紧迫。随着我国农业富余劳动力的减少和人口老龄化程度的提高，主要依靠劳动力廉价供给推动城镇化快速发展的模式不可持续；随着资源环境瓶颈制约日益加剧，主要依靠土地等资源粗放消耗推动城镇化快速发展的模式不可持续；随着户籍人口与外来人口公共服务差距造成的城市内部二元结构矛盾日益凸显，主要依靠非均等化基本公共服务压低成本推动城镇化快速发展的模式不可持续。工业化、信息化、城镇化和农业现代化发展不同步，导致农业根基不稳、城乡区域差距过大、产业结构不合理等突出问题。我国城镇化发展由速度型向质量型转型势在必行。

城镇化转型发展的基础条件日趋成熟。改革开放40年来我国经济快速增长，为城镇化转型发展奠定了良好物质基础。国家着力推动基本公共服务均等化，为农业转移人口市民化创造了条件。交通运输网络的不断完善、节能环保等新技术的突破应用以及信息化的快速推进，为优化城镇化空间布局和形态，推动城镇可持续发展提供了有力支撑。各地在城镇化方面的改革探索，为创新体制机制积累了经验。

1.1.1　缓解城市病

联合国有关预测数据表明，到2020年，世界城镇化率将达到54.9%，同期世界城镇人口将突破42亿。随着城镇化的程度越来越高，越来越多的人涌入到城市中生活，广大农村也在不断地城镇化。近些年来，我国农村的城镇化程度也不断提高，随之出现的各种各样的问题便亟待解决。空气污染、水污染是中国城镇化进程中"大城市病"的集中表现，所造成的健康损失极大，事关生命安全。中国城镇化进程中的"大城市病"并不仅仅是人口和产业过度集中所造成的交通拥挤、空气污染等问题，更与中国经济发展中的粗放型发展方式和扭曲的激励机制联系在一起，最终导致了"病态的城市化"。尤其是空气污染和水污染，甚至直接威胁城镇居民的生存底线，喝干净水、吸清洁空气已经成为重大的民生期待。

中国当前正处于城镇化快速发展进程之中，随之而来的资源和能源的约束、环境危机、碳排放增长和城市贫困等一系列问题为中国发展敲响了警钟。随着"绿色化"浪潮席卷全球，全球绿色新政带来的"深绿"理念及其对绿色发展提出的综合性、包容性的新维度为绿色城镇化建设提供了新的分析框架（王兰英等，2014）。在生态文明视角下结合由经济效益、社会公平与包容性和环境可持续性构成了新的可持续发展三角。

中国城镇化要向绿色发展转型，首先要把生态文明理念和原则全面融入城镇化过程，走"集约、智能、绿色、低碳"的新型城镇化之路。所以，中国必将推进城镇化的绿色发展转型，围绕城市体系、产业结构、制度安排及企业和公众参与机制等方面进行。

从中国经济社会发展背景来看，中国城市发展正处于"人与自然"和"人与人"关系的瓶颈期，特别是"人与自然"的关系越来越制约着城镇化的道路。城镇化过程中所带来的环境污染问题，引起生活环境的恶劣变化，是社会越来越迫切需要解决的问题。城市经济结构、城乡二元结构和区域城市整合等因素也制约着城镇化的发展，因此，中国城镇化迫切需要向绿色发展转型，绿色模式在我国城镇化的发展过程中显得尤为重要。

原住房和城乡建设部部长姜伟新曾在发布的《中国城市发展报告》中提出，要着手解决"大城市病"就必须转变发展模式，积极推进节能减排，推广绿色生活方式，着力建设低碳生态城市，走新型城镇化道路。新型城镇化，其核心包含"五个理念"和"四个突出"。其中首先强调的便是绿色理念，强调从粗放的城市发展方式向更加重视低碳生态转变。

在《中共中央关于制定国民经济和社会发展第十三个五年规划的建议》中，"绿色发展"被多次强调，在有关城镇化建设的相关表述中，"绿色发展"的理念贯穿始终。走新型城镇化道路，不仅是深入贯彻落实科学发展观、推动城市可持续发展的客观要求，也是推进新时期城市发展、破解开发建设困局的必然选择。

1.1.2 理论基础深厚

对于绿色城镇化发展的研究在国际上由来已久，其发展历程大致可分为三个阶段。

20 世纪 20 年代以前，这一阶段城镇化注重与自然的融合。古希腊和古埃及时期是城镇化绿色发展的早期萌芽，这一时期的城市建设在考虑其选址、布局和形态方面多从环境因素出发。1898 年英国学者埃比尼泽·霍华德(Ebenezer Howard)在《明日：一条通往真正改革的和平道路》(Tomorrow：A Peaceful Path to Reform)和《明日的田园城市》(Garden Cities of Tomorrow)中提出的建设田园城市的设想，则可以看作是现代绿色城镇化的开端，对城镇化的生态规划起了启蒙作用。

20 世纪 80 年代以前，绿色城镇化发展研究进入第二阶段，该阶段城镇化中引入生态学思想，创立城市生态学，研究环境与经济、社会的关系。在霍华德田园城市思想的影响下，城镇化发展中开始引入生态学思想，并逐渐系统化，创立了城市生态学。1933 年国际现代建筑协会(CIAM)制定的"城市规划大纲"即"雅典宪章"中，已开始将生态思想引入城镇化进程中。该"大纲"指出，城市的扩张不断吞噬着风景优美的周边绿色地带，人们离自然越来越远，公众健康进一步遭到威胁；城市扩张剥夺了人们身心受到滋养的权利。因此，城市规划的首要责任是满足人类生理和心理上的最基本需要，从人类的居住、休闲、工作、交通四大主要活动入手，"把自然引入城市"，将城市纳入其所在地域的整体影响之中考虑，以区域规划取代简单的行政规划，城市聚合体的界限应由其经济影响范围决定。进一步明确了城镇化发展中生态与经济的有机结合。

20 世纪 80 年代以后，绿色城镇化发展研究进入了第三阶段，将绿色生态研究放在城镇发展的中心地位，强调城市发展重点应建立人与人、人与自然、城市与乡村的和谐关系，重视经济发展与环境的协调。在此时期，生态环境与经济可持续发展思潮进一步高涨。特别是到 90 年代，绿色发展成为主流，在城镇化发展中，绿色理念全方位推进，从只注重绿色规划到向绿色生产、绿色流通、绿色消费、绿色文化全方位渗透。1981 年，前苏联城市生态学家亚尼茨基(O. Yanitsky)提出了生态城市的理想模式，认为在这一模式中，技术与自然充分融合，人的创造力和生产力得到最大限度发挥，居民的身心健康和环境质量得到最大限度保护。虽然目前的现实可操作性不太强，但这一理念蕴含着对美好城市生活的向往，把以人为本、绿色发展放在了城镇发展的首位。这些理论不单是从城市规划的角度来研究城镇化发展，更重要的是从城市发展与经济发展、社会发展关系的角度，对已有经济增长模式提出的反思，强调在快速发展经济中要妥善处理好与环境、社会的关系。我国绿色城镇化相对国外起步较晚，从建设设施上来看，整体的绿色化基础建设相对较弱，绿化的涉及范围并没有做到全面普及。中国城镇化迫切需要向绿色发展转型。

1.1.3　规划具有战略性

《国家新型城镇化规划(2014—2020 年)》指出,要把生态文明理念全面融入城镇化进程,推动形成绿色低碳的生产、生活方式和城市建设运营模式。中共中央、国务院印发的《关于加快推进生态文明建设的意见》强调,要大力推进绿色城镇化,并对此做出了总体部署。绿色城镇化是新型城镇化的重要内容和特征,也是我国城镇化建设实现协调可持续发展的必然要求。大力推进绿色城镇化,需要深刻认识当前我国城镇化发展面临的基本形势和绿色城镇化的基本内涵、关键领域、支撑条件,科学把握其紧迫性、系统性和复杂性,推动城镇化绿色含量和质量稳步提高。

绿色城镇化是当今世界城镇化发展的基本潮流,也是我国城镇化转型发展的必然选择(方创琳,2016)。人们对城镇化过程中资源、能源、环境、生态等问题及其与城镇发展和建设相互关系的探讨已有上百年。1898 年,英国城市社会学家霍华德明确提出了"田园城市"理论,并随后逐步开始在发达国家的城市规划中得到认可和应用。2000 年,美国学者蒂姆西·比特利在总结欧洲城市可持续发展实践基础上提出"绿色城镇化"发展理念,得到国际社会的普遍关注。2005 年,联合国环境规划署在旧金山举办世界环境日庆典活动,与会代表共同签署了《绿色城市宣言》,呼吁促进城市的可持续发展、保护自然环境、提高城市贫困人口的生活质量、减少垃圾、确保饮用水安全以及科学治理城市(赵斌等,2001)。在我国,绿色城镇化近几年来受到高度重视,并最终成为一项国家战略。

1.2　科学认识绿色城镇化

1.2.1　什么是城镇化

城镇化是伴随工业化发展,非农产业在城镇集聚、农村人口向城镇集中的自然历史过程,是人类社会发展的客观趋势,是国家现代化的重要标志。在一般的意义上,城镇化与城市化含义大致相同;在特殊情境下,城镇化比城市化内涵更为丰富。如在当代中国,城镇化多是指从民生视角出发考察的城市化过程。城市化一般是指人口向城市的集聚。与城市化一样,城镇化也是指农村人口转化为城市人口,人口由第一产业转入第二、第三产业。与城市化不同,城镇化更多地强调人口规模的适度性、人口转移的就地性和人口与城市的相融性等。与此相对应,衡量城镇化最主要的指标有三个:人口城镇化、职业城镇化和地域城镇化。人口城镇化是城镇化的前提,也是衡量地区城镇化水平的重要指标。以产业结构为核心的经济结构的转换是城镇化的核心内容，城镇化的本质就是通过追求集聚效应改变社会经济结构及人们的生产和生活方式，以及由此引发经济体制的改革。城镇化的目的是统筹城乡发展，缩小城乡差距，实现共同富裕。因此，从民生视角出发思考城镇化是城镇化与城市化最大的区别。

城镇化是现代化的必由之路。工业革命以来的经济社会发展史表明，一国要成功实现现代化，在工业化发展的同时，必须注重城镇化发展。当今中国，城镇化与工业化、信息化和农业现代化同步发展，是现代化建设的核心内容，彼此相辅相成。工业化处于主导地位，是发展的动力；农业现代化是重要基础，是发展的根基；信息化具有后发优势，为发展注入新的活力；城镇化是载体和平台，承载工业化和信息化发展空间，带动农业现代化加快发展，发挥着不可替代的融合作用。

城镇化是保持经济持续健康发展的强大引擎。内需是我国经济发展的根本动力，扩大内需的最大潜力在于城镇化。目前我国常住人口城镇化率为53.7%，户籍人口城镇化率只有36%左右，不仅远低于发达国家80%的平均水平，也低于人均收入与我国相近的发展中国家60%的平均水平，还有较大的发展空间。城镇化水平持续提高，会使更多农民通过转移就业提高收入，通过转为市民享受更好的公共服务，从而使城镇消费群体不断扩大、消费结构不断升级、消费潜力不断释放，也会带来城市基础设施、公共服务设施和住宅建设等巨大投资需求，这将为经济发展提供持续的动力。

城镇化是加快产业结构转型升级的重要抓手。产业结构转型升级是转变经济发展方式的战略任务，加快发展服务业是产业结构优化升级的主攻方向。目前我国服务业增加值占国内生产总值比重仅为46.1%，与发达国家74%的平均水平相距甚远，与中等收入国家53%的平均水平也有较大差距。城镇化与服务业发展密切相关，服务业是就业的最大容纳器。城镇化过程中的人口集聚、生活方式的变革、生活水平的提高，都会扩大生活性服务需求；生产要素的优化配置、三次产业的联动、社会分工的细化，也会扩大生产性服务需求。城镇化带来的创新要素集聚和知识传播扩散，有利于增强创新活力，驱动传统产业升级和新兴产业发展。

城镇化是解决农业、农村、农民问题的重要途径。我国农村人口过多、农业水土资源紧缺，在城乡二元体制下，土地规模经营难以推行，传统生产方式难以改变，这是"三农"问题的根源。我国人均耕地仅0.1公顷，农户户均土地经营规模约0.6公顷，远远达不到农业规模化经营的门槛。城镇化总体上有利于集约节约利用土地，为发展现代农业腾出宝贵空间。随着农村人口逐步向城镇转移，农民人均资源占有量相应增加，可以促进农业生产规模化和机械化，提高农业现代化水平和农民生活水平。城镇经济实力提升，会进一步增强以工促农、以城带乡能力，加快农村经济社会发展。

城镇化是推动区域协调发展的有力支撑。改革开放以来，我国东部沿海地区率先开放发展，形成了京津冀、长江三角洲、珠江三角洲等一批城市群，有力推动了东部地区快速发展，成为国民经济重要的增长极。但与此同时，中西部地区发展相对滞后，一个重要原因就是城镇化发展很不平衡，中西部城市发育明显不足。目前东部地区常住人口城镇化率达到 62.2%，而中部、西部地区分别只有 48.5%、44.8%。随着西部大开发和中部崛起战略的深入推进，东部沿海地区产业转移加快，在中西部资源环境承载能力较强地区，加快城镇化进程，培育形成新的增长极，有利于促进经济增长和市场空间由东向西、由南向北梯次拓展，推动人口经济布局更加合理、区域发展更加协调。

城镇化是促进社会全面进步的必然要求。城镇化作为人类文明进步的产物，既能提高生产活动效率，又能富裕农民、造福人民，全面提升生活质量。随着城镇经济的繁荣，城镇功能的完善，公共服务水平和生态环境质量的提升，人们的物质生活会更加殷实充裕，精神生活会更加丰富多彩；随着城乡二元体制逐步破除，城市内部二元结构矛盾逐步化解，全体人民将共享现代文明成果。这既有利于维护社会公平正义、消除社会风险隐患，也有利于促进人的全面发展和社会和谐进步。

1.2.2 什么是绿色化

在 2015 年 3 月 24 日中央政治局会议上，首次出现了"绿色化"一词。由原来的"四化"变成了"五化"，即"新型工业化、城镇化、信息化、农业现代化和绿色化"，并将其定性为"政治任务"。

绿色化在经济领域指"科技含量高、资源消耗低、环境污染少的产业结构和生产方式"，有着"经济绿色化"的内涵，同时，绿色化也是一种生活方式和价值取向。简单来说，就是把生态文明摆到了非常高的位置，不仅要在经济社会发展中实现发展方式的"绿色化"，而且要使之成为高级别价值取向。其阶段性目标，即："推动国土空间开发格局优化、加快技术创新和结构调整、促进资源节约循环高效利用、加大自然生态系统和环境保护力度"，也就是朝着生态文明建设的总体目标进发。绿色发展即社会经济发展和环境保护相统一，强调社会主体的经济活动力求实现经济效益、社会效益和生态效益三者的统一。绿色发展本质上体现了人、社会和自然三者之间的和谐关系。从这个意义上讲，绿色化就是生态化，就是把生态学的原则渗透到人类的全部活动范围中，用人和自然和谐发展的视角去观察、思考和解决问题，并且根据社会和自然的具体可能性，最优化地处理人和自然的关系（杨春光，2015）。

1.2.3 绿色城镇化的涵义

我国著名的生态、环境学家马世俊教授在 1987 年与国际上许多著名学者一起起草了著名的环境与发展报告《我们共同的未来》。他主张变消极的环境保护为积极的生态调控，他提出在全国范围内开展城乡生态建设，实现经济、社会、生态效益的统一。他提出的生态工程的理论，获得了国内外专家的高度评价。人们认为这是解决发展中国家在经济发展、有限的资源投入和脆弱的生态环境之间发生尖锐矛盾时的有效方法与途径。其基本原则高度浓缩概括为八个字：整体、协调、循环、再生。

绿色的城镇化，就是用"整体、协调、循环、再生"的生态化原则和要求处理、协调城镇化过程中的人和自然关系，以生态化规范城镇化，实现城镇化与生态化的交融，走生态化的城镇化道路。城镇化过程中的人与自然关系具体表现为城镇化与工业化的关系，以及城镇化所依托的自然条件两个方面（陈改桃，2016）。

从城镇化与工业化的关系方面看，城镇化的速度、规模应该与工业化的速度、规模相协调，从整体性的生态化原则出发，城镇化过程中的人和自然关系本质上是"社会—自然"复杂性整体生态关系系统中一部分，人和自然之间的关系与人和人之间的社会关系相互依存并相互制约。从城镇化问题缘起的角度上讲，工业化应该是影响、制约城镇化诸多社会性因素中的首要因素。

在城市发展史上，城镇化是伴随着工业化而出现的社会经济发展过程，两者之间是一种伴生性互动关系。一方面工业化是城市化发展的拉力机制。城镇化首先是指人口向城市的集聚，而大工业发展的前提条件之一就是人口集聚。正如马克思所言："大工业企业需要许多工人在一个建筑物里面共同劳动；这些工人必须住在近处，甚至在不大的工厂近旁，他们也会形成一个完整的村镇。"工业生产的集中性和规模性必然导致人口的集聚和城市规模的扩大。另一方面城市化为工业化的发展提供相应的社会经济条件，如劳动力的生活设施和福利条件等。城市化和工业化发展的速度、规模应该相适应。因此，如果城市化发展的质量、速度、规模等与工业化的模式、速度、规模等不相适应（或滞后或超前），滞后将影响城市市民的日常生活，制约工业化进程的正常推进，进而阻碍社会经济的发展，目前我国不少城市的"城市病"就是城镇化滞后于工业化的典型表现；超前或冒进的直接后果表现为城市化自身发展进程的受挫，进而波及工业化的正常发展，目前为数不少的城市中出现的"鬼城"，就是鲜明的例证。针对因城市化与工业化发展不协调造成的诸多问题，我们提出了绿色城镇化的选择。

从城镇化所依托的自然条件方面看，城镇发展要与其所依托的自然条件的可持续发展相适应。城镇所依托的自然条件如地质条件、水文条件、气候条件等，是城市存在和发展依托的基础性条件。值得注意的是，城市发展所依托的"自然条件"是一个随社会主体实践活动参与而不断发生改变的"动态"的"人化自然"，不是一成不变、始终如一的"天然自然"。正如马克思所言："任何历史记载都应当从这些自然基础以及它们自历史进程中由于人们的活动而发生的变更出发。"从这一意义上讲，城市发展所依托的自然条件既是上一代人实践活动的结果，也是这一代人实践活动开始的场所。从这个意义上，我们可以理解环境学对城市的定义：城市是人的聚集地，是人为干扰最为严重的生态系统。我们也可以认同生态学对城市的界定：城市是高密度建筑区居民与其周围环境组成的开放的人工生态系统。正如联合国的一份报告所指出的那样：虽然城市面积只占全球土地总面积的2%，但消耗着世界75%的资源，并产生了更大比率的废弃物。因此，城市主体实践活动的失当必然导致城镇化过程中人和自然关系的失调！随着城市发展中人与自然关系的失调，城市的生态环境安全状况成为必然问题。城市生态环境安全状况是指城市环境和生态条件（如食物、居室、大气、水环境、交通及生态环境等）对市民的身心健康、生命保障系统的繁衍、社会经济的发展和城市可持续发展的威胁程度和风险大小。它涉及以下一系列问题：

其一，城市的选址与扩展是否具有安全意识，能否有效避免重大生态灾害（如温室效应造成的滨海城市土地被淹、重大沙尘灾害，由于江河上游水土流失严重造成的中下游洪涝灾害等）。

其二，城市的人口容量是否适应城市可持续发展尤其是市民生活的可持续性，支持城市生产和生活的战略性自然资源（如水资源、土地资源、森林和草地资源、海洋资源、矿产资源等）存量的最低人居占有量是否有保障。

其三，城市的建设环境（包括城市化、城市建设等活动）能否实现为居民提供健康、安全的人居环境的目的。

其四，城市居民生存安全点的环境容量（如城市空气环境容量，城市土地、人口、交通的环境容量，城市水环境的容量，大气臭氧层破坏的最大限度等）最低值是否具备等。因此，针对城市生态环境安全问题，城市的规划、开发、运营和管理必须坚持生态化的原则和方向。

可见，与工业化过程一样，城镇化过程本身同样会产生生态环境负效应。因此，城镇化过程中有必要融合生态化，实现城镇化与生态化的交融，实现城市和自然的和谐。

1.2.4 城镇化为何需要绿色化

我国城镇化是在一个高度挤压和紧张的时空中进行的。德国慕尼黑大学社会学家乌·贝克教授认为，与西方社会相比，中国社会转型是"压缩饼干"，以历史浓缩的形式，将社会转型中的各种社会问题呈现出来……因此，中国城市发展过程中的社会安全问题，是突显社会整体安全状况的一个缩影，也是未来全球风险社会的一个缩影。这其中当然包括大量的生态环境安全风险，如资源和能源紧张、环境污染、交通堵塞等。因此，我国的城镇化过程中有必要贯穿和渗透生态化的原则和要求。结合对绿色城镇化涵义的理解，我国目前城镇化需要绿色化的理由，至少存在如下三个方面：

（1）我国目前城镇化进程明显滞后于工业化，总体水平偏低，而且东、中、西部区域发展不均衡。新中国成立以来，特别是改革开放以来，随着工业化进程的推进，我国的城镇化进程取得了明显的进步，但我国的城镇化发展明显滞后于工业化进程，总体水平偏低，而且东、中、西部区域发展不均衡。具体表现在以下三点：

一是从工业化与城镇化的伴生关系看，城镇化明显滞后于工业化。目前中国工业化率已达70%，城市化率却大约为49%。二是从城镇化的发展水平看，无论与世界各国城镇化的平均水平相比，还是同一些发展水平相近的发展中国家相比，我国的城镇化水平均相对偏低，但年平均增长率偏高。三是从城镇化发展的空间分布看，东、中、西部区域经济发展水平差距明显，我国城镇化水平空间分布呈现为东高西低的总体格局，区域差异明显。据2010年《中国统计年鉴》资料，2009年，北京、上海、天津三个直辖市人口城镇化水平超过70%，上海高达88.6%，达到了城镇化的高级阶段；东部沿海地区大部分省份人口城镇化水平超过50%；中部地区大部分省份（区、市）人口城镇化水平在40%~50%之间；西部大部分省份（区、市）人口城镇化水平在40%以下，其中西藏和贵州两省区不足30%，处于城镇化水平的初级阶段。部分地区城镇化发展的滞后不仅会拖延工业化，而且会影响到国家整体的可持续发展水平。

（2）我国现有的城镇化存在大量生态环境安全风险。目前我国国民经济总产值的78%左右和外贸出口的80%以及大部分的工业产值都是在仅占国土面积不到5%的城镇地区生产出来的。截至2006年，我国共有城市661座（另有1.9万个建制镇），占国土面积4.8%，人口占全国44%。从产出的方面看，2006年我国城市的GDP占全国75%，从能源消耗和废弃物排放的方面看，2006年我国城市的能源总消耗占全国80.5%，水资源消费占全国水资源消费总数的24.1%，矿产品消费占全国矿产品消费总数的65%，固体废弃物排出61.5%，废水排放占 48.5%。可以看出，我国城市目前的经济发展模式，大部分仍然是以高投入、高消耗、高污染、低效率为特征的粗放型增长方式，许多大中城市如天津、沈阳、南京、济南、唐山、太原、淄博、宁波、广州等，均为我国重化工、重型机械、钢铁、建材等重化工业的集中地。重化工业的发展，导致了城市地表水源污染严重。同时，伴随工业污染物排放，城市空气质量下降，扬尘、酸雨等现象严重。这样，必然会加重城市在人口、资源、能源和环境等各方面的压力。

1.3 绿色化发展理论基础

绿色是生命的象征、大自然的底色。今天，绿色更代表了美好生活的希望、人民群众的期盼。民有所呼，党有所应。在党的十八届五中全会上，习近平同志提出"创新、协调、绿色、开放、共享"五大发展理念，将绿色发展作为关系我国发展全局的一个重要理念，作为"十三五"乃至更长时期我国经济社会发展的一个基本理念，体现了我们党对经济社会发展规律认识的深化，将指引我们更好实现人民富裕、国家富强、中国美丽、人与自然和谐，实现中华民族永续发展。

当今时代，"环球同此凉热"，各国已成为唇齿相依的生态命运共同体。一个时期以来，全球温室气体排放、臭氧层破坏、化学污染、总悬浮微粒超标以及生物多样性减少等问题日益严重，全球生态安全遭遇前所未有的威胁。建设生态文明成为发展潮流所向，成为越来越多国家和人民的共识。我们党对此有着深刻体会。习近平总书记指出："建设生态文明关乎人类未来。国际社会应该携手同行，共谋全球生态文明建设之路"。以此为认识基点，我们党不但就推进生态文明建设作出系统的顶层设计与具体部署，而且将其上升到党和国家发展战略的高度，鲜明提出绿色发展理念。在这样的高度定位生态文明建设，并将绿色发展作为理念写入发展战略、发展规划，这在马克思主义政党史上是第一次，在当今世界各国的执政党中也是少见的，充分体现了我们党作为马克思主义先进政党的胸怀视野，充分彰显了我们党作为负责任大国执政党的使命担当。为维护全球生态安全，我国积极参与国际绿色经济规则和全球可持续发展目标制定，积极参与国际绿色科技交流。

党的十八大以来，习近平总书记立足推进我国社会主义现代化建设的时代使命，洞悉从工业文明到生态文明跃迁的发展大势和客观规律，就促进人与自然和谐发展提出一系列新思想、新观点、新论断，凝聚形成绿色发展理念，推动了马克思主义生态文明理论在当代中国的创新发展。强调"生态兴则文明兴，生态衰则文明衰"，科学揭示生态兴衰决定文明兴衰的发展规律，实现了马克思主义生态观的与时俱进；强调"保护生态环境就是保护生产力，改善生态环境就是发展生产力"，为马克思主义自然生产力理论注入新的时代内涵；强调把生态文明建设放在现代化建设全局的突出地位，融入经济建设、政治建设、文化建设、社会建设各方面和全过程，并从树立生态观念、完善生态制度、维护生态安全、优化生态环境，形成节约资源和保护环境的空间格局、产业结构、生产方式、生活方式等方面，对推进生态文明建设作出系统论述、提出明确要求。在这些规律性认识的基础上，党的十八届五中全会《建议》提出"五大发展理念"，成为关系我国发展全局的理念集合体。其中，绿色发展理念与其他四大发展理念相互贯通、相互促进，是我们党关于生态文明建设、社会主义现代化建设规律性认识的最新成果，具有重大意义（吕伟，2006）。

推进绿色富国。富国为强国之基，资源环境为富国之本。绿色发展理念鲜明提出绿色富国的重大命题，彰显了我们党对新时期富国之道的科学把握。绿色低碳循环发展是当今时代科技革命和产业变革的方向，是最有前途的发展领域；节能环保产业是方兴未艾的朝阳产业，我国在这方面潜力巨大，可以形成很多新的经济增长点。推进绿色发展、绿色富国，将促进发展模式从低成本要素投入、高生态环境代价的粗放模式向创新发展和绿色发展双轮驱动模式转变，能源资源利用从低效率、高排放向高效、绿色、安全转型，节能环保产业将实现快速发展，循环经济将进一步推进，产业集群绿色升级进程将进一步加快，绿色、智慧技术将加速扩散和应用，从而推动绿色制造业和绿色服务业兴起，实现"既要金山银山，又要绿水青山"。综合来看，绿色发展已成为我国走新型工业化道路、调整优化经济结构、转变经济发展方式的重要动力，成为推动中国走向富强的有力支撑。

推进绿色惠民。治政之要在于安民，安民必先惠民。绿色发展理念以绿色惠民为基本价值取向，彰显了我们党对新时期惠民之道的深刻认识。习近平总书记指出，良好生态环境是最公平的公共产品，是最普惠的民生福祉。生态环境一头连着人民群众生活质量，一头连着社会和谐稳定；保护生态环境就是保障民生，改善生态环境就是改善民生。随着经济社会发展和人民生活水平提高，人们对生态环境的要求越来越高，生态环境质量在幸福指数中的地位不断凸显。但是，当前我国生态环境质量还不尽如人意，成为影响人们生活质量的一块短板。生态环境恶化已成为突出的民生问题，搞不好还可能演变成社会政治问题，"这里面有很大的政治"。坚持绿色发展、绿色惠民，为人民提供干净的水、清新的空气、安全的食品、优美的环境，关系最广大人民的根本利益，关系中华民族发展的长远利益，是我们党新时期增进民生福祉的科学抉择。

推进绿色生产。绿色生产方式是绿色发展理念的基础支撑、主要载体，直接决定绿色发展的成效和美丽中国的成色，是我们党执政兴国需要解决的重大课题。面对人与自然的突出矛盾和资源环境的瓶颈制约，只有大幅提高经济绿色化程度，推动形成绿色生产方式，才能走出一条经济增长与碧水蓝天相伴的康庄大道。推动形成绿色生产方式，就是努力构建科技含量高、资源消耗低、环境污染少的产业结构，加快发展绿色产业，形成经济社会发展新的增长点。绿色产业包括环保产业、清洁生产产业、绿色服务业等，致力于提供少污染甚至无污染、有益于人类健康的清洁产品和服务。发展绿色产业，要求尽量避免使用有害原料，减少生产过程中的材料和能源浪费，提高资源利用率，减少废弃物排放量，加强废弃物处理，促进从产品设计、生产开发到产品包装、产品分销的整个产业链绿色化，以实现生态系统和经济系统良性循环，实现经济效益、生态效益、社会效益有机统一（毕振华，2007）。

建设美丽中国。"不谋万世者不足谋一时"。引领执政兴国伟业的发展理念，既立足当下、规划现实蓝图，又着眼长远、勾勒未来规划。习近平总书记指出，走向生态文明新时代，建设美丽中国，是实现中华民族伟大复兴中国梦的重要内容。从"盼温饱"到"盼环保"，从"求生存"到"求生态"，绿色正在装点当代中国人的新梦想。绿色发展理念以建设美丽中国为奋斗目标，不仅明确了我国当前发展的重要目标取向，而且丰富了中国梦的美好蓝图。坚持绿色发展、建设美丽中国，为当代中国人和我们的子孙后代留下天蓝、地绿、水清的生产生活环境，是新时期我们党执政兴国的重大责任和使命。为此，我们党提出坚持节约资源和保护环境的基本国策，坚定走生产发展、生活富裕、生态良好的文明发展道路，加快建设资源节约型、环境友好型社会。绿色发展理念的提出和践行，将为建设美丽中国插上腾飞的翅膀，使包含美丽中国这一重要内容的中国梦飞得更高、飞得更远。

绿色发展人人有责、人人共享。乐民之乐者，民亦乐其乐；忧民之忧者，民亦忧其忧。绿色发展理念洞悉发展规律、深察民生福祉、彰显执政担当，是全体人民在发展问题上的"最大公约数"之一。绿色发展人人有责、人人共享，要求我们在价值取向、思维方式、生活方式上实现全面刷新和深刻变革，在身体力行中走向生态文明新时代。

形成绿色价值取向。价值取向决定价值标准和价值选择，是理念的重要组成部分。什么是绿色价值取向？习近平总书记关于"绿水青山"与"金山银山"关系三个言简意赅的重要论断，对此作了生动阐释和系统说明。"绿水青山就是金山银山"，强调优美的生态环境就是生产力、就是社会财富，凸显了生态环境在经济社会发展中的重要价值。"既要金山银山，又要绿水青山"，强调生态环境和经济社会发展相辅相成、不可偏废，要把生态优美和经济增长"双赢"作为科学发展的重要价值标准。"宁要绿水青山，不要金山银山"，强调绿水青山是比金山银山更基础、更宝贵的财富；当生态环境保护与经济社会发展产生冲突时，必须把保护生态环境作为优先选择。坚持绿色发展，需要我们形成绿色价值取向，正确处理经济发展同生态环境保护的关系，牢固树立保护生态环境就是保护生产力、改善生态环境就是发展生产力的理念，更加自觉地推动绿色发展、低碳发展、循环发展，绝不以牺牲生态环境为代价换取一时的经济增长。

形成绿色思维方式。思维方式是理念的延伸和具体化，直接影响人们对事物的认识、分析和判断，影响人们认识和实践的成效。树立和践行绿色发展理念，要求我们形成绿色思维方式。具体说来，应形成"绿色"问题思维，坚持问题导向，抓住影响绿色发展的关键问题深入分析思考，着力解决生态保护和环境治理中的一系列突出问题；形成"绿色"创新思维，用新方法处理生态文明建设中的新问题，克服先污染后治理、注重末端治理的旧思维、老路子；形成"绿色"底线思维，推动经济社会发展既考虑满足当代人的需要，又顾及子孙后代的需要，不突破环境承载能力底线；形成"绿色"法治思维，用法治思维和法治方式谋划绿色发展，以科学立法、严格执法、公正司法、全民守法引领、规范、促进、保障生态文明建设；形成"绿色"系统思维，把生态文明建设放到中国特色社会主义"五位一体"总布局中来把握，把绿色发展作为系统工程科学谋划、统筹推进，避免顾此失彼、单兵突进。

1.4 绿色城镇化实践探讨

为推动我国绿色城镇化发展，以及为城市新区建设提供服务与支撑。2017年8月31日~9月1日，由中国环境保护部指导，中国—东盟（上海合作组织）环境保护合作中心与中国环境与发展国际合作委员会联合主办的"绿色城镇化国际研讨会暨中国环境与发展国际合作委员会2017年圆桌会"在河北廊坊隆重召开。

此次会议以"新理念、新机制、新技术"为主题，围绕绿色城镇化发展新理念、新趋势，绿色城镇化发展与创新的总体方案与协调机制，绿色城镇化发展与创新的案例与新技术、新方案，新区建设与绿色城镇化发展与创新这四个方面展开讨论。旨在分享绿色城镇化发展规划和新城新区生态环保建设经验，以及城市清洁供暖和清洁大气方面的经验，为京津冀区域环境治理、绿色雄安新区建设提供支持，促进城市和区域的绿色、循环、低碳发展。

会议中，原中国环境保护部国际合作司司长郭敬提出："过去30年，中国城镇化快速发展，城市环境与发展问题备受关注，城镇化进程的绿色转型和可持续发展面临机遇和挑战。在生态文明建设重要战略思想指引下，过去5年，中国的生态环境保护从认识到实践发生历史性、全局性变化，绿色发展初见成效。"他从生态文明理念推动绿色城市发展；加强城市生态空间用途管制，划定并严守生态保护红线；绿色产业发展助推节能减排三个方面介绍了我国在生态文明建设领域的发展方向，并强调绿色城镇化是实现绿色、低碳和可持续发展的重要举措。

全球绿色发展署总干事 Frank Rijisberman 对中国近些年来的城镇化发展给予高度评价。他指出："目前，中国在可再生能源变革方面做出一些了新的规划，在绿色城镇化落实方面，中国提出了更为开放和共享的政策。雄安新区作为新的智能城市，未来或将成为一个可再生能源，或者可持续发展的新兴城市。"

2015年9月，中国城市规划学会副理事长，清华大学教授尹稚在中国城市规划年会上作了题为《从绿色社区到绿色建筑：绿色城镇化的探索与实践》的特邀报告。他指出在人口密度更高的状态下，中国的绿色化、生态化过程远比发达国家更难，并且中国面对的政策和挑战相比其他国家也更加严峻。清华大学建筑院城乡规划与绿色建筑教育部重点实验室提出了五大研究方向。

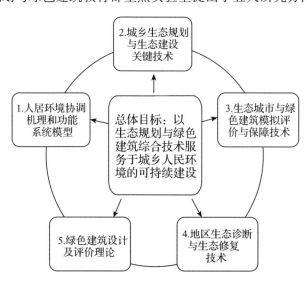

图 1-1　城乡规划与绿色建筑研究方向

城镇化是中国内需发展的阶梯，绿色化是生态文明的重要把手，绿色城镇化是对未来发展路径和文明的一个基本选择问题。

德国、日本、英国、新加坡等国家高度重视政策法规，通过立法、绿色审计、绿色教育、公众参与等方面建立完善的生态城市建设法律保障体系，使法律成为了推进城市生态化建设顺利进行的根本制度保障。

以德国为例，在法律保障方面，德国颁布了《国家可持续发展战略报告》《循环经济与废弃物管理法》《节省能源法案》等法律文件。在政策方面，通过调节税收、发展低碳经济高新技术、提高能源使用效率等，此外，政府利用通过资金补助和低息贷款，促进技能减排，而且每年拨款用于现有建筑节能改造。

图宾根市是德国南部生态特色城市，原有一个法国兵营，占地很大，1990年法军撤离，全市就对这里进行生态规划，建成一个最适合人类居住的生态小区。鲜花和绿地尽情装扮着这座美丽的小城。绿色坐标还包括对原有缺乏个性又比较拥挤的楼房进行改造，使其融入绿色的格局。没有战争伤痕的古城，将深厚的文化底蕴和现代文明对接。秀丽的风景和清新的空气，编织着古朴的风情和现代特色生态城市的外衣。

图宾根生态城市建设的成功之处是把生态环境和城市建设一体化。所谓一体化就是科学规划，将小区建设、工业、交通、能源等通通"涂上生物绿色"，让它们环环相扣。一体化也就是在全市范围内设计若干个绿色坐标，加大对偏离生态状况的调整。

强调生态城市以人为本和环境和谐相处的功能。图宾根市从"生态功能"为立足点，增强人类同自然环境的密切联系，达到真正的和谐相处。减少交通容量是图宾根生态城市的成功之举。一切违背这一原则的都要逐渐消除。图宾根市最大限度地营造了居民就近工作、就近购物、就近上学的环境，缩短了人们每天流动的距离，减少了交通流量，使市民的生活亲近自然。购物也提倡环境友好产品，拒绝浪费资源的商品。图宾根市的"一体化"托起了一个生态城的和谐特色。除此之外，海德堡对市民的垃圾处理，完全是靠经济杠杆起作用，多扔垃圾多交钱的规定，促使大家节约资源减少垃圾。

海德堡市从一开始就在一大批专家和谋士策划的方案下运行生态城市建设方案，立足于理论和战略的高度。战略要远远超过法律和规定的要求。生态城市的建设在历史悠久的海德堡市显得更为完整，形成了一整套科学的生态城市建设规划体系，其中包括生态预算、循环经济、生态道德、生态标准等。海德堡市获得了德国环境友好城市奖和可持续发展城市奖。海德堡市生态城的产生是可持续发展理论的结晶，也是生态学理论指导和科学的规划的成果。

透过海德堡的生态市建设，人们会看到正在运行中的循环经济，它成为生态市的支撑和标志。全市形成了再生资源回收利用体系和资源再生产业体系。第一个工厂的废料、垃圾，成为第二个工厂的原料，而且自动地输送过去。海德堡率先进行的生态预算制已被7个城市仿效，欧盟许多国家要学习借鉴海德堡生态城市建设经验。生态预算在程序上等同于财政预算，由政府提出草案后，经议会审批后实施。表明了一个城市在建设生态市中的主动性和超前性，同时也是衡量其成熟的程度。可以相信，将来会有更多的国家和城市仿效这一科学的做法。

是否称得上生态城市不是一个口号或者估算概念，而是用具体尺度和标准规范进行衡量，这是海德堡市建设生态城市的科学依据。海德堡市确定了空气、气候、噪声、废物和水体等5个指标，由这5个指标又派生出其他的统计数字，科学准确地反映出全市的生态状况，让市民能触摸到生态的脉搏，使市民广为接受。

在全社会树立生态道德观念。海德堡市政府始终把生态道德放在突出的地位。社会的形态总是由物质和精神所组成，生态城市离开了生态道德就不可能持久。即便建成了生态城，没有生态道德相支撑也会随之而崩溃。他们将学校教育和公众教育相结合，将现场教育和固定教育相结合。在古城堡上，在河边、在森林里都竖有形象的宣传广告牌，各种形形色色的生态广告举目皆是。引导人们亲近自然、保护自然，把自己的行动融进生态城市的建设。

云南省为全面深入贯彻落实《国务院关于深入推进新型城镇化建设的若干意见》（国发〔2016〕8号，以下简称《意见》），加快推进新型城镇化建设，也提出诸多指导意见。全文内容如下：

一、总体要求

（一）意见的重大意义。推进新型城镇化建设是党中央、国务院在把握世界城镇化一般规律、立足我国基本国情、面向未来发展的基础上审时度势、着眼全局作出的重大战略部署。城镇化是全球经济社会发展的必然趋势，是现代化的必由之路，是解决"三农"问题的重要途径，是扩大内需和促进产业升级的重要抓手，是最大的内需潜力所在，是推动区域协调发展的有力支撑，是经济发展的重要动力，也是一项重要的民生工程，对于我省与全国同步全面建成小康社会、推动云南跨越式发展具有重大现实意义和深远历史意义。

（二）指导思想。全面贯彻党的十八大和十八届二中、三中、四中、五中全会以及中央经济工作会议、中央城镇化工作会议、中央城市工作会议、中央扶贫开发工作会议、中央农村工作会议和省委九届十二次全会、全省城镇化工作会议、全省城市工作暨城乡人居环境提升行动推进会议精神，坚持从云南基本省情出发，按照"五位一体"总体布局和"四个全面"战略布局，牢固树立创新、协调、绿色、开放、共享的发展理念，努力走出一条"以人为本、四化同步、优化布局、生态文明、文化传承"的云南特色新型城镇化道路。

（三）基本原则。点面结合、统筹推进。统筹城镇布局，促进大中小城市和小城镇协调发展，全面提高城镇化质量。充分发挥云南国家新型城镇化综合试点作用，及时总结提炼可复制经验，带动全省新型城镇化体制机制创新。

纵横联动、协同推进。加强部门间政策制定和实施的协调配合，推动户籍、土地、财政、住房等有关政策和改革举措形成合力。加强部门与州、市政策联动，推动州、市加快出台一批配套政策，确保改革举措和政策落地生根。

补齐短板、重点突破。以加快推进滇中城市群和中小城市发展为重点，以促进农民工融入城镇为核心，瞄准短板，加快突破，优化政策组合，弥补供需缺口，促进新型城镇化健康有序发展。

尊重规律、因地制宜。坚持从云南基本省情出发，遵循城镇化发展规律，顺应生产力发展要求，因势利导，实事求是，不急于求成，不大拆大建，突出地方特色，促进多样化发展。

规划引领、科学推进。强化规划的统筹和引领作用，建立"多规合一"工作机制，加强各类规划之间的协调联动。完善全省城乡规划体系，切实维护规划的严肃性和权威性，实现"一张蓝图干到底"。

（四）发展目标。到2020年，全省常住人口城镇化率达到50%，户籍人口城镇化率达到40%。实现全省累计新增城镇户籍人口500万人左右，引导250万人在中小城镇就近就地城镇化，促进在城镇稳定就业和生活的150万人落户城镇，推动100万人通过棚户区、城中村改造改善居住条件实现城镇化。

加快特色城镇建设，增强特色城镇就近就地吸纳人口集聚经济的能力。到2020年，全省建成210个特色小城镇。

加强城镇发展与基础设施建设有机结合，统筹公共汽车、轻轨、地铁、现代有轨电车等多种类型公共交通协同发展。到2020年，全省大城市公共交通占机动化出行比例达到60%以上。加强城镇供水管网和污水处理及循环利用设施、雨污分流设施建设。到2020年，城市和建制镇集中供水普及率达到95%和85%，县城和县城以上城市污水集中处理率、生活垃圾无害化处理率均达到87%。城市建成区绿地率达到32%、绿化覆盖率达到37%，人均公园绿地面积达到10平方米。

推动城乡协调发展，健全农村基础设施投入长效机制，到2020年，全省建成5000个美丽宜居乡村典型示范村。通建制村路面硬化工程实现100%覆盖，推进路面硬化工程向自然村延伸。加大农村环境综合整治，大力改善农村人居环境，美丽宜居乡村村内生活垃圾定点存放清运率达到90%，生活污水处理农户覆盖率不低于70%，规模养殖场畜禽粪便有效处置及综合利用率达到80%以上，农作物秸秆综合利用率达到85%以上。建成结构合理、技术先进、安全可靠、智能高效的现代农村电网，电能在农村家庭能源消费中的比重大幅提高，到2020年，农村地区供电可靠率不低于99%，综合电压合格率不低于97%。

二、加快推进新型城镇化综合试点

（五）深化试点内容。在建立农业转移人口市民化成本分担机制、建立多元化可持续城镇化投融资机制、改革完善农村宅基地制度、建立创新行政管理和降低行政成本的设市设区模式等方面加大探索力度，实现重点突破。深入开展"多规合一"、智慧城市、低碳城镇、城乡统筹发展、产城融合等多种试点。鼓励试点地区有序建立进城落户农民农村土地承包权、宅基地使用权、集体收益分配权依法自愿有偿退出机制。有可能突破现行法规和政策的改革探索，在履行必要程序后，赋予试点地区相应权限。加快推进农村集体经济股份合作制改革，将农村集体经营性资产折股量化到本集体经济组织成员，赋予农民对集体资产更多权能，发展多种形式的股份合作。

（六）统筹试点工作。深入推进曲靖市、红河州、大理市、隆阳区板桥镇国家新型城镇化综合试点工作，加快昆明市呈贡区、临沧市耿马县国家中小城市综合改革试点建设，加快推进大理市、师宗县、马龙县开展县城深化基础设施投融资体制改革试点，通过试点工作，重点突破薄弱环节，形成可复制可推广的经验，逐步在全省范围内推广试点地区的成功经验。

（七）加大支持力度。各级政府要加强对新型城镇化试点工作的领导和组织协调，主要负责人要亲自抓，全面统筹协调新型城镇化试点有关工作，营造宽松包容环境，支持试点地区发挥首创精神，推动顶层设计与基层探索良性互动、有机结合。省直有关部门要加强全省城镇化发展重大问题的研究和有关政策制定工作，推动有关改革举措在试点地区先行先试，及时总结推广试点经验。各试点地区要制定实施年度推进计划，明确年度任务，建立健全试点绩效考核评价机制。

三、加快推进农业转移人口市民化

（八）全面深化户籍制度改革。充分尊重城乡居民自主定居意愿，促进有能力在城镇稳定就业和生活的农业转移人口举家进城落户，并与城镇居民享有同等权利和义务。全省大中城市不得采取购买房屋、投资纳税、积分制度等方式设置落户限制。除昆明市主城区以外，全面放开落户限制。全省取消对高校毕业生和中高级技工落户限制。发挥小城镇在吸纳农业转移人口中的重要作用，鼓励有条件的建制镇成建制转户。实行来去自由的返农村原籍地落户政策。

（九）全面实行居住证制度。推进居住证制度全覆盖未落户城镇常住人口，以居住证为载体，建立健全与居住年限等条件相挂钩的基本公共服务提供机制，并作为申请登记居住地常住户口的重要依据。完善居住证制度，保障居住证持有人在居住地享有义务教育、基本公共就业服务、基本公共卫生服务和计划生育服务、公共文化体育服务、法律援助和法律服务以及国家规定的其他基本公共服务。不断扩大对居住证持有人的公共服务范围并提高服务标准，缩小与户籍人口基本公共服务的差距。

(十)推进城镇基本公共服务常住人口全覆盖。加大对农业转移就业劳动者职业技能培训力度。将农业转移人口及其他常住人口纳入基本公共卫生和计划生育服务范围。把进城落户农民完全纳入城镇社会保障体系，完善转移接续手续。加快实施统一的城乡医疗救助制度。加快建立覆盖城乡的社会养老服务体系。采取多种方式保障农业转移人口基本住房需求。推进财政、就业、教育、卫生计生、土地、社保、住房等领域配套改革，因地制宜制定配套政策。

(十一)加快建立农业转移人口市民化激励机制。切实维护进城落户农民在农村的合法权益，确保农业转移进城人口真正享受到与城镇居民相同的权益。实施财政转移支付同农业转移人口市民化挂钩政策，实施城镇建设用地增加规模与吸纳农业转移人口落户数量挂钩政策，省预算内投资安排向吸纳农业转移人口落户数量较多的城镇倾斜。各州、市人民政府要出台相应配套政策，加快推进农业转移人口市民化进程。

四、全面提升城市功能

(十二)加快城镇棚户区、城中村和危房改造。围绕"十三五"时期实现100万人居住的城镇棚户区、城中村和200万户农村D级危房改造目标，实施棚户区改造行动计划和城镇旧房改造工程，优化城市棚户区改造布局规划，方便居民就业、就医、就学和出行。推动棚户区改造与名城保护、城市更新相结合，有序推进旧住宅小区综合整治、危旧住房和非成套住房(包括无上下水)改造，将棚户区改造政策支持范围扩大到全省重点镇。加强棚户区、危房改造工程质量监督，严格实施责任终身追究制度。

(十三)加快城市综合交通网络建设。不断完善城市路网系统，提高城市道路网络的连通性和可达性。推进昆明国家级综合交通枢纽及曲靖、大理和红河区域性交通枢纽建设。加快推进昆明市和中心城市轨道交通，续建昆明市城市轨道交通1号线呈贡支线、2号线二期、3号线、6号线二期及滇南中心城市群现代有轨电车示范线等工程。新开工昆明市城市轨道交通1号线西北延、4号线、5号线等工程。推进昆明市城市轨道交通安宁至嵩明东西快线、9号线及滇南中心城市群现代有轨电车建设，适时启动曲靖、楚雄、大理、丽江等州、市城市轨道交通建设项目，畅通进出城市通道。加快换乘枢纽、停车场等设施建设，推进充电站、充电桩等新能源汽车充电设施建设，将其纳入城市旧城改造和新城建设规划同步实施。加快推进城市步行和自行车"绿道"建设，切实改善居民出行条件。积极推进智能交通系统建设，提高城市道路管理水平。

（十四）鼓励实施城市地下管网改造工程。统筹城市地上地下设施规划建设，积极开展城市地下空间开发利用规划编制工作，加强城市地下基础设施建设和改造，合理布局电力、通信、广电、给排水、热力、燃气等地下管网，加快实施既有路面城市电网、通信网络架空线入地工程。鼓励和推进昆明市、保山市、玉溪市、大理州等地城市地下综合管廊建设，加大中心城市供排水工程和供排水设施建设力度，保障城镇供水安全，推动城市新区、各类园区、成片开发区的新建道路同步建设地下综合管廊，老城区要结合地铁建设、河道治理、道路整治、旧城更新、棚户区改造等逐步推进地下综合管廊建设。

（十五）推进海绵城市建设。积极推进昆明市、玉溪市、丽江市、大理州等地开展海绵城市建设。鼓励全省设市城市、有条件的县区、各类园区、成片开发区全面探索建设海绵城市。在老城区结合棚户区、危房改造和老旧小区有机更新，妥善解决城市防洪安全、雨水收集利用等问题。加强海绵型建筑与小区、海绵型道路与广场、海绵型公园与绿地、绿色蓄排与净化利用设施等建设。加强自然水系保护与生态修复，切实保护良好水体和饮用水源。

（十六）推动新型城镇建设。提升规划水平，增强城市规划的科学性和权威性，促进"多规合一"，全面开展城市设计，加快建设绿色城市、智慧城市、人文城市等新型城市，全面提升城市内在品质。实施"云上云"行动计划，加速光纤入户，促进宽带网络提速降费，鼓励发展智能交通、智能电网、智能水务、智能管网、智能园区。大型公共建筑和政府投资的各类建筑全面执行绿色建筑标准和认证，积极推广应用绿色新型建材、装配式建筑和钢结构建筑。落实最严格水资源管理制度，推广节水新技术和新工艺，积极推进再生水利用，全面建设节水型城市。深入实施城乡人居环境提升行动，全面开展城市"四治三改一拆一增"，加强区域性环境综合整治，加大城乡污水、垃圾监管力度，强化大气污染、水污染、土壤防治，提升城市人居环境。

（十七）提升城镇公共服务水平。保障农业转移人口及其他常住人口随迁子女平等享有受教育的权利。加大财政对接收农民工随迁子女较多的城镇中小学校、幼儿园建设的投入力度，吸引企业和社会力量投资建学办学，增加中小学校和幼儿园学位供给。加快县、乡两级就业和社会保障服务设施建设，鼓励有条件的社区加快完善整合功能的一站式服务平台和窗口。健全以社区卫生服务为基础的城镇医疗卫生服务体系，加强以全科医生为重点的基层医疗卫生队伍建设。深入推进文化惠民工程，健全覆盖城镇的公共服务体系。改建和扩建未达标的县级图书馆、文化馆和乡镇文化站，满足人民群众的文化需要。优化社区生活设施布局，打造包括物流配送、便民超市、银行网点、零售药店、家庭服务中心等在内的便捷生活服务圈。建设以居家为基础、社区为依托、机构为补充的多层次养老服务体系，推动生活照料、康复护理、精神慰藉、紧急援助等服务全覆盖。健全城市抗震、防洪、排涝、消防、应对地质灾害应急指挥体系，完善城市生命通道系统，加强城市防灾避难场所建设，增强抵御自然灾害、处置突发事件和危机管理能力。

五、加快培育中小城市和特色小城镇

（十八）提升县城和重点镇基础设施水平。加强城镇发展与基础设施建设有机结合，优化城镇街区路网结构，促进城镇基础设施建设与公路、铁路、航空枢纽和现代物流产业发展衔接与配套，形成方便快捷的城镇交通网络。强化城镇各级道路建设，打通城镇断头路，促进城镇街区道路微循环，完善和优化城市路网结构。加快推进城镇天然气输配、液化和储备设施建设，提高推进城镇天然气普及率，加快推进迪庆藏区供暖工程建设。推进重点城镇供水管网工程建设，加大贫困县、严重缺水县城和重点特色小城镇供水设施建设，加强城镇供水管网和污水处理及循环利用设施、雨污分流设施建设。完善城镇生活垃圾分类及无害化综合处理设施建设。

（十九）积极推进产城融合发展。坚持产业和城镇良性互动，促进形成"以产兴城、以城聚产、相互促进、融合发展"的良好局面。强化新城新区产业支撑，把产业园区融入新城新区建设，以产业园区建设促进新城新区扩展，通过产业聚集促进人口集中，带动就业，集聚经济，防止新城新区空心化。提升园区城镇功能，加快完善园区交通、能源、通信等市政基础设施，配套建设医疗、卫生、体育、文化、商业等公共服务设施，推进中心城区优质公共服务资源向园区延伸，推动具备条件的产业园区从单一的生产型园区经济向综合型城市经济转型。争取玉溪市、普洱市、楚雄市产城融合示范区纳入国家支持范畴，在全省范围内推进建设滇中新区等一批产城融合示范区，发挥先行先试和示范带动作用。

（二十）加快拓展特大镇功能。开展特大镇功能设置试点，以下放事权、扩大财权、改革人事权及强化用地指标保障等为重点，赋予镇区人口10万以上的特大镇部分县级管理权限，允许其按照相同人口规模城市市政设施标准进行建设发展。同步推进特大镇行政管理体制改革和设市模式创新改革试点，减少行政管理层级、推行大部门制，降低行政成本、提高行政效率。

（二十一）加快特色镇发展。统筹布局教育、医疗、文化、体育等公共服务基础设施，配套建设居住、商业等设施，改善镇域生产生活环境，增强特色城镇就近就地吸纳人口和集聚经济的能力，打造一批现代农业型、工业型、旅游型、商贸型、生态园林型特色城镇，带动农业现代化和农民就近城镇化。

充分挖掘和利用云南优美的生态环境、多样的民族文化资源，强化镇区道路、供排水、电力、通信、污水及垃圾处理等市政基础设施和旅游服务设施建设，加快推进剑川县沙溪镇、贡山县丙中洛镇、广南县坝美镇、建水县西庄镇、禄丰县黑井镇、腾冲市和顺镇、新平县戛洒镇、盐津县豆沙镇等特色旅游小城镇建设，打造形成一批主题鲜明、交通便利、环境优美、服务配套、吸引力强、在国内外有一定知名度的特色旅游小城镇。

充分利用国家赋予的特殊政策，依托沿边重点开发开放试验区、边(跨)境经济合作区平台，完善边境贸易、金融服务、交通枢纽等功能，积极发展转口贸易、加工贸易、边(跨)境旅游和民族传统手工业，推进口岸联检查验及配套基础设施和通关便利化建设，加快提升瑞丽、磨憨、河口、孟定等边境口岸城镇功能，促进城镇、产业与口岸型经济协同可持续发展。

(二十二)培育发展一批中小城市。加大推进水富、禄丰、祥云、罗平、华坪、镇雄、宜良、嵩明、河口、建水等县撤县设市，积极推进马龙、晋宁、鲁甸等县撤县设区。加大撤乡设镇、撤镇设街道办事处、村改居力度，对吸纳人口多、经济实力强的城镇，赋予同人口规模相适应的管理权。

(二十三)加快城镇群建设。完善城镇群之间快速高效互联互通交通网络，建设以高速铁路、城际铁路、高速公路为骨干的城市群内部交通网络，统筹规划建设高速联通、服务便捷的信息网络，统筹推进重大能源基础设施和能源市场一体化建设，共同建设安全可靠的水利和供水系统。

按照"11236"的空间布局，有序推进滇中城市群等6个城镇群协调发展，提升滇中城市群对全省经济社会的辐射带动力，加快建设昆明省域中心城市，曲靖、玉溪、楚雄区域性中心城市，打造滇中城市群1小时经济圈，把滇中城市群建设成为全国城镇化格局中的重点城市群，全省集聚城镇人口和加快推进新型城镇化的核心城市群。到2020年，户籍人口城镇化率达到50%。

加快发展以大理为中心，以祥云、隆阳、龙陵、腾冲、芒市、瑞丽、盈江为重点的滇西次级城镇群，将滇西城镇群建设成为国际著名休闲旅游目的地，支撑构建"孟中印缅"经济走廊的门户型城镇群。到2020年，户籍人口城镇化率达到40%。

加快发展以蒙自为中心，以个旧、开远、建水、河口、文山、砚山、富宁、丘北为重点的个开蒙建河、文砚富丘滇东南次级城镇群，将滇东南城镇群建设成为我省面向北部湾和越南开展区域合作、扩大开放的前沿型城镇群和全省重要经济增长极。到2020年，户籍人口城镇化率达到40%。

积极培育以昭阳、鲁甸一体化为重点的滇东北城镇群，将滇东北城镇群建设成为长江上游生态屏障建设的示范区，云南连接成渝、长三角经济区的枢纽型城镇群。到2020年，户籍人口城镇化率达到30%。

加快培育以景洪、思茅、临翔为重点的滇西南城镇群，将滇西南城镇群建设成为全国绿色经济试验示范区，云南省最具民族风情和支撑构建"孟中印缅"和"中国—中南半岛"经济走廊的沿边开放型城镇群。到 2020 年，户籍人口城镇化率达到 35%。

加快培育以丽江、香格里拉、泸水为重点的滇西北城镇群，将滇西北城镇群建设成为我国重要的生态安全屏障区，联动川藏的国际知名旅游休闲型城镇群。到 2020 年，户籍人口城镇化率达到 30%。

六、辐射带动新农村建设

（二十四）推动基础设施和公共服务向农村延伸。推动城乡协调发展，健全农村基础设施投入长效机制。实施"千村示范、万村整治"工程。加快以农村饮水安全巩固提升、山区"五小水利"等惠及民生的水利工程建设为重点，积极推进农村集中供水，全面实现农村饮水安全。推进以通乡油路和通村油路为重点的农村公路建设、村庄道路硬化工程，实现建制村全部通硬化路面。推进实施行政村通班车工程，加强农村客运站、招呼站建设，优化班线线路网络，确保"路、站、运、管、安"协调发展。推进城乡配电网建设改造，实现城乡各类用电同网同价，推动水电路等基础设施城乡联网。加快信息进村入户，尽快实现行政村通邮、通快递，推动有条件地区燃气向农村覆盖。全面实施农村"七改三清"环境整治行动，配套完善农村垃圾和污水收集处理设施、公厕、绿化亮化等公共服务设施，切实改善农村人居环境。加大对传统村落民居和历史文化名村名镇的保护力度。加快农村教育、医疗卫生、文化等事业发展，推进城乡基本公共服务均等化。深化农村社区建设试点。

（二十五）促进农村一、二、三产业融合发展。延伸农业产业链，积极发展咖啡、核桃、茶叶、果蔬、橡胶等农产品加工业，促进农业由单纯的种养生产向农产品加工、流通等领域拓展，提高农业附加值。拓展农业多种功能，挖掘农业生态、休闲、文化等非农价值，发展休闲农业、都市农业、乡村旅游、观光农业、体验农业，推进农业与旅游、教育、文化、健康养生等产业深度融合。实施农村一二三产融合发展试点示范工程，围绕产业融合模式、主体培育、政策创新和投融资机制，每年选择 10 个县市、100 个乡镇开展农村产业融合发展试点示范，形成一批融合发展模式和业态，打造一批农村产业融合领军企业，推进试点示范县、乡农村产业融合提质增效升级。

（二十六）带动农村电子商务发展。支持建设完善农村电子商务综合服务及物流配送网络，推动农村消费品、农业生产资料、农产品流通交易的线上线下融合发展。大力实施电子商务进农村，充分发挥现有市场资源和第三方平台作用，加强电商、商贸、物流、供销、邮政、快递等各类资源的对接与整合，健全农村电子商务支撑服务体系。加快推进我省农产品电商平台建设，为农业产业化提供多元化服务，为企业和农户搭建网上交易平台。整合利用商贸流通、仓储物流、邮政、供销、万村千乡农家店等服务网络，加大农村物流配送体系建设，实现工业品下乡和农产品进城的双向畅通。鼓励发展第三方配送，培育本土化电子商务物流配送企业，降低物流成本，提升流通效率。

（二十七）推进易地扶贫搬迁与新型城镇化结合。坚持尊重群众意愿，发挥群众主体作用，注重因地制宜，搞好科学规划，在县城、小城镇或工业园区附近建设移民集中安置区，推进转移就业贫困人口在城镇落户。采取争取中央、加大省财政支持和多渠道筹集资金相结合，引导符合条件的搬迁对象通过进城务工等方式自行安置，除享受国家和省易地扶贫搬迁补助政策外，迁出地、迁入地政府应在户籍转移、社会保障、就业培训、公共服务等方面给予支持。统筹谋划安置区产业发展与安置群众就业创业，确保搬迁群众生活有改善、发展有前景。

七、完善土地利用机制

（二十八）规范推进城乡建设用地增减挂钩。积极推进城乡建设用地增减挂钩工作。充分发挥增减挂钩政策在促进城乡统筹方面的优势作用，全面推行城乡建设用地增减挂钩政策。建立城镇建设用地增加与吸纳农村转移人口相挂钩机制，对吸纳农业转移人口多的城镇在城乡人居环境提升、城镇重大基础设施等项目用地方面给予优先支持。在符合土地利用总体规划的前提下，对增减挂钩工作推进迅速、管理规范、按时归还增减挂钩指标的地区，省级分解下达增减挂钩指标时将给予倾斜支持。运用现代信息技术手段加强土地利用变更情况监测监管。

（二十九）建立城镇低效用地再开发激励机制。建立健全"规划统筹、政府引导、市场运作、公众参与、利益共享"的城镇低效用地再开发机制，盘活利用现有城镇存量建设用地，建立存量建设用地退出激励机制，允许存量土地使用权人在不违反法律法规、符合有关规划的前提下，按照有关规定经批准后对土地进行再开发。完善城镇存量土地再开发过程中的供应方式，鼓励原土地使用权人自行改造，涉及原划拨土地使用权转让需补办出让手续的，经依法批准，可采取规定方式办理并按照市场价缴纳土地出让价款。推进老城区、棚户区、旧厂房、城中村的改造和保护性开发，发挥政府土地储备对盘活城镇低效用地的作用，加强农村土地综合整治，健全运行机制，规范推进城乡建设用地增减挂钩，总结推广工矿废弃地复垦等做法，在政府、改造者、土地权利人之间合理分配改造的土地收益。

（三十）因地制宜推进低丘缓坡地开发。坚持"基础设施先行、分期组团建设、产业发展支撑、社会事业配套"的山地城镇开发模式，在坚持最严格的耕地保护制度、确保生态安全、切实做好地质灾害防治的前提下，在资源环境承载力适宜地区开展低丘缓坡地开发试点。采用创新规划设计方式、开展整体整治、土地分批供应等政策措施，合理确定低丘缓坡地开发用途、规模、布局和项目用地准入门槛。

（三十一）完善土地经营权和宅基地使用权流转机制。加快推进农村集体土地确权登记颁证工作，依法维护农民土地承包经营权，赋予农民对承包地占有、使用、收益、流转及承包经营抵押、担保权能，保障农户宅基地用益物权，改革完善农村宅基地制度，慎重稳妥推进农民住房财产权抵押、担保、转让，严格执行宅基地使用标准，禁止一户多宅。探索农户对土地承包权、宅基地使用权、集体收益分配权的自愿有偿退出机制，支持引导其依法自愿有偿转让上述权益，提高资源利用效率，防止闲置和浪费。在符合规划和用途管制前提下，允许农村集体经营性建设用地出让、租赁、入股，实行与国有土地同等入市、同权同价。建立农村产权流转交易市场，推动农村产权流转交易公开、公正、规范运行。

八、创新投融资机制

（三十二）深化政府和社会资本合作。进一步放宽准入条件，健全价格调整机制和政府补贴、监管机制，广泛吸引社会资本参与城市基础设施和市政公用设施建设和运营。鼓励民间资本通过直接投资、与政府合作投资、政府购买服务，以及购买地方政府债券等形式，参与城镇公共服务、市政公用事业等领域的建设。加快市政公用事业改革，完善特许经营制度和市政公用事业服务标准，促进市政公用服务市场化和服务项目特许经营。建立健全城市基础设施服务价格收费机制，让投资者有长期稳定的收益。根据经营性、准经营性和非经营性项目不同特点，采取更具针对性的政府和社会资本合作模式，鼓励公共基金、保险资金等参与项目自身具有稳定收益的城市基础设施项目建设和运营。

（三十三）加大政府投入力度。坚持市场在资源配置中的决定性作用和更好发挥政府作用，明确新型城镇化进程中政府职责，优化政府投资结构，安排专项资金重点支持农业转移人口市民化有关配套设施建设。健全各级政府间事权与支出责任相适应机制。编制公开透明的政府资产负债表，支持有条件的地方通过发行地方政府专项债券等多种方式拓宽城市建设融资渠道。

（三十四）强化金融支持。争取中央专项建设基金扩大支持新型城镇化建设的覆盖面，安排专门资金定向支持城市基础设施和公共服务设施建设、特色小城镇功能提升等。鼓励开发银行、农业发展银行创新信贷模式和产品，针对新型城镇化项目设计差别化融资模式与偿债机制。鼓励州、市利用财政资金和社会资金设立城镇化发展基金，整合政府投资平台设立城镇化投资平台。进一步完善政府引导、市场运作的多元化投融资体制，建立透明规范的城市建设投融资机制，通过采取组建地方性基础设施建设投融资公司、银行贷款、委托贷款、公私合营(PPP)、打捆式开发、资源转换式开发等方式，拓宽城市建设融资渠道。

九、完善城镇住房制度

(三十五)建立购租并举的城镇住房制度。以满足新市民的住房需求为主要出发点，建立购房与租房并举、市场配置与政府保障相结合的住房制度，健全以市场为主满足多层次需求、以政府为主提供基本保障的住房供应体系。严格落实各级政府住房保障责任，通过鼓励用人单位自建以及依托市场租赁、实行公共租赁住房先租后售、建立农业转移人口住房公积金制度、购房税费减免、强化房贷金融支持等方式，解决转户进城的农业转移人口住房困难。把转户进城的农业转移人口住房问题纳入城镇住房建设规划和住房保障规划统筹安排解决，拓宽资金渠道，建立各级财政保障性住房稳定投入机制，调整布局结构，加大面向产业聚集区的公共租赁住房建设力度，并将城镇保障性住房建设延伸到乡镇。每年将1/3可分配公共租赁住房房源用于解决农业转移人口住房问题。农民工集中的开发区和产业园区可建设单元型或宿舍型公共租赁住房，农民工数量较多的企业可在符合规定标准的用地范围内建设农民工集体宿舍。探索由集体经济组织利用农村集体建设用地建设公共租赁住房。

(三十六)完善城镇住房保障体系。住房保障采取实物与租赁补贴相结合并逐步转向租赁补贴为主。加快推广租赁补贴制度，采取市场提供房源、政府发放补贴的方式，支持符合条件的农业转移人口通过住房租赁市场租房居住。完善商品房配建保障性住房政策，鼓励社会资本参与建设。归并实物住房保障种类。完善住房保障申请、审核、公示、轮候、复核制度，严格保障性住房分配和使用管理，健全退出机制，确保住房保障体系公平、公正和健康运行。

(三十七)加快发展专业化住房租赁市场。推进住房租赁规模化经营，鼓励成立经营住房租赁机构，并允许其通过长期租赁或购买社会房源，直接向社会出租，或根据市场需求进行装修改造后向社会出租，提供专业化的租赁服务。支持房地产开发企业改变经营方式，从单一的开发销售向租售并举模式转变。鼓励有条件的房地产开发企业，在新建商品房项目中长期持有部分房源，用于向市场租赁，或与经营住房租赁的企业合作，建立开发与租赁一体化、专业化的运作模式。各地可以通过购买方式，把适合作为公租房或者经过改造符合公租房条件的存量商品房，转为公共租赁住房。鼓励商业银行开发适合住房租赁业务发展需要的信贷产品，在"风险可控、商业可持续"的原则下，对购买商品住房开展租赁业务的企业提供购房信贷支持。

（三十八）健全房地产市场调控机制。进一步落实房地产、土地、财税、金融等方面政策，共同构建房地产市场调控长效机制。确保住房用地稳定供应，完善住房用地供应机制，保障性住房用地应保尽保，优先安排政策性商品住房用地，合理增加普通商品住房用地，严格控制大户型高档商品住房用地。实行差别化的住房税收、信贷政策，支持合理自住需求，提高对农民工等中低收入群体的住房金融服务水平，抑制投机投资需求。依法规范市场秩序，健全法规规章，加大市场监管力度。建立以土地为基础的不动产统一登记制度，在有效保护个人住房信息安全的基础上，推行商品房买卖合同在线签订和备案制度，实现全省住房信息联网。进一步提高城镇棚户区改造以及其他房屋征收项目货币化安置比例。鼓励引导农民在中小城市就近购房。

十、健全新型城镇化工作推进机制

（三十九）强化统筹协调。充分发挥我省推进新型城镇化工作联席会议综合协调的平台作用，研究协调我省新型城镇化工作推进中的重大事项，省直有关部门要加强沟通协调和配合，形成合力，统筹协调解决重点难点问题，按照国家有关要求，共同推进我省新型城镇化发展步伐。省发展改革委要依托推进新型城镇化工作联席会议制度，加强政策统筹协调，推动有关政策尽快出台实施，强化对各地新型城镇化工作的指导。省公安厅做好全面深化户籍制度改革和实行居住证制度工作。省住房城乡建设厅做好城乡规划、建设和管理工作。省财政厅要尽快制定出台实施财政转移支付同农业转移人口市民化挂钩政策。省国土资源厅要尽快研究出台规范推进城乡建设用地增减同农业转移人口市民化挂钩政策，并做好城镇上山和城镇建设用地集约节约利用、低丘缓坡地开发、土地经营和宅基地使用流转工作。省商务厅做好农村电子商务发展工作。省金融办做好新型城镇化金融支持工作。省环境保护厅做好全省城乡环境综合保护治理工作。省城乡统筹办做好农业转移人口市民化推进工作。省人力资源社会保障厅做好农业转移人口市民化劳动就业、技能培训和社会保障等工作。省教育厅做好保障农业转移人口及其他常住人口随迁子女平等享有受教育权利工作。省卫生计生委做好农业转移人口市民化医疗服务和计划生育政策落实工作。其他省直有关部门要强化大局观念、增强服务意识，各负其责、齐抓共管，形成共同推进我省新型城镇化发展的合力。各州、市要进一步完善城镇化工作机制，各级发展改革部门要统筹推进本地新型城镇化工作，其他部门要积极主动配合，共同推动新型城镇化取得更大成效。试点地区做好国家新型城镇化综合试点工作，确保各项试点目标任务顺利完成，形成可在全省全国推广普及的经验做法。

（四十）建立监督检查考核机制。把推进新型城镇化工作作为评价各级领导干部实绩的重要依据，加大监督考核力度，切实调动各地、有关部门的工作积极性。省政府督查室要定期对推进新型城镇化工作进展情况开展督查，及时通报工作进展情况，确保政策举措落地生根。

（四十一）强化宣传引导。各地、有关部门要及时总结推广新型城镇化工作的成功经验和做法，大力宣传加快新型城镇化发展的重大意义和政策措施，凝聚社会共识，强化示范效应，在全社会形成关注新型城镇化工作、参与新型城镇化建设、合力推进新型城镇化发展的强大动力，为推进新型城镇化营造良好的社会环境和舆论氛围。

可见，绿色城镇化是从治理我国城镇化过程中生态环境问题的有效路径，我国现阶段城镇化发展模式主要采取绿色城镇化，绿色城镇化充分发挥城镇化的健康性、生态性、和谐性等特征，科学指导城镇化建设，绿色城镇化在我国未来城镇化建设中会发挥重大作用。

绿色基底与碳汇排放核算

2.1　碳汇与碳排放研究综述

　　全球气候正在逐渐变暖已经成为全球公认的科学事实，"化石燃料的燃烧"和"毁林活动"是造成这种现象的主要原因，是主要的碳源。碳汇一般是指从空气中清除二氧化碳的过程、活动和机制，它主要是指载体（森林、土壤、岩石、湿地等）吸收并储存二氧化碳的多少，或者说是载体吸收并储存二氧化碳的能力。在林业中主要是指植物吸收大气中的二氧化碳并将其固定在植被或森林土壤中，从而减少该气体在大气中的浓度。通俗地说，当生态系统固定的碳量大于排放的碳量，该系统则称为大气中二氧化碳的汇，简称碳汇，反之，则为碳源（Fang J. Y.，2007）。碳汇其中一条重要的途径是通过生物碳的产生和传递过程而实现，称为生物碳汇。广义地说来，生物有机碳形成就是生物碳汇。浮游植物在碳汇中起到至关重要的作用（孙军等，2011）。碳汇已经引起了越来越多专家、学者和公众的关注，它已成为全球气候变化会议的主题和目标（STAVINS R，1999）。

　　碳排放强度与森林碳汇是评价区域碳减排工作的两项重要指标。因此，对区域内的碳排放强度与森林碳汇的核算与分析，有利于促进区域碳减排工作。近年来，许多学者在这方面进行了诸多研究。Rogera估计了全球森林和其他土地的碳供给曲线，认为中国在成为碳排放大国的同时，也将成为森林碳汇的供给大国。康凯丽基于我国各省（区、市）碳排放量与森林碳汇压力，对我国各省（区、市）的区域碳汇林业发展能力与区域森林碳汇压力两项指标进行了二维聚类分析。李健豹基于相关性分析，提出了区域碳排放强度是驱动人均碳排放量的主要因素的观点。然而，这些研究欠缺对区域碳排放强度与森林碳汇结合的分析，存在一定的局限性。

20 世纪后半叶开始，全球温室效应日益得到国际社会的关注。根据政府间气候变化专门委员会（IPCC）报告，在 1850~1899 年和 2001~2005 年间全球气温升高 0.76℃，如果不采取措施，至 21 世纪末全球平均气温将再升高 1.8~4.0℃，这将严重危害到全人类的存亡。国际主流的观点认为，当前大气中的温室气体主要来自于工业革命以来人类活动产生的二氧化碳。因此，减少二氧化碳的排放被认为是减缓全球气候系统变暖的根本途径。

为更好地应对全球气候变暖问题，全球碳排放交易市场逐渐形成。全球碳排放交易市场总体可以分为强制碳市场和自愿碳市场。强制碳市场指政府强制管制下的碳交易市场，主要包括《京都议定书》下规定的排放权交易市场、清洁发展机制市场、联合履约机制市场，以及欧盟、新西兰等为履行《京都议定书》而建立的区域或国家层面的排放权贸易市场。自愿碳市场为政府管制外的所有碳交易市场，购买者主要动机为碳信用转售、气候责任感、企业社会责任、掌控气候领导权等，主要市场包括美国芝加哥气候交易体系、美国区域温室气体减排行动、澳大利亚新南威尔士州温室气体减排体系等。本书立足全球碳排放交易视角，梳理了国内外关于全球碳排放交易的项目标准、实施效果等研究进展，重点分析了全球自愿碳市场的发展现状及项目实施效果。

全球碳排放交易市场总体可以分为强制碳市场和自愿碳市场。碳减排项目统一口径的问题不解决，将严重削减各类碳减排项目的执行力度，阻碍碳减排项目全球推广。因而，如何统一碳补偿市场的认证标准，加强碳补偿项目质量和影响力度应成为今后学术界的研究重点。

2.1.1 碳汇的主要途径

2.1.1.1 森林

森林生物量巨大，在全球碳循环中承担着重要的调节温室气体和大气污染的作用（ERHUN K，2012），是陆地生态系统中最大的碳汇，在减缓气候变化中发挥着巨大作用（王冬至等，2010）。研究结果表明，林木生长每产生 169 g 干物质需吸收（固定）264 g 二氧化碳，释放 192 g 氧气（姜东涛等，2005）。森林碳汇作用主要体现在森林生物固碳、林地固碳和林下植物固碳 3 种形式。林地固碳和林下植物固碳作用明显，但在森林轮伐过程中它们基本保持一个定量。森林在一个轮伐期结束时，森林固碳形式变成了木材或相关木材衍生产品的固碳形式。当然在森林采伐和加工过程中，原来森林固碳量有所损失，部分碳储存以各种形式又回归大气，但是绝大部分森林固碳量仍然保存下来。这种转变恰恰是森林可再生性的体现、是森林固碳的延伸、是森林土地高效合理利用的最佳经营方式。所以人类对森林的积极培育、合理管护、正确采伐、永续利用才是发挥森林碳汇作用最大化的必经之路(吴国春等,2011)。森林生态系统是地球陆地生物圈的主体,也是陆地表面最大的碳库,在吸收、固定二氧化碳和全球碳循环研究中扮演着极其重要的角色,它通过同化作用吸收固定大气中的二氧化碳,抑制其浓度上升的功能对于应对气候变化问题具有积极意义和重要作用。

在森林生态系统中,热带森林在固碳中发挥着重要作用。它占地球表面的7%,但它拥有全球50%的物种和70%~80%的树种(SINGH P,2009)。储存有全球生物量碳的40%左右,每年通过光合作用吸收的碳相当人类通过化石燃料燃烧释放到空气中碳的6倍(MALHI Y,2002),它的存在和消长对于维护全球碳平衡和减缓温室气体增温具有重大意义。

2.1.1.2 土壤

土壤主要包括农用地(或广义的土地)和森林土壤,森林土壤是一种特殊的碳汇类型(JELLIOTT C,2012)。土壤碳库是陆地生态系统碳库的重要组成部分,其容量是植被与大气碳库的3~4倍(IPCC,2000),是仅次于海洋和地质库的碳储库。全球土壤有机碳库约1500 Pg,分别是大气(750 Pg)和陆地生物(550~570 Pg)碳库的2~3倍(ROSENZWEIC C,2009)。

2.1.1.3 湿地

湿地生态系统碳平衡对气候变化极为敏感,是陆地生态系统碳循环响应全球变化的重要环节(王平等,2010)。湿地吸碳能力是其他生态系统的10倍,能减缓和遏制全球气候变暖的进程(邓培雁等,2003)。而随着全球气候变暖及人口急剧增加,湿地面积却不断减小(陶信平,王建华等,2003~2004),湿地的固碳功能受到进一步减弱。此外,泥炭生态系统贮存了500~600 Pg的有机碳,自从冰河时期便开始大规模积累(EVILLEG,2012)。

2.1.1.4 水体

地球碳循环是碳元素在地球各个碳库之间不断交换、循环周转的过程,它是地球化学循环中极为重要的组成部分,包括地壳层、海洋和陆地全球三大碳库。其中,内陆水体生态系统(河流、湖泊、水库等)是陆地生态系统的重要类型(王蕾等,2010),在全球碳循环和碳固定方面发挥着非常关键的功能。

2.1.1.5 其他

陆地生态系统因碳植被丰富多样性、土壤固碳能力强而呈现出巨大的碳汇量。此外,大气、海洋生态系统是人工源二氧化碳两个可能的容纳汇,其中,碳失汇的主要原因与海洋对碳的吸收、岩石圈中岩溶动力系统对碳的吸收,以及陆地上碳库的转移有关。

2.1.2 影响碳汇潜力的因素

随着国内外学者对地球各圈层碳汇研究的不断深入,碳失汇问题的提出,使全球各大碳源汇所在地及其通量的研究成为当前研究的热点和难点。

2.1.2.1　影响森林碳汇潜力的因素

森林资源利用和碳储存之间的关系并不协调，影响幼林生态系统碳汇能力的因素较多，王蕾等认为黄土高原荒地造林的造林密度、保存率和是否禁牧是其主要因素；植被固定二氧化碳总量随降水量的显著变化而出现明显的差异变化，但大体呈逐渐增加趋势；林地和园地在二氧化碳固定过程中占据优势，是农用地植被固定二氧化碳最重要的贡献者。年平均降水量对园地和林地固定二氧化碳的物质量影响程度要远大于其面积变化的影响。同时国家和区域的经济政策及调整对植被固定二氧化碳物质量有显著影响并存在空间差异；一个地区农用地在土地利用结构中所占比例越大，则植被固定二氧化碳量越高；随着二氧化碳浓度升高，高温和干旱对热带森林将产生一系列更严重的负面影响，如森林生长量下降、死亡率以及森林火险增加，将对森林固碳产生直接影响；采用动态的生命周期评价方法可评价土地利用变化和林业的时间序列对固碳与气候变化的影响。从以上研究可知，影响森林碳汇的因素较多，且缺乏统一的标准和认识。

2.1.2.2　影响湿地碳汇潜力的因素

湿地是陆地生态系统中重要的二氧化碳碳汇，影响湿地生态系统碳汇与碳源过程的控制因子有水分、植物类型、土壤厚度、微生物(底物、pH、温度、氧化还原条件)等，环境条件差异、气候变化等也将对湿地固碳能力产生影响。

2.1.2.3　影响土壤碳汇潜力的因素

不同生境中碳汇速率变化较大，潜在土壤有机碳汇能力差异也较大；土壤贮存二氧化碳的能力与母岩类型、演替进程和利用方式有关口；时间也影响土壤碳汇过程，温暖、潮湿的农业弃耕地环境次生演替过程中，从碳源到碳汇的转折点大约需要 5~19 年；为了提高单位面积碳汇，有效提高碳和氮的利用效率也是一个行之有效的途径；土壤作为全球最大的有机碳储存库，在全球碳循环中扮演着越来越重要的角色。为了预测全球气候变化和采取更多统一的方法来减少温室气体排放、遏制全球变暖，土壤碳捕获能力在全球气候变化中扮演源还是汇的角色引起了越来越多的关注；营养元素的施用方法对土壤碳汇能力影响极大，研究表明，慢性施氮使大草原土壤碳汇能力增加，快速提供有效氮不仅会使生物多样性减少，还影响碳的生物地球化学耦合。

不仅非生命因素影响土壤碳汇潜力，微生物群落的营养状态对土壤中二氧化碳损失的影响可能要高于土壤基质的生物可利用性，特别是关于氮肥的添加，即作物产量会随着土壤中二氧化碳排放量的增加而增加。为了全面评估棕榈种植园土壤碳储存的影响因素，土地流转后初始土壤中的碳损失(如从原生森林或其他之前的种植园）必须考虑在内。数据显示，如果初始土壤碳损失很大，就是等到棕榈成熟，种植园土壤总也没有积累稳定的碳源，因此土壤中碳的含量会存在净亏损。

在降雨量大的地区，高等植物篱和草地过滤带是重要的促进和维持坡耕地生产率的措施，然而对侵蚀控制措施影响下的土壤固碳能力和农艺生产力未能得到广泛评估。通过对印度东北部采取侵蚀控制措施下的坡耕地碳汇潜力进行评估表明，碳汇能力得到提高，表明采取有效措施防止土壤流失也能够提高土壤碳汇能力。减少温室气体排放的途径之一就是激励林业和农地管理者采取措施，将更多的碳贮存在树木和土壤中。在生物碳估价环节，要有足够的碳资金、清晰的机构组织、更多公众和私营部门参与者，才能实现碳汇效益最大化。

2.1.3　碳汇估算

2.1.3.1　森林碳汇估算

目前，常见的碳汇价值确定方法主要有人工固定二氧化碳成本法、造林成本法（它是根据所造林分吸收大气中的二氧化碳与造林费用之间的关系来推算森林固定二氧化碳的价值）、碳税率法（环境经济学家们通常使用瑞典的碳税率）、变化的碳税法、损失估算法以及意愿支付法；还有一种是依据《京都协议书》设计的清洁发展机制（CDM），是发达国家缔约方为实现部分温室气体减排义务，与发展中国家缔约方进行项目合作的机制，CDM 是一种最省钱的获取排放权的途径。王冬至等学者利用林分生物量，通过化学反应机理来计算林分碳汇量；郗婷婷等采用森林蓄积量扩展法计算碳汇量，它以森林蓄积（树干材积）为计算基础，通过蓄积扩大系数计算树木（包括树枝、树根）生物量，然后通过容积密度（干重系数）计算生物量干重，再通过含碳率计算其固碳量，这种方法计算出来的是以立木为主体的森林生物量碳汇量。

国内外应用最广泛的森林碳汇估算方法还有样地清查法、涡度相关法和应用遥感技术的模型模拟法。样地清查法是指通过设立典型样地，准确测定森林生态系统中的植被、枯落物或土壤等碳库的碳储量，并可通过连续观测来获知一定时期内碳量变化情况的推算方法。党晓宏等采用碳汇计量方法，具体操作为：选择设置标准样地，对每个样地内所有活立木的直径、树高、树冠进行详细调查，然后选择 5 年、10 年、15 年和 20 年这 4 个年龄阶段的标准木各 3 株并伐倒。分别对枝条、根系、叶子等器官采用烘干称量法测定其生物量，计算各器官生物量的同时，测定各器官的含碳率，最后估算其固碳量。最后根据固碳量、造林面积及林分密度，推算各造林区相同年龄时固定的碳储量。

2.1.3.2　土壤碳汇估算

土壤碳汇计算森林土壤碳贮量主要是某类森林植被覆盖下，贮存在一定土壤深度内的土壤有机碳的总和。肖英等学者研究了杉木、马尾松、樟树、枫香4 种森林类型土壤有机碳贮量，其从大到小排序为杉木、马尾松、樟树、枫香（肖英等，2010）。土壤碳汇与碳密度、数量等有关。

2.1.3.3 岩石－流域碳汇估算

以流域为单位的岩石化学风化固碳量的估算方法已经取得一定进展，其估算方法大致可以分为动力学方法、溶蚀测量法和水化学方法 3 类。其中，动力学方法主要从反应物或产物的浓度与时间关系出发，获得反应动力学参数；溶蚀测量法通过直接测定溶蚀量，建立溶蚀速率模型，为不同环境、地质、生态、气候等自然条件下的溶蚀速率预测提供理论依据，进而估算岩溶作用过程中消耗的大气二氧化碳；水化学方法是直接计算一氧化碳的吸收量和碳汇率。各种计算碳汇率的方法和侧重点各有不同，有可能因风化作用、生物呼吸作用等因素而难以准确估算。为揭开碳失汇黑箱之谜，找寻及估算北半球隐存的巨大碳汇及其通量，国内外学者针对碳汇及其估算方法做了大量科学研究。然而，由于碳汇估算方法不确定、量化指标不统一、计算模型过于理论化、实测数据可信度差及误差大等因素，导致各圈层碳汇估算结果存在较大差异。

2.1.4 碳汇与碳排放研究展望

森林碳汇对于生态环境的作用是至关重要的。森林碳汇能够通过造林、植被达到生态系统恢复的目的。森林碳汇不仅可以缓解并解决全球气候变暖的问题，而且在一定程度上是良好的净化空气的方法。森林在减缓气候变化的功能中有碳汇，防止或降低向空气中排放二氧化碳，同时通过改善生态环境，可以开发生态区的旅游，也能够在一定程度上缓解贫富差距的加大，促进经济的全面可持续发展。为增加森林碳汇，国际组织出台了一系列的限制温室气体排放条约，以法律的形式限制工业气体排放。同时条约指出，发达国家要通过资金和技术方面的支持与发展中国家开展项目合作，例如在提高能源效率等方面提供技术支持，开展新能源建设。这些方法不仅促进了发展中国家的经济发展，也同时实现了改善全球气候的目的。虽然我国当前仍然是发展中国家，但我国具备充足的土地资源，所以我国要合理利用这些土地加强植树造林，增加森林总面积，积极开展森林碳汇项目。

2.1.4.1 森林碳汇的现实问题

（1）森林碳汇资源资产问题：一般经济学理论认为，能够带来收益的物品称为资产。无论是天然的还是经过人类劳动投入形成的自然资源，都可以为人类社会带来收益，自然资源既有固定资产的特征又有流动资产的特征，因此自然资源也是资源资产。森林碳汇作为二氧化碳排放空间的具体载体，是一种无形的资源资产。

（2）森林碳汇资源产权问题：森林碳汇作为资源资产与其他资产一样，也存在产权管理问题。只有明确产权关系，改变资源无偿占有和无偿使用制度，才有可能从根本上建立起资源有效利用的内在机制，推动资源资产化、市场化工作的进展。由于森林碳汇是以森林资源蓄积为载体的，所以森林碳汇资源产权与森林资源产权保持一致。

（3）森林碳汇资源价值问题：所有的自然资源，包括未经人类劳动参与或者参与交易的天然的自然资源，都是有价值的。资源的价值是资源所有权经济权益的具体体现，这种价值取决于自然资源对人类的有用性、稀缺性和开发利用条件等因素。森林碳汇资源具有有用性和稀缺性，并且变得越来越稀缺。

（4）森林碳汇资源核算问题：森林碳汇资源核算是完善资产管理、实现资源价值和促进资源产业发展的重要手段，也是实现森林碳交换的基础性工作。实行森林碳汇资源核算制度是缓解和消除经济发展中资源危机、寻求长期利益和短期利益平衡的重要途径，有助于全面、客观、合理地评价经济社会发展程度、发展水平和未来发展潜力，有助于可更新资源的不断补充和耗竭资源有节制的消费，有助于界定资源资产的所有权关系，有助于理顺资源产业内部及其与外部的关系。

（5）森林碳汇资源产业问题：森林碳汇资源产业是通过企业和社会投入进行保护、恢复、更新、增加和积累自然资源的生产事业，是协调经济系统、社会系统和自然系统关系，完善资源资产管理，实现自然资源可持续利用的重要措施。

2.1.4.2 碳汇研究展望

（1）发展碳汇农业的路径：大力发展资源节约型、环境友好型循环农业，减少对高碳型生产资料的依赖；积极推广有机农业，增强农业碳汇功能；发展休闲观光农业，减少农作物的碳排放量；改变传统的耕作方法，提高土壤的固碳水平（谢淑娟等，2010）；合理利用农业废弃物，如秸秆、畜禽粪便、沼液、沼渣等，实现废物资源化、无害化；创新整地方式，减少碳流失。

（2）固碳潜力及速率研究：在碳汇潜力估算和速率计算方面，我国至今还没有公认的、科学的准确数据及计量方法，应多加强这方面的研究，阐明各碳库演变及其影响因素的区域特征，建立固碳潜力与速率计量理论与方法，提出固碳潜力与速率更准确、更科学的数据，这对于我国固碳战略的制定、固碳措施的实施以及提高我国总体固碳潜力、应对全球气候变化及外交谈判等均具有重要的理论和现实意义。

（3）多学科多技术相结合：研究碳汇有关碳汇问题的研究，应综合运用多学科相关知识，如微气象学、数学、化学等，采用先进的地理信息系统(GIS)和遥感(RS)图像数据处理等技术，建立完整的生态系统碳循环各环节数据库，进行各种环境条件下的情景模拟，实现在时间和空间尺度上对碳储量及其价值的准确评估和计算。

(4)研究减少碳排放的措施：靠自然过程捕获和汇集二氧化碳的速率太慢，因此要采取一切措施从源头上减少二氧化碳气体排放，同时保护好森林、土壤、水体和湿地等自然生态系统，保持较高效率的碳吸收能力。

(5)林业应对全球气候变化的措施：研究利用森林资源清查系统，开展林业气候影响综合监测，为制定林业适应气候变化相关政策提供基础信息。增加林业基础设施投资和投入，增强森林抵御自然和人为灾害的能力。加强林业科学研究，更好地为决策服务。只有人工林满足了人们日常生活的需要，才能更好地保护天然林，提高森林在应对全球气候变化中的作用。

(6)碳汇贸易市场的建立：目前，全球碳汇基金会比较多，但国内只有"中国绿色碳汇基金"这一支，原因是国内没有真正意义上的碳汇交易市场。在国际市场上，二氧化碳完全可以作为一种商品进行交易。2004~2014年，全球碳汇市场的交易额呈增长趋势，我国是最大的碳汇卖方。国内现有的CDM林业碳汇项目包括"中国广西珠江流域治理再造林项目""广西二期项目"和"中国四川西北部退化土地的造林再造林项目"等。其中，"中国广西珠江流域治理再造林项目"是全球第一个CDM碳汇项目，碳汇成交价为4.35美元/吨，项目首次成功解决了CDM再造林项目基线、额外性、非持久性、碳泄漏等问题，但我国在这方面的发展和研究显得后劲不足。因此，建立国内碳汇贸易和交易市场迫在眉睫。

2.1.4.3 碳排放研究展望

气候变化和全球气候变暖是人们普遍关注的热点问题。研究发现温室气体排放(特别是CO_2)是导致全球变暖的主要原因。研究CO_2排放对实施节能减排政策、提高能源利用效率和适应减少气候变化效应有非常重要的意义。通过对国内外有关CO_2排放文献的梳理，发现能源利用CO_2排放研究已取得了重要的进展。能源经济学、产业生态学、能源管理学、地理学以及学科综合领域都产出了一系列的成果。基于当前研究的现状和存在的问题，对未来研究的趋势和进展展望如下：

(1)在研究的理论模型上，CO_2排放研究主要基于现有的几种理论模型，虽然模型不同，但大多部分结构相同。发达国家经济发展程度高，对环境问题关注的较早，因此对CO_2排放的研究也走在前面，而部分发展中国家仍处在工业化、城市化发展的中期阶段且发展模型也不尽相同。未来进行相关研究时，必须结合各国现实情况对已经存在的经典理论模型加以本地化改造，突显当地特色，以进一步提高理论模型适用的创新性。

（2）在方法运用上，学者们根据不同理论模型选择了相应的方法，这些方法基本思路相同，后人则应根据各国的国情对前人的因素模型进行深化或改造，并综合运用多种分析方法，结合动静态模型反映各个区域在不同时期的动态信息。在数据选取上应综合时间序列和横截面数据，化静态为动态，全面科学地掌握 CO_2 排放研究变化趋势。

（3）考虑地理空间权重和经济社会权重，通过全球、国际、国家、州（省）、城市的多元分解，开展多尺度、多层面的差异研究。

（4）CO_2 排放是不同因素、众多变量之间相互作用、相互依赖的一个综合复杂的系统工程，因此，需要用系统的思维和方法进行研究。未来研究应紧密结合实践，注重理论和实践创新，进一步加强成果的可操作性和政策的前瞻指导性。

2.2　案例城市概况——以云南省元阳县为例

随着农村经济发展和国家建设新农村投入不断增加，农村生产生活条件也发生着重大改变，现代文明与传统文化保护和开发需要抉择，人们更多地选择保护。在哈尼梯田的保护中，应该把森林生态的保护放在首位，在保护形势中，农村能源建设也是保护森林资源、改善生态环境的重要手段，加快核心区周边农村能源建设步伐，调整农村用能结构，降低直接采伐森林攫取生活燃料用能方式，真正现实人与自然和谐发展。

2.2.1　地理位置及人文概况

元阳县位于云南省南部，哀牢山脉南段，红河南岸，东经 102°27′~ 103°13′，北纬 22°49′~23°19′之间。东接金平县，南邻绿春县，西与红河县毗邻，北与建水县、个旧市隔红河相望，东西最大横距 74km，南北最大纵距 55km，全县国土面积 2189.88km²。县城南沙距省会昆明 284km，距州府蒙自 71km。全县辖南沙、新街 2 镇和嘎娘、上新城、小新街、逢春岭、大坪、攀枝花、黄茅岭、黄草岭、俄扎、牛角寨、沙拉托、马街 12 乡，133 个村委会，4 个社区居委会，984 个自然村，1218 个村居民小组。2010 年末，元阳县总人口 424284 人。其中：男 227718 人，占总人口的 53.67%；女 196566 人，占 46.33%；农业人口 403261 人，占 95.05%；非农业人口 21023 人，占 4.95%。人口密度每平方千米 194 人。世居哈尼、彝、汉、傣、苗、瑶、壮 7 种民族。汉族 48266 人，占

11.38%；少数民族 376018 人，占 88.62%，其中：哈尼族 228765 人，占总人口的 53.92%；彝族 99520 人，占 23.46%；傣族 19224 人，占 4.53%；苗族 14803 人，占 3.49%；瑶族 9548 人，占 2.25%；壮族 3931 人，占 0.93%。人口出生率 13.62‰，死亡率 6.66‰，自然增长率 6.97‰。

元阳县地处低纬度高海拔地区，境内层峦叠嶂，沟壑纵横，山地连绵，无一平川。最低海拔 144m，最高海拔 2939.6m，海拔差异明显。境内地势由西北向东南倾斜，红河、藤条江两干流自西向东逶迤而下，地貌呈中部突起，两侧低下，地形呈"V"形发育。全境"两山两谷三面坡，一江一河万级田"，构成了元阳县特殊的地形地貌。境内气候属亚热带山地季风气候类型，具有"一山分四季，隔里不同天"的立体气候特点。元阳县是山的世界，全境为山地所控。省级自然保护区——东观音山，雄踞县境东部，奇峰峭壁，巍峨险峻，主峰面积 200km^2，有森林面积 13.3 万亩。西观音山位于县境西部，山高谷深，多岭多涧，主峰面积 60km^2，有森林面积 2.87 万亩。"两山"一东一西，雄姿挺拔，气势非凡，瀑布飞流其间，林木遮天蔽日，终年流水潺潺，是境内天然的绿色水库，灌溉着 10 余万亩梯田。"两山"动植物资源丰富，生物多样性明显，是境内天然的生态屏障。形成了"森林—水系—梯田—村寨"四素同构的生态保护系统，是人与自然相依相伴，和谐相处，协调发展的生态景观。境内有大小河流 29 条，属红河水系和藤条江水系，全长 700 余 km，常年流量为 42.7m^3/s，水能蕴藏量 36.81×10^{4}kW，其中可开发量 21.38×10^{4}kW，占水能资源的 58.1%。

元阳县地处"三江"多金属成矿带的南延部位，矿产资源丰富，现已发现的有铁、铜、铅、锌、金、银、石膏、大理石、石墨、矽线石、云母、水晶、宝玉石等 5 大类 20 余个矿种。探明储量的矿产有 14 种，其中金、铜、石膏、石墨 4 个矿种已列入《云南省矿产资源储量简表》。金、铜、铁、石墨、石膏等均有小至中型独立矿床，已发现的矿床(点)具有区域集中、带状分布的特点，其中大坪金矿及外围经专家预测为大型矿床。

2010 年，元阳县降水偏少，1 月到 4 月中旬降雨偏少，并延续 2009 年秋季以来的干旱成为百年一遇的特大干旱，给全县工农业造成严重的经济损失。全年总降水量为 603.3mm，比常年偏少 31%，比 2009 年偏少 7%，是 98 年有历史数据以来降水最少的年份。全年气温偏高，高温天气突出，有 19 天最高气温超过 40℃，123 天最高气温在 35℃以上。年平均气温 25.2℃，比常年偏高 0.9℃，比 2009 年偏高 0.4℃，突破了历史最高值；年最高气温 42.7℃，出现在 4 月 12 日，比 2009 年最高气温 41.8℃高 0.9℃；年最低气温 7.9℃，出现在 1 月 15 日，比 2009 年最低气温 7.5 略高 0.4℃。全年日照总时数 2076.8 小时，比历年偏多 12%，比 2009 年偏多 14%。日照最多的月份是 2 月，月日照时数达 209.2 小时，是 98 年以来日照时数最多的一月；其次是 1 月，月日照时数 180.4 小时，也突破了历史极值。全年共统计到气象灾情 5 次，范围涉及各乡镇，类型涉及干旱、大风、冰雹等气象灾害，各类气象灾害中以干旱造成的影响最大、损失最严重。至 4 月中旬，因干旱共有 240083 人受灾，造成 14 个乡镇 119 个行政村 373 个自然村的 128223 人、31587 头大牲畜饮水困难，农作物受灾 14602.63hm²，成灾 8323.63hm²，绝收 3235.62hm²，直接经济损失 8382 万元。4 月和 9 月在境内发生的两次大的冰雹灾害共造成直接经济损失 870 余万元。

元阳县是一个森林资源非常丰富的地区；根据 2006 年森林资源调查数据，全县林业用地 111203.8hm²，其中公益林 45444.2 hm²，占林业用地 38.8%；商品林 71759.6 hm²，占 61.2%。在商品林面积中有林地 82701.8 hm²，占 70.6%；疏林地 316.5 hm²，占 0.3%；灌木林地 18015.0 hm²，占 15.4%；未成林地 2141.3 hm²，占 1.8%；无林地 13983.9 hm²，占 11.9%；苗圃地 45.3 hm²。在公益林中，有林地 23507.1 hm²，占 51.7%；灌木林地 12471.0 hm²，占 27.4%；疏林地 1433 hm²，占 3.2%；未成林造林地 46.3 hm²，占 0.1%；宜林地 7986.8 hm²，占 17.6%。全县活立木蓄积 8441610 m³，公益林为 2984849 m³，占全县总活立木蓄积的 35.4%；商品林蓄积 54567611 m³，占 64.6%；全县森林覆盖率 41%，林业总产值 4934 万元。同时，境内观音山自然保护区具有多种类型的生物资源，具有多种具有保护价值与观赏价值的濒危动、植物，在山体构造方面，具有奇、险的特征，旅游价值极高。

2.2.2 经济概况

2010 年，全县地区生产总值突破 20 亿元，完成 200473 万元，同比增长 11.8%，是"十五"末的 2.1 倍；人均生产总值达到 5057 元，同比增长 14.81%，是"十五"末的 2 倍；其中：第一产业完成到 66269 万元，比上年增长 2.1%；第二产业完成 49375 万元，增长 26.9%；第三产业完成 84829 万元，增长 17.2%。产业结构不断优化，一、二、三产业的比重由上年的 36.09：24.70：39.21 调整为 33.06：24.63：42.31。全县在建项目 135 个，涉及总投资达 57.1 亿元，其中：新开工项目 103 个，500 万元以上重点项目 70 个，创历史新高。全县完成固定资产投资 18.33 亿元，同比增长 30%，是"十五"末的 5.7 倍。

元阳县投资 852.85 万元实施 8996 亩中低产田地改造项目。全年共发放综合补贴 2366.53 万元，其中农资综合直补 1824.74 万元，良种补贴 443.81 万元，农机具补贴 97.977 万元，惠及全县 37 万农民。完成农业总产值 95609 万元，增长 6.03%；农村经济总收入 112934.14 万元，增长 14.53%；实现农民人均纯收入 2448 元，比上年增长 13.54%；年末耕地面积 371510 亩，其中：水田 168785 亩，旱地 202725 亩。全年粮食作物播种面积 517900 亩，比上年增长 6.50%，其中：夏收粮食作物播种面积 55466 亩，秋收粮豆播种面积 461434 亩，粮食总产量 139105t，增长 1.51%；农民人均有粮 341kg，比上年增加 2kg。经济作物播种面积 146017 亩，下降 8.18%，其中：油料 22685 亩，产量 1550.4t；甘蔗 38092 亩，产量 153475.6t；木薯 65581 亩，产量 36461.4.9t。茶叶产量 716.5t，园林水果产量 18130.6t；有热带、亚热带作物草果 90668 亩，其中年内新植 4191 亩，收获面积 43838 亩，产量 1771.5t；橡胶 12323 亩，其中当年新增 869 亩，产量（按干胶计算）318t。蔬菜种植面积 44400 亩，产量 13230t。年末生猪存栏 309532 头，增长 5.69%；大牲畜存栏 96810 头，增长 6.72%；羊存栏 10484 头；家禽存栏 8993521 只。全年肥猪出栏 340698 头，增长 10.19%；大牲畜出栏 20021 头，增长 22.44%；羊出栏 5928 头；家禽出栏 1171632 只；产禽肉 1768t、禽蛋 1311t；肉类总产量 32916t，同比增长 12.72%；畜牧业总产值 53757 万元，同比增长 32.98%。

围绕"生态立县，文化兴县，产业强县"的发展思路，加快生态环境建设力度，努力提高林业科技服务水平，提高营造林质量。全县营林任务 7.2 万亩，年末共完成造林 7.7 万亩（包括中低产林改造 0.5 万亩）。其中：巩固退耕还林成果 3.5 万亩，即橡胶种植 9300 亩、杉木种植 8400 亩、桉树种植 2850 亩、华山松种植 3300 亩、西南桦种植 3600 亩、板栗种植 1400 亩、油茶种植 2960 亩、草果种植 3220 亩；补植补造 1 万亩；林业产业草果种植 2000 亩；扩大内需完成 5000 亩；核桃种植 2 万亩；中低产林改造 5000 亩；全年实现林业总产值 27029 万元；森林面积 117203.8hm^2，森林覆盖率 42.5%。

纸厂水库工程完成投资 2823 万元，累计完成投资 6213 万元，年内已完成大坝两岸坡清基、河床清基、大坝两岸坡灌溉盖板的浇筑、黏土料场的确定等工作，正在进行黏土料场土地征占用的准备工作；可行性研究报告于 10 月通过省发改委的复核，复核后的概算总投资达 12417.32 万元，且省级第一批补助资金 2000 万元已经下达。完成投资 1474.95 万元农村饮水安全项目建设，解决了 70 个自然村 5 所村小学 29961 人的饮水困难。全年共完成投资 4154 万元的小型农田水利基本建设，其中各级政府投资 4133.2 万元，人民群众投资 20.8 万元；治理水土流失面积 21.7m^2，建设渠道工程 735 件，小水窖 205 个，新增灌溉面积 0.42 万亩，改善灌溉面积 4.15 万亩；新建管道集中供水工程 75 处，新建小水池 83 个，解决了 29961 人的饮水困难，进一步完善了全县农田水利基础设施。共投入抗旱资金 1465.48 万元，抗旱浇灌面积 6.9 万亩，临时解决 8.62 万人 2.89 万头大牲畜的饮水困难。全年共完成水利建设投资 9312.95 万元，其中基建投资 5158.95 万元，农水投资 4154 万元。完成水电投资 5821.25 万元，新增有效灌溉面积 4200 亩；治理水土流失面积 $21.7 \times 10^6 \mathrm{m}^2$，共解决了 29961 人的饮水安全问题；新水电装机容量 12600kW/h，发电量达到 3.5 亿度，完成蓄水量 $4.87 \times 10^6 \mathrm{m}^3$，征收水资源费 146.38 万元，征收水费 20 万元。

2010 年，元阳县完成工业总产值 68287.2 万元，同比增长 36.94%。其中：重工业 53947.5 万元，比上年增长 51.8%；轻工业 14339.7 万元，比上年增长 34.9%。元阳县华西黄金有限公司、元阳英茂糖业有限公司、元阳供电有限责任公司、元阳县铁合金厂和云南慧丰实业有限公司五户规模以上工业企业实现增加值 28741 万元，比上年增长 57.2%；实现产品销售收入 52160 万元，比上年增长 36.7%；实现利税总额 25355 万元，比上年增长 58.2%；实现利润 22138 万元，比上年增长 56.2%。主要工业产品产量。白砂糖 14572t，下降 30.24%；酒精 $27.55 \times 10^5 \mathrm{L}$，下降 27.96%；白酒 $15.66 \times 10^5 \mathrm{L}$，增长 11.54%；锰铁 3942t，增长 171.6%；成品金 804.61kg，同比增长 21.18%；黄金 805kg，增长 21.23%；铅精矿 1824.57t，下降 34%；铜精矿 571.65t，增长 69.2%；白银 3846.71kg，下降 18.26%；发电量 805 万度，下降 82.7%；自来水产量 $1.52 \times 10^6 \mathrm{t}$，下降 10.1%。白砂糖、酒精产量大幅度下降的主要原因是由于降雨量小、土地干旱所致，甘蔗、木薯减产，工业入榨量大幅度下降；发电量下降的原因是元阳供电有限责任公司四个发电系统于 4 月份转让给元阳县沃林水电开发有限公司后，发电量未统计。元阳县有乡镇企业 6170 户，比上年增长 18.3%；从业人员 12817 人，比上年增长 13.4%；实现总产值 31665 万元，比上年增长 12.3%；实现增加值 8710 万元，比上年增长 13.3%；实交税金 906 万元，比上年增长 12.5%；农产品加工业实现总产值 15509 万元，比上年增长 23.4%。完成企村结对 4 户；完成职业技能鉴定人数 60 人。元阳县完成财政总收入 20140 万元，增收 3181 万元，比上年增长 18.76%。其中：地方财政一般预算收入 12111 万元，增收 1600 万元，比上年增长 15.22%。基金预算收入完成 739 万元，增收 165 万元，比上年增长 28.75%。财政总支出 98990 万元，比上年增支 16679 万元，增长 20.3%。其中：地方财政一般预算支出 95380 万元，比上年增支 14331 万元，增长 17.68%；基金预算支出 3610 万元，增支 2348 万元，比上年增长 1.86 倍。

2010 年末，金融机构各项存款余额 240167 万元，比上年增长 24.98%；贷款余额 88048 万元，比上年增长 6.27%；信用社各项存款余额 75294 万元，比上年下降 28.79%；信用社贷款余额 49934 万元，比上年增长 11.69%。实现财产保险费收入 1038 万元，比上年增长 19.47%；财产保险费赔款支出 597 万元，比上年增长 12.01%。实现人寿保险费收入 903.63 万元，比上年增长 457.8%；人寿保险费赔款支出 25.24 万元，比上年下降 49.52%。（注：本节数据均来自于元阳县人民政府网站）

2.3 碳汇能力测算

随着全球气候变化对社会经济发展的影响日益加剧，如何减少温室气体排放和降低大气中的温室气体浓度已成为社会共同关注的热点问题。而通过实施林业碳汇项目应对气候变化，不仅可有效降低温室气体浓度，还能带来经济效益和社会效益，特别是对农村扶贫解困、改善生活环境、保护生物多样性等方面具有不可替代的作用，也能吸引和带动更多的社会力量参与到以应对气候变化为目的的林业建设活动中来，推动生态文明建设。因此，开发实施林业碳汇项目对提升林业在应对气候变化中的作用，维护和改善生态环境，促进社会经济可持续发展具有积极作用。

陆地碳循环是一个动态的变化系统，它包括土壤、植被、残体、黑炭和木产品等。森林决定了陆地碳循环的动态变化，且在全球碳平衡中扮演重要的角色。森林碳汇评估研究现在被用作全球碳减缓重要部分（Sedjo R A., 2001）。近年来，国内外对森林碳储量已开展大量研究，这些研究不仅强调森林在碳循环的重要性，而且还说明了量化、实施、调节和管理森林碳库的必要性。但由于研究时间不一致、测量方法不统一、研究尺度各异，使得研究结果不具有可比性。因此，有必要系统概述森林碳汇测量方法，为碳汇的精确测量提供理论基础。

2.3.1 我国林业碳汇发展现状

我国实施的林业碳汇项目共有三类，一类是基于《京都议定书》条款下的清洁发展机制（CDM）碳汇项目，属于京都规则的碳汇交易；一类是国际核证碳减排标准（VCS）林业碳汇项目；一类是自愿市场的林业碳汇项目，一是中国温室气体自愿减排项目，二是依托国家林业和草原局中国绿色碳汇基金会捐资实施的碳汇造林项目。

2.3.1.1 清洁发展机制（CDM）

联合国批准的造林再造林方法学共有 4 种，分为湿地、非湿地、大型项目和小型项目方法学。其中，湿地碳汇项目是关于红树林造林的方法学，非湿地的两个 CDM 碳汇项目方法学，即《非湿地大规模 CDM 造林再造林项目的基线与监测方法学》《非湿地小规模 CDM 造林再造林项目的基线与监测方法学》。

截至 2015 年 12 月 31 日，我国共有 4 项造林和再造林项目在联合国 EB 注册，其中获得签发 2 项。分别为诺华川西南林业碳汇、社区和生物多样性造林再造林项目，中国广西西北部地区退化土地再造林项目，中国四川西北部退化土地的造林再造林项目，中国广西珠江流域治理再造林项目。

2.3.1.2 国际核证碳减排标准(VCS)

国际核证碳减排标准(VCS)有近 20 个国际公认的农林领域的方法学。当前国际上 70% 以上的农林碳汇项目减排量通过该标准的方法学开发。VCS 林业碳汇项目选用的方法学多为用材林转变为保护林的森林经营方法学。VCS 项目可以在国际的碳交易市场交易。在我国境内开发实施的 VCS 森林经营管理碳汇项目有江西省乐安县林业碳汇项目、永安市(VCS)森林管理碳汇项目"和西双版纳 VCS 森林经营管理碳汇项目 3 个。其中江西省乐安县林业碳汇项目于 2013 年 10 月 30 日在国际 VCS 平台完成注册。项目预计在 30 年内可固碳约 2×10^6 t 二氧化碳当量。

2.3.1.3 自愿市场

(1)中国温室气体自愿减排林业碳汇

2013 年开始，由国家林业局造林司组织、中国绿色碳汇基金会等机构开发的《碳汇造林项目方法学》《竹子造林碳汇项目方法学》《森林经营碳汇项目方法学》《竹林经营碳汇项目方法学》等 4 项自愿减排方法学陆续由国家发改委公布备案，对推动林业碳汇项目的开发实施起到了重要作用。截至 2015 年 12 月 31 日，在中国自愿减排交易信息平台公布的林业碳汇审定项目共有 4 项，分别是湖北省通山县竹子造林碳汇项目、房山区石楼镇碳汇造林项目、江西丰林碳汇造林项目、广东长隆碳汇造林项目。广东长隆碳汇造林项目获减排量备案。

(2)中国绿色碳汇基金会林业碳汇项目

中国绿色碳汇基金会是中国第一家以增汇减排、应对气候变化为目的的全国性公募基金会。自 2010 年成立以来，先后在中国 20 多个省(区、市)资助实施和参与管理的碳汇营造林项目达 120 多万亩，开发实施林业碳汇项目 10 个。基金会支持的伊春市汤旺河林业局 2012 年森林经营增汇减排项目(试点)、浙江临安毛竹林碳汇项目、北京市房山区碳汇造林项目、青海省 2012 年碳汇造林项目、广东省龙川县碳汇造林项目、广东省汕头市潮阳区碳汇造林项目、甘肃省定西市安定区碳汇造林项目、甘肃省庆阳市国营合水林业总场碳汇造林项目等 8 项项目已在华东林业产权交易所注册交易。

2.3.2 森林碳汇测算

当前，国际社会高度重视森林在减缓与适应气候变化中的功能与作用。中国作为全球最大的人工造林大国，大规模的植树造林不仅保护和改善了中国的生态环境，也为全球减缓气候变暖做出了巨大贡献。在我国林业进入新的发展阶段，通过实施林业碳汇项目，参与应对气候变化的国际行动意义重大。一是充分发挥我国林业在当前和未来应对气候变化的国家战略中的独特作用，树立中国负责任大国形象。二是加快我国林业与全球热点问题、特别是国际森林进程的结合步伐，进一步提升我国林业地位。三是拓宽林业发展的融资渠道，改变生态建设单纯依靠政府投资的格局。引入民间资金参与森林培育，探索生态建设投融资机制的改革，同时推动我国森林生态服务市场的发育，补充完善国家生态效益补偿基金。四是有利于推进我国造林质量管理激励机制的建立。通过碳汇交易的额外收入，激励社会各界参与生态文明建设，为推动现代林业的发展和充分发挥林业在应对气候变化中的功能与作用，做出积极贡献。

2.3.2.1　森林碳汇测算方法

目前，森林碳储量测算方法主要有样地实测法、材积源生物量法、净生态系统碳交换法与遥感判读法四种方法。

（1）样地实测法

样地实测法通过样地实测直接获得生物量和土壤碳储量数据，累加后得到森林生态系统的碳储量。该方法中碳储量不需要其他任何转化，多用于小尺度上的研究，但利用遥感、模型等将其进行尺度转化后也可以获得大尺度的生物量。生物量的样地实测法在国际生物学计划（IBP）期间应用较多。利用样地实测法获得的大量研究成果为其他材积源生物量法和净生态系统碳交换法等研究提供了理论和数据基础。

（2）材积源生物量法

目前各国开展的森林资源清查提供了大量森林蓄积量和面积数据，使得利用林分蓄积量与生物量之间存在显著相关关系推算总生物量成为可能。该方法被称作材积源生物量法。1984 年 Brown 和 Lugo 首先提出了利用木材密度（一定鲜材积的烘干重）乘以总蓄积量和总生物量与地上生物量的转换系数的材积源生物量法（国家发改委应对气候变化司，2016）。克服了生物量转换因子法将生物量与蓄积量比值（BEF）作为常数的不足，生物量转换因子连续函数法被提出，实现了由样地调查向区域推算的尺度转换（国家林业和草原局中国绿色碳汇基金会，2016）。

（3）净生态系统碳交换法

微气象观测技术的进步为植被-大气界面、土壤-大气界面的水、碳和能量通量的直接测定提供了可能。净生态系统碳交换法是对大气与森林之间的 CO_2、H_2O 和热量通量进行非破坏性测定的一种碳汇测量方法。目前国际上以涡度相关法为主流，它与风向、风速和温度等因子测定相结合，通过测定从地表到林冠上层 CO_2 浓度的垂直梯度变化来估算生态系统碳通量。涡度相关技术的进步使得长期定位观测成为可能。目前净生态系统碳交换法已成为直接测定大气与群落 CO_2 交换通量的主要方法，也是世界上 CO_2 和水热通量测定的标准方法。

（4）遥感判读法

在需要获取高精度、大面积的森林生物量时，传统生物量估测方法不能及时反映大面积宏观生态系统的动态变化及生态环境状况，无法满足现实中的需要。这种情况下，人们开始利用遥感技术来替代传统的研究方法进行生物量估测。遥感法多利用红波段和近红外波段的组合即植被指数和叶面积指数及植被覆盖度等的关系，推断出植被指数与生物量之间的关系进而求得生物量，可快速、准确、无破坏地对生物量进行估算，进而对生态系统进行宏观监测。

2.3.2.2　森林碳汇测算方法对比

（1）理论对比分析

样地实测法是通过设立典型样地，用收获法准确测定森林生态系统中的植被、枯落物或土壤等碳库的碳贮量，并可通过连续观测来获知一定时期内的通量变化情况。该方法是最直接的森林碳汇测量方法，不仅技术简单，而且免去了不必要的系统误差和人为误差，实现了森林碳汇的精确测算。在所有碳汇测量方法中，该方法的测定精度最高，是其他碳汇测量方法验证的理论基础。但样地实测法需要的样本数大，测量过程较费时耗力，在测量过程中往往存在样地不足、易出现重复性和代表性不高的数据等缺点（Brown S，1984）。同时样地实测法是最原始、国际上公认误差最小的碳汇测算方法，其优点远远多过缺点，至今一直被人们广泛使用。

材积源生物量法依据森林生物量和蓄积量之间存在的密切关系估算森林植被碳储量，是采用森林的蓄积量、树高、胸径等来推理森林的生物量和生产力的，测定方法简单可行。由于森林生态系统树种多样、结构复杂、林龄不同等因素的影响，增加了生物量和蓄积量之间关系建立的复杂性（方精云等，1996）。一般人工林生物量和蓄积量的关系与天然林生物量和蓄积量的关系是截然不同的。因此，该方法还需要大量的实测数据来验证。

净生态系统碳交换法是一种直接测定植被与大气间二氧化碳通量的碳汇测量方法，目前以涡度相关法为主。涡度相关观测系统分为冠层上观测和冠层下观测，这样可以量化碳源的分布和相应贡献因子如树干结构、亚冠层植被和土壤特征参数（温度、湿度、碳氮比）的碳通量贡献率。冠层上涡度相关系统夜间所测的碳通量为总生态系统碳通量；而冠层下涡度相关系统所测的碳通量是整合土壤、森林地表层、树干、灌木层等碳源在上风向碳通量的连续变化，该系统的碳通量观测时间尺度较长，有利于解释森林生态系统陆地表面每天和每季的碳通量变化。由于冠层下净通量是大气和下垫面的表层元素通量交换的结果，这些元素包括土壤、植被等的呼吸，所以涡度相关技术观测土壤碳通量过程中仍然受到很多限制。例如采样点容易产生系统误差、观测过程易受到树干或某个表面元素的影响等。且该方法测定的碳通量存在能量不闭合及碳通量低估现象，而且涡度相关数据系列的校正与插补比较复杂（于贵瑞等，2006）。因此，目前涡度相关法在森林生态系统碳汇测算中还未被普遍使用。植被的遥感图像信息是由其反射光谱特征决定的，成为遥感判读法测定森林碳汇的理论基础。遥感图像光谱信息具有良好的综合性和实时性，与森林生物量之间存在相关性，基于遥感信息的森林生物量估测比传统方法更加优越（Friedl M A）。用于区域植物生物量估测的遥感模型基础，是从光合作用即植被生产力形成的原理过程出发，根据植物对太阳辐射的吸收、反射、透射和辐射在植被冠层内及大气中的传输，结合植被生产力的生态影响因子，在卫星接收到的信息之间建立完整的数学模型及其解析式进行遥感信息与环境因子的反演。由于植被遥感在理论和技术上的一些不完备性，目前，碳汇估算精度还不是很高，有待进一步研究。

（2）数据来源及测算方法对比分析

样地实测法的森林碳汇数据包括植被和土壤碳储量两部分。植被碳储量数据收获法直接获得，土壤碳储量数据由土壤类型法间接获得，森林面积来源于全国森林资源清查。该方法的最大优点是不受其他环境影响，直接得到森林碳储量的数据，由于避免数据转换带来一系列误差，其误差最小。此外，该方法也存在着不足之处，例如要通过采伐来获得实测数据，具有一定的破坏性。因此，此方法在小尺度上精度高，在大尺度转换上存在样地、标准树不足等问题。

材积源生物量法需要的参数数据有森林蓄积量、木材密度、生物量转换因子、森林面积。森林蓄积量和面积来源于全国森林资源清查，木材密度来自于文献资料或样地实测，生物量转换因子通过文献资料中蓄积量和生物量关系获得。该方法利用树高、胸径等来推导森林的生物量和生产力，参数获得的方法简单，但理论上蓄积量和生物量的森林碳汇数据只包括植被碳储量，忽略了地下土壤碳储量。净生态系统碳交换法中森林碳汇数据包括净生态系统碳交换量NEE、异养呼吸 Rh 等，且数据由涡度相关法获得。由于涡度相关法对地形环境要求较高，目前在森林生态系统中测得的碳汇数据不严谨，再加上该方法使用的仪器昂贵，观测点的数量受到限制（基本被选择在植被较好、地势较平坦的地方），导致测定结果偏大。因此，该方法目前在我国不可能大面积推广。

遥感判读法森林碳汇数据只包括植被碳储量数据，数据参数包括植被指数（如 NDVI、RVI）、生物量、森林面积等。首先建立植被指数与生物量的关系模型，之后推导森林生物量，进而计算出森林植被碳储量。遥感技术的使用大大提高了对森林生物量的研究范围、研究精度和实时性。由于光学遥感、微波遥感、激光雷达遥感等的生物量估测各有其优缺点，应根据研究地的实际情况来购买合适的遥感数据。此外，使用的生物量模型还需根据实际问题做适当改进，如经验模型的合理程度主要取决于获得样本数量的大小和处理数据的水平。

（3）评估结果对比分析

目前国内有关森林生态系统的碳汇数据存在巨大差异。根据于贵瑞对亚洲区域部分生态系统净生态系统碳交换量的研究，采用涡度相关法，得到我国森林生态系统碳汇量为每年 $5.28 \times 10^8 tC$；而利用样地实测法测得同时期我国森林生态系统碳汇量为每年 $3.19 \times 10^8 tC$（于贵瑞等，2005）。两者测定结果差异较大，这可能是由于净生态系统碳交换法要求观测点足够多而导致的。目前我国森林生态系统采用此方法的森林生态站已近 30 个，但已有一年以上观测数据的不足 10 个。因此，用此方法获得的观测数据测算的我国森林生态系统碳汇还存在较大误差。方精云等基于收集到的全国各地生物量和蓄积量的 758 组研究数据，把中国森林类型分成 21 类，并利用倒数方程分别计算了每种森林类型的 BEF（生物量转换因子）与林分材积的关系。但这种线性关系存在样本不足的缺陷。例如，在建立桦木、栎类、桉树等树种的生物量和蓄积量的线性关系时，所用的样本数分别是 4、3 和 4；而对于热带森林所有树种所采用的样本数也仅为 8 个。这种用简单的线性关系对生物量和蓄积量的估算存在争议。该方法的研究结果森林植被年固碳为每年 $1.68 \times 10^8 tC$，远小于同时期样地实测法的研究结果（每年 $3.01 \times 10^8 tC$）。由于树木既有低碳组织，又有高碳组织，所以目前在对生物量转化为碳含量时的转换系数大多在 $0.45 \sim 0.55$ 之间，但究竟在什么状态下运用什么系数都只是凭经验来选择，并没有相应准确的规定。树木生长是一个动态的过程，生物量的积累不仅和树种本身密切有关，还与立地质量、气候条件等多方面因素有关。因此，材积源生物量法有待进一步提高。

2.3.3　林业碳汇发展趋势

2.3.3.1　低碳经济带来林业发展机遇

低碳经济是以低能耗、低污染、低排放为基础，以能源技术创新、制度创新和人类生存发展观念的根本性转变为核心。发展低碳经济，既要重视节能减排，又要重视碳汇。充分发挥森林的固碳作用，增强森林的碳汇功能，可促进低碳经济发展。

2.3.3.2　低碳经济加大林业碳汇市场

在全球积极应对气候变化背景下，林业碳汇因其固碳减排效果明显且生态环境价值高而备受关注，现已成为减少温室气体排放的重要途径之一。随着中国碳市场建设的稳步推进，林业碳汇项目也被纳入国内温室气体自愿减排机制，现已成为碳交易试点普遍接受的碳抵消项目类型，也将是未来全国统一碳市场积极鼓励和重点支持的项目类型之一。

2.3.3.3 换取拓展国家经济发展空间

随着全球应对气候变化的不断深入，我国在减排方面面临着巨大压力。从目前以及未来的很长一段时间来看，我国经济处于不断增长时期，所运用能源依然以煤为主，仍需排放大量的温室气体。在当今的工业技术体系和传统能源的消费模式下，我国工业减排成本高、难度大，而且在一定时期内还可能对目前的社会经济发展造成负面影响。发展碳汇林业不但能减少二氧化碳在大气中的含量，较好地保护生物多样性，减少水土流失，而且成本较低，能为经济发展和社会进步带来多种效益，还可为企业提供一个减排缓冲期，在一定程度上减轻企业的减排压力。充分发挥林业应对气候变化的减缓和适应功能，能为我国赢取气候变化国际谈判的话语权和主动权，拓展我国经济发展空间。

2.3.4 林业碳汇项目开发实施流程

2.3.4.1 确定开发对象

林业碳汇项目是根据有关减排机制的林业项目方法学和程序所开发的合格的温室气体项目，其开发对象是由适用方法学而且有额外性的中国境内注册的企业法人开发的林业减排项目。

2.3.4.2 切实开展项目可行性调研

林业碳汇项目是增汇减排项目，其主要目的是增加林业碳汇、减缓气候变化，以较低成本帮助企业实现减排，因此项目提出后应到项目区对项目的可行性进行实地调研。可通过成立林业碳汇项目专家组，与项目所在地域、社区和当地工程技术人员就自然条件(包括植被类型、生物资源等)、森林经营、社会环境、项目影响和社区意愿等内容进行调研，形成包含林业碳汇项目开发类型和类别、造林措施、森林经营措施和投资分析等内容的可行性调研报告，提交项目支持基金和供资方审定。

2.3.4.3 选择适用的方法学

方法学是用以确定项目基准线、论证额外性、计算减排量、制定监测计划等的方法指南，是开发林业碳汇项目的强制标准。没有适用的方法学就无法开发合格的林业碳汇项目，而开发新的方法学难度大、周期长。因此，应根据所确定的林业碳汇项目开发类型和类别在已备案公布的方法学中选择相适用的方法学，为开发实施合格的林业碳汇项目提供技术保障。

2.3.4.4 明确项目资金和业主

以增强林业碳汇为目的的林业碳汇项目建设投入成本较高。目前，我国尚处于自愿减排时期，项目建设资金以社会资金为主。为确保项目的顺利开发实施，应先获得资金支持。项目资金可通过向有自愿减排和承担责任意愿的企业和社会组织募集获取。为确保资金安全可将募集资金汇集到中国绿色碳汇基金会(中国第一家以增汇减排、应对气候变化为目标的全国性公募基金会)，由中国绿色碳汇基金会负责资金管理和技术支持。林业碳汇项目业主应选择在中国境内注册的、有实力的企业。

2.3.4.5 科学编制项目设计文本，组织施工

项目设计文件(PDD)是林业碳汇项目开发成功的基础，项目的一切活动都是以项目设计文件展开的。因此，要严格按照方法学科学编制项目设计文件，并准确判定基准线(合理地代表一种在没有林业碳汇项目活动时所出现的人为温室气体排放情景)，科学论证额外性(指林业碳汇项目活动所产生的减排量相对于基准线是额外的)，即这种项目活动在没有外来的林业碳汇项目支持下，存在诸如财务、技术、融资、风险和人才方面的竞争劣势和(或)障碍因素，靠国内条件难以实现，因而该项目的减排量在没有林业碳汇项目时就难以产生。反言之，如果某项目活动在没有林业碳汇项目的情况下能够正常运行，那么它自己就成为基准线的组成部分，相对该基准线就无减排量可言，也无减排量的额外性可言。

由于林业的特殊性，林业碳汇项目的计入期一般为20年以上，并对计入期内项目的建设管理活动有着严格细致的要求。因此，为确保产出的林业碳汇合格，在林业碳汇项目建设期间一定要严格按照项目设计文件认真组织施工和合理经营管理。

2.3.4.6 申请项目审定和减排量核证

项目审定和减排量核证是林业碳汇项目开发的关键步骤。只有通过了项目审定和减排量核证才能确保项目顺利实施，并表明项目所产生的林业碳汇(减排量)是真实存在的。因此，一定要结合项目审定和减排量核证要求，严格按照相关的标准切实做好林业碳汇开发的各个环节的工作，及时组织相关材料申请项目审定和减排量核证。

2.3.4.7 林业碳汇(减排量)备案

林业碳汇项目开发的最终目的是通过开发林业碳汇项目增强林业碳汇减少温室气体含量的同时，按照《温室气体自愿减排交易管理暂行办法》的规定实现林业碳汇(减排量)交易，以将森林的生态服务(碳汇)转换为经济效益，使林业碳汇产权人获得收益，进而带动林业碳汇项目的发展，促进社会经济可持续发展。而只有备案的林业碳汇(减排量)才能在交易所按照相关交易细则进行交易，因此在林业碳汇(减排量)通过核证后要及时准备材料申请减排量签发，以

确保林业碳汇项目开发成效，从而将林业碳汇项目开发为合格的减排增汇项目。

2.3.4.8　林业碳汇交易

通过实施林业碳汇项目产生的林业碳汇（减排量）经审核签发或备案后可在国家发改委备案的北京环境交易所、天津排放权交易所、上海能源环境交易所、广州碳排放权交易所、深圳排放权交易所、湖北碳排放权交易中心、重庆联合产权交易所等交易机构按照相关的交易细则进行交易。

2.4　碳排放现状核算

大量温室气体（Greenhouse Gas，GHG）排放引起全球气候变暖问题日趋严重，发展低碳经济已成为全球共识。低碳经济的特点为低能耗、低污染、低排放，因此针对各种社会活动的碳排放量核算成为衡量低碳经济成效的重要指标。为使核算成果具有可比性，自 20 世纪末以来，发达国家政府和国际组织组织如国际标准化组织（ISO）、世界资源研究所（WRI）和世界可持续发展工商理事会（WBCSD）、英国标准协会（BSI）等已通过大量调研形成了系统的碳排放核算标准，涵盖了国家、企业（组织）、产品和服务、个人等层面。经过多年的发展，出现了一些认知度较高的碳排放核算标准，如 ISO 14064、GHG Protocol、PAS 2050 等。这些标准的实行，为促进全球碳减排起到了巨大推动作用。然而，国内关于碳排放核算方法的认识不深入，在实际操作中存在碳排放边界定义不科学、计算方法不统一、碳排放因子确定不明确等问题。

2.4.1　碳排放清单

温室气体排放清单包括一套标准的温室气体排放统计表，涵盖所有相关气体；还包括一份说明估算温室气体排放量所使用的方法学问题和数据的报告。其包括的温室气体主要有二氧化碳（CO_2）、甲烷（CH_4）、氧化亚氮（N_2O）、氢氟烃（HFCS）等。由于碳素是温室气体的主要元素，因此该清单又称为碳排放清单。1996 年，IPCC 出版首份国家温室气体清单指南，以自然排放源、社会经济排放源 2 大类为基础，将碳排放源细分为 6 个部门：能源（Energy）、工业过程（Industrial Processes）、溶剂和其他产品应用（Solvents & Other Product Use）、土地利用变化和林地（Land Use Change & Forestry）、农业（Agriculture）、废弃物（Waste），并对每个部门进一步给出明细排放项目。

以 1996 年温室气体排放清单为基础，2006 年 IPCC 又出版了新的清单指南；将碳源合并为 4 个部门，即能源（Energy）、工业过程和产品用途（Industrial Processes and Product Use，简称 IPPU）、农业林业和其他土地利用（Agriculture, Forestry and Other Land Use，简称 AFOLU）、废弃物（Waste）。在之后的 3 次修订中，补充说明了如何使用该清单进行国家尺度的碳排放量估算，进一步明确了核算方法。新版本将"工业过程"与"溶剂和其他产品应用"合并为"工业过程和产品用途"，将"土地利用变化和林地"与"农业"合并为"农业林业和其他土地利用"；原因在于碳排放源是一个完整的，涉及工农业生产、日常生活和自然生态系统各个过程的巨大循环系统，内部有十分复杂的联系，因此将较为独立的部门进行合并与划分，有利于更全面地理解和核算。该核算清单是迄今为止门类最为齐全、体系最为合理的清单，涉及人类生产生活的各个领域和各个流程，是各国政府向 IPCC 报告本国碳排放类型和数量的重要参考文本。世界各国也在 IPCC 给出的碳排放清单指导框架下，纷纷研究制定适合本国国情和更有针对性的碳排放清单，用于更为详尽地盘查本国碳排放特点和数量。

应 IPCC 的要求，中国政府于 2001 年针对可代表本国碳排放清单所包含的5 大部门——能源相关（能源生产、能源加工与转换、能源消费、生物质能燃烧）、工业生产、农业活动、城市废弃物处置处理、土地利用变化与林业（IPCC/IGES 2003）进行明细化研究，并分别形成最终清单。该清单充分体现了中国碳排放源的特点：生物质能燃烧被单列出来加以考察，是由于中国农村地区还广泛存在着直接燃烧生物质能燃料的现象；中国农业活动在经济部门中占有较大比例，粮食主产区分布广泛，地跨多个自然带，受区域地形和小气候影响，耕作制度复杂多样，因此将农业活动碳排放单列；中国快速的城市化过程已导致的污染问题突出，城市废弃物的处理和处置亦被列入清单。

2.4.2 碳排放核算标准介绍

对于"低碳"有两种理解：一种是基于终端消耗的碳排放量低；另一种是基于全生命周期的碳排放量低。目前在两种不同的方向上，国内外都有着一些比较典型的碳排放核算标准（见表 2-1），下面分别从基于终端消耗碳排放和全生命周期碳排放两个层面进行具体论述。

表 2-1　国际碳排放评价相关标准

核算层面	标准或规范	名称	发布时间	制定组织	核算方法
终端消耗碳排放	GHG Protoco	企业、项目	2004	WRI/WBCSD	对企业或项目现有终端排放源的检测和审计
	ISO 14064	企业、项目	2006	ISO	
全生命周期碳排放	PAS 2050	产品、服务	2008	BSI	建立数据库和模型，对产品、服务全生命周期碳排放进行估算
	ISO 14040/14044	产品、服务	2006	ISO	
	Product and supply China CHC protocol	产品、服务	即将发布	WRI/WBCSD	
	ISO 14067	产品、服务	即将发布	ISO	

2.4.2.1　终端消耗碳排放核算标准

　　基于终端消耗的碳排放核算标准主要面向企业（组织）或项目层面。欧盟委员会于 2011 年 3 月正式发布的《欧盟 2050 低碳经济路线图》表示："欧盟将在 2020 年实现 CO_2 减排 25% 同时将现有能效提高 20%。欧盟的最终目标是：相较 1990 年的排放值，2050 年实现温室气体减排 80%~90%。"路线图针对各个行业出台硬性政策指标，包括交通、电力、建筑、工业、农业等各个行业。各个行业内的企业发展必然将受到"碳债务"的影响。对企业自身进行碳排放核算并寻求碳减排途径也就成了企业发展的必由之路。企业（组织）或项目的碳排放核算指对该组织在定义空间和时间边界内的活动所产生或引发的温室气体排放量的核算。对项目的碳排放核算包括对该项目设计减排量的"审定"和项目实施后实际减排量的"核查"。目前适用于企业、项目碳排放核算的标准有 GHG Protocol（2004）和 ISO 14064（2006）系列标准。

　　（1）GHG Protocol

　　GHG Protocol 又称"温室气体议定书"，是一项由世界资源研究所（WRI）和世界可持续发展工商理事会（WBCSD）经过长达 10 年合作，集合全世界商界、政府界、环保团体共 170 余个跨国组织的力量，创建的一个权威的、有影响力的温室气体排放核算项目。议定书提供几乎所有的温室气体度量标准和项目的计算框架，2004 年发布的议定书内容包括两部分：①温室气体议定书企业核算与报告准则，为一套步骤式指南，协助公司量化及报告温室气体排放量；②温室气体议定书项目量化准则，为一份量化温室气体削减计划减量值的指南。这份议定书同时成为国际标准化组织 ISO 编制 ISO 14064（2006）的基础。标准仿效财务核算标准，根据企业拥有的不同排放设施，认定其排放责任。

　　GHG Protocol 标准范围涵盖《京都议定书》中的六种温室气体，并将排放源分为 3 种不同范围，即直接排放、间接排放和其他间接排放，避免了大范围重复计算的问题，为企业、项目提供温室气体核算的标准化方法，从而降低了核算成本；同时为企业和组织参与自愿性或强制性碳减排机制提供基础数据。

　　（2）ISO 14064

　　2006 年 3 月国际标准化组织（ISO）公布了 ISO 14064 系列温室气体核查验证标准。作为一项国际标准，规定了统一的温室气体资料和数据管理、汇报和验证模式。通过使用此标准化的方法、计算和验证排放量数值，可确保组织、项目层面温室气体排放量化、监测、报告及审定与核查的一致性、透明度和可信性，可以指导政府和企业测量和控制温室气体排放，促进了 GHG 减排和碳交易。ISO 14064（2006）标准由三部分组成：

　　①ISO 14064 - 1：《组织的温室气体排放和消减的量化、监测和报告规范》，

详细规定了在组织(或企业)层次上 GHG 清单的设计、制定、管理和报告的原则和要求，包括确定 GHG 排放边界、量化 GHG 的排放和清除以及识别企业改善 GHG 管理措施或活动等方面的要求。

②ISO 14064 - 2：《项目的温室气体排放和消减的量化、监测和报告规范》，针对专门用来减少 GHG 排放或增加 GHG 清除的项目(或基于项目的活动)，给出项目的基准线情景及对照基准线情景进行监测、量化和报告的原则和要求，并提供 GHG 项目审定和核查的基础。

③ISO 14064 - 3：《温室气体声明验证和确认指导规范》，详细规定了 GHG 排放清单核查及 GHG 项目审定或核查的原则和要求，说明 GHG 的审定和核查过程，并规定具体内容。

2.4.2.2 生命周期碳排放核算标准

基于生命周期的碳排放核算标准主要面向产品或服务层面，给出了对某产品或服务在生命周期的碳排放估算方法和规则。ISO 将生命周期定义为通过确定和量化与评估对象相关的能源消耗、物质消耗和废弃物排放，来评估某一产品、过程或事件的寿命全过程，包括原材料的提取与加工、制造、运输和销售、使用、再使用、维持、循环回收，直到最终的废弃。因此各个核算标准制定的关键在于收集整理产品生命周期各个阶段的碳排放数据，并采用适当方法进行碳排放估算。现今较为主流的核算标准有 PAS 2050(2008) 和 ISO 14040/14044 (2006)。许多跨国企业在销售产品时附在产品外包装上的产品碳足迹标签即通过这些标准计算所得。除此之外，WRI/WBCSD Product and Supply Chain GHG Protocol 和 ISO 14067 等标准也在制定中。

(1)PAS 2050

PAS 2050 又称《商品和服务在生命周期内的温室气体排放评价规范》，由英国标准协会(BSI)编制，旨在对产品和服务生命周期内温室气体排放的评价要求做出明确的规定。该规范在帮助企业管理自身产品和服务的碳排放外，还希望协助企业在产品设计、生产、使用、运输等各个阶段寻找降低碳排放的机会，以达到最终生产出低碳产品的目的。该规范在补充完整成标准之前，为英国社会各界和企业提供了一种统一的评估各种商品和服务在生命周期内 GHG 排放的方法。实际上自 2008 年 10 月公布以来，该规范已成为国际碳足迹计算的主要参考依据。

PAS 2050 所采用的评价方法是根据 ISO 14040/14044 标准的评价方法并明确通过规定各种商品和服务在生命周期内的 GHG 排放评价要求而制定。因此在排放边界和排放因子的确定上两者基本一致，规范企业到企业和企业到消费者两个角度对如何确定系统边界，该系统边界内与产品有关的 GHG 排放源、完成分析所需要的数据要求以及计算法做了明确规定。

(2) ISO 14040/14044

由 ISO 在 2006 年公布的 ISO 14040《环境管理生命周期评价原则与框架》和 ISO 14044《环境管理生命周期评价要求与指南》，规定了产品生命周期碳排放核算的范围、功能边界和基准流的确定。目前，中国采用的 GB/T 24040—2008 和 GB/T 24044—2008 生命周期评价标准即从这两项国际标准等同转化而来。

(3) Product and supply China GHG protocol

WBCSD 与 WRI 自 2008 年底即着手规划 Product and supply China GHG protocol，该标准包含两项指引：产品生命周期计算与报告以及企业价值链计算与报告，这项标准是对已有的全球性框架下的企业核算与报告标准的补充，企业标准帮助企业了解自身运营所造成的环境影响，而新标准为企业了解产品整个生命周期中的排放及价值链中的排放提供了必要的工具。

(4) ISO 14067

国际标准化组织也正积极制定 ISO 14067《产品碳排放核算标准》，2011 年正式公布，其 CD 版已于 2010 年 3 月公布，并已有企业使用该标准绘制产品碳足迹图。该标准包括 ISO 14067 – 1：量化、计算；ISO 14067 – 2：沟通、标识两部分。其核算范围将不仅包括《京都议定书》中规定的六种温室气体，同时也将包含《蒙特利尔议定书》中管制的气体等，共 63 种温室气体。这一标准以 PAS 2050 为前身，而其正式公布后，其他计算准则将有终止或依据 ISO 标准修正的可能性。

2.4.3　碳排放量核算指导性方法

碳排放计算方法与模型，按照其设计思路可分为宏观和微观两大类。宏观估算模型在大尺度上对碳排放核算给出概念性解释与方法，而微观估算模型直接面对不同的排放源类型估算出碳排放量。目前，使用范围较广、兼具宏观和微观特点的方法有排放因子法、质量平衡法和实测法 3 种。在具体估算某些部门中某些项目时，也有一些更为适用的专门方法，如基于质量平衡法开发的自然碳库碳含量估算模型等。

2.4.3.1　质量平衡法

质量平衡法（Mass-Balance Approach）是近年来提出的一种新方法。根据每年用于国家生产生活的新化学物质和设备，计算为满足新设备能力或替换去除气体而消耗的新化学物质份额。该方法的优势是可反映碳排放发生地的实际排放量，不仅能够区分各类设施之间的差异，还可以分辨单个和部分设备之间的区别；尤其在当年际间设备不断更新的情况下，该种方法更为简便。

2.4.3.2　排放因子法

排放因子法(Emission-Factor Approach)是 IPCC 提出的第一种碳排放估算方法，也是目前广泛应用的方法。其基本思路是依照碳排放清单列表，针对每一种排放源构造其活动数据与排放因子(Emission Factor)，以活动数据和排放因子的乘积作为该排放项目的碳排放量估算值：

$$Emissions = AD \times EF \tag{2-1}$$

式中：$Emissions$ 为温室气体排放量(如 CO_2、CH_4 等)；AD 为活动数据(单个排放源与碳排放直接相关的具体使用和投入数量)；EF 为排放因子(单位某排放源使用量所释放的温室气体数量)。其中，活动数据主要来自国家相关统计数据、排放源普查和调查资料、监测数据等；排放因子可以采用 IPCC 报告中给出的缺省值(即依照全球平均水平给出的参考值)，也可以自行构造，获取途径见表 2-2(曾文革等，2010)。目前，以排放因子法为基础，多国都提出了碳排放计算器，以面向用户的方式提供碳排放量估算的方法，从一个侧面说明排放因子法已成为当今碳排放估算方法的主流。

表 2-2　碳排放因子数值获取来源

文献类别	出处	备注
IPCC 指南	IPCC 网站	提供普适性的缺省因子
IPCC 排放因子数据库(Emission Factors Data Base)	IPCC 网站	提供普适性缺省因子和各国实践工作中采用的数据
国际排放因了数据库：美国环境保护署(USEPA)	美国环保署网站	提供有用的缺省值或可用于交叉检验
EMEP/CORINAIR 排放清单指导手册	欧洲环境机构网站(EEA)	提供有用的缺省值或可用于交叉检验
来自经同行评议的国际或国内杂志的数据	国家参考图书馆、环境出版社、环境新闻杂志、期刊	较为可靠和有针对性，但可得性和时效性较差
其他具体的研究成果、普查、调查、测量和监测数据	大学等研究机构	需要检验数据的标准性和代表性

2.4.3.3　实测法

实测法(Experiment Approach)基于排放源的现场实测基础数据，进行汇总从而得到相关碳排放量。该法中间环节少、结果准确，但数据获取相对困难，投入较大。现实中多是将现场采集的样品送到有关监测部门，利用专门的检测设备和技术进行定量分析，因此该方法还受到样品采集与处理流程中涉及的样品代表性、测定精度等因素的干扰。目前，实测法在中国的应用还不多。

综合比较，上述 3 种方法的优缺点、适用的尺度和对象及应用状况见表 2-3。

表 2-3　3 种碳排放量核算指导性方法的比较

类别	优点	缺点	适用尺度	适用对象	应用现状
排放因子法	①简单明确易于理解；②有成熟的核算公式和活动数据、排放因子数据库；③有大量应用实例参考。	对排放系统自身发生变化时的处理能力较质量平衡法要差。	宏观中观微观	社会经济排放源变化较为稳定，自然排放源不是很复杂或忽略其内部复杂性的情况。	①广为应用；②方法论的认识统一；③结论权威。
质量平衡法	明确区分各类设施设备和自然排放源之间的差异。	需要纳入考虑范围的排放的中间过程较多，容易出现系统误差，数据获取困难且不具权威性。	宏观中观	社会经济发展迅速、排放设备更换频繁，自然排放源复杂的情况。	①刚刚兴起；②方法论认识尚不统一；③具体操作方法众多；④结论需讨论。
实测法	①中间环节少；②结果准确。	数据获取相对困难，投入较大受到样品采集与处理流程中涉及的样品代表性、测定精度等因素的干扰。	微观	小区域、简单生产排链的碳排放源，或小区域、有能力获取一手监测数据的自然排放源。	①应用历史较长；②方法缺陷最小但数据获取最难；③应用范围窄。

2.4.4　碳排放核算需注意的问题

2.4.4.1　碳排放核算流程

基于终端消耗和全生命周期这两个层面的碳排放核算在实际操作流程中的基本步骤。这两类标准均按照碳排放边界确定—碳排放源分类—碳排放计算—制作报告—外部核证的流程，两者间的主要差别在于碳排放边界的合理定义与划分。另外，碳排放量计算很关键，且通常存在很多分歧，如碳排放因子的选择和确定。

2.4.4.2　碳排放边界定义

对企业的碳排放边界仅限于某一阶段该企业终端消耗所产生的碳排放量核算，如某一企业某年的碳排放量核算报告；而产品的碳排放核算则是全生命周期各个阶段的消耗所产生的排放。如某一产品从设计、生产、运输、使用、再回收利用或填埋销毁的整个过程所涉及的原材料、外来能源消耗和填埋销毁所产生的碳排放。PAS 2050 规定的产品核算期限为 100 年。

2.4.4.3　碳排放因子确定

碳排放因子是指每一种能源燃烧或使用过程中单位能源所产生的碳排放数

量，由专业机构根据以往的数据统计计算得出。根据政府间气候变化专门委员会（IPCC）的假定，认为某种能源的碳排放因子是不变的。而事实上，每个国家的工业化水平和技术水平不同，从而造成能源使用效率的不同，因此碳排放因子也是不同的。因此在核算碳排放量的过程中，核算人员可参照下列原则进行碳排放因子的评估、选择和确定：①选择最接近真实状况的排放因子；②选择最容易获取准确的活动数据的排放因子；③选择目标用户承认的排放因子。

2.4.5　碳排放核算的不足与展望

2.4.5.1　不足

（1）国际研究的不足

迄今为止，以 IPCC 为主导、各国政府广泛参与、各独立研究机构和非政府组织普遍关注的碳排放研究取得很大进展，短短 10 余年时间已经发展成为一个范式清晰、方法成熟、使用范围广泛、与时代紧密结合的研究领域。但总体说来，还存在以下两点不足。

①尺度关注不均衡，中观尺度研究较少

由于城市、住区尺度的碳排放估算过程中面临两个主要问题：一是与自然系统有关的碳循环过程，难以对应到中观的城市尤其是住区尺度；二是人类社会经济系统中，一个城市或住区基本不可能独立承担完整的经济循环链，且日益复杂化和全球化的经济产业链也进一步导致中观尺度的碳排放源边界难以界定。这 2 个问题导致了城市、住区尺度的碳排放研究进展缓慢。目前，还很难见到关于中尺度的全面碳排放源清查、碳排放量估算，或者专门针对中尺度碳排放研究而设计的碳排放核算模型，在中国也是如此（江长胜等，2005）；而相同工作在宏观、微观领域进展顺利。

②核算方法的自身缺陷，数据获取的外部限制

在一些尺度、一些经济生产部门或者某些排放源，碳排放量核算的基础数据获取、核算方法建立工作已经取得很大进展；但由于方法误差最小的实测法在实际操作中，存在数据获取受限的问题，因此排放因子法、质量平衡法等基于间接数据的方法被广泛应用，这就意味着方法本身的系统误差无法避免，计算结果也因此受到影响。

（2）国内研究的不足

国内方面，则还存在一些自身缺陷。

①理论创新较少，认知来源于国外

虽然中国关于碳排放研究的文献数量增长很快，但却较少有文献能够深入剖析碳排放的理论体系，对于整个碳排放研究框架的补充和完善也多来自于国

外研究成果的学习和引用,新知识的消化较强,创新不够。

②方法探索不多,数据获取受限

中国统计数据年限较短,涵盖类别有限(尤其是基层地区),在一定程度上影响了中国宏观尺度碳排放估算的准确性,导致碳排放的基础研究工作不尽如人意(黄从德等,2008);加之核算方法在创新上显出不足,因此造成中国碳排放核算方法绝大多数采用 IPCC 的主流方法。

③学科侧重过大,研究发展不均衡

中国碳排放研究工作的开展多来自于地方政府和行业协会的推动,因此过分注重国内大区域(如省)、经济生产行业部门的碳排放,而碳排放是一个生态和经济多要素共同影响、自然和人文多学科交叉、地方和全球多尺度综合的过程,因此过分强调行政区域、行业边界的研究势必对国内碳排放研究的长远发展不利。

2.4.5.2 展望

目前碳排放研究存在的问题和不足将在未来工作中逐步得到解决,相关机构和学者将进一步关注目前研究的短板,加快中观尺度的方法体系建立,充实研究案例;同时数据观测、获取的方式和手段也将不断更新,从而丰富数据来源,大幅提升研究的精准度和可参考价值。

国内方面,下一步应着力推进碳排放理论构建和方法论研究等工作。要注重顶层设计,合理引导研究资金和力量投向。立足国内实际,从产业体系、能源结构、资源禀赋、发展阶段等方面出发,构建适应国内情况的碳排放理论体系,构建全尺度、广覆盖的碳排放源数据库,深入开展碳排放核算方法研究,进一步加强碳排放研究对国际气候变化谈判的支撑能力。

2.5 城市绿色基底分析

城市是人类对自然生态环境干预最强烈的地方。自改革开放以来,中国经济持续高速的增长被称为"中国奇迹",但急剧发展的工业化和城市化带来了巨大的城市生态问题。在此背景之下,作为城市生态功能主要承担者的城市绿色开放空间,越来越受到人们的重视。城市是人类对自然生态环境干预最强烈的地方,部分地区为了追求经济的成长,通过强力改造自然来实现生活环境的改善,这些背离自然生态原则的做法,使得维持城市发展的绿色生态基底不断被破坏和吞噬。城市生态环境恶化的问题严重影响着城市居民的身体健康、制约着城市的可持续发展。城市的生态质量关系到人类生存质量,城市生态系统的优化设计具有很强的现实意义。根据国家统计局公布的文件,截至 2013 年我国城镇化率为53.73%，可预见中国未来城市化道路依然漫长。这就需要我们在城市规划中必须更加注重对城市生态效益的注重，通过合理的规划使城市发展与生态平衡取得有机统一。

城市空间（City Space）可以划分为建筑实体空间（City Building Space）以及城市开放空间（City Open Space），城市开放空间又可划分为人工性质强的灰色开放空间（Gray Open Space）以及自然属性强的绿色开放空间（Green Open Space）。城市绿色开放空间是城市中最具有生命力的组成部分，涵盖了城市中主要自然生态资源，能有效地使人与自然环境相协调，并优化城市功能与结构，是促使城市发展进入可持续状态的主要空间载体。但我国目前部分城市绿色空间的规划有许多误区，导致其生态功能不足，主要体现在以下几方面：城市规划以城镇开发为主，城市绿色开放空间屡遭侵蚀，仅作为城市建筑空间的附庸而存在；大多采用绿地系统规划的框架，过分倾向于对城市建筑空间的关注，缺失对市域范围内所有生态空间的统筹规划；就城市论城市的思维，较少考虑与区域生态基底的联系，导致城市绿色开放空间与区域相对孤立；许多城市的绿色开放空间规划重景观而轻生态、重开发而轻保护，导致城市生态不尽如人意；自然河流被人工硬化，生态良好的湖区、沼泽地等被过度开发；规划中过分关注绿地率等指标，忽视对生态格局建设的关注，生态网络建设不足、城市绿量不足，城市生态破碎的现象较为严重。

城市绿色开放空间的生态规划对于优化城市生态环境极为重要，针对目前规划存在的误区，提出生态规划的策略更加具有紧迫性。

2.5.1　城市绿色空间的生态作用

2.5.1.1　生态屏障

随着城市化的快速发展，人口不断涌向城市，直接导致城市建设用地的增长。经济发展所带来的外力使得城市开始不断膨胀来维持经济的持续发展。唯GDP论的论调之下城市绿色开放空间不被重视以及尊重，城市内绿地不断被蚕食，城市外围绿地被侵占与割裂。绿色开放空间充当城市的藩篱和绿化隔离带，防止市区无限制地扩张，城市增长边界（Urban Growth Boundary）的确立就至关重要。以英国为例，几乎所有大城市的外围均规划有绿化带，这条绿化带是大城市增长的最后边界。绿化带受法律的保护，又在舆论与公众的监督下不受侵占。城市若想扩大规模，是不能通过扩张而实现。因此英国的大都市若想扩大规模只有两种途径，对内产业与人口调整腾出土地和对外建设卫星城，这就使城市的无序蔓延受到了有效控制。2002年我国建设部通过了《城市绿线管理办法》，该办法第二条规定了要确立城市绿地的保护控制线。该办法将城市绿线分为规划绿线和现状绿线，规划绿线范围内的土地必须按照规划进行绿化建设；现状绿线是范围保护线，凡保护区内的绿地不得改为他用。该管理办法使中国城市绿线的保护有了法律基础。

2.5.1.2　改善通风状况，降低大气污染

大气圈以地球的水陆表面为其下界，称为大气层的下垫面。下垫面(Underlying Surface)的形成要素很多，主要由地形、植被、土壤组成。伴随着城市的建设，建筑成为了影响下垫面的重要因素。近年来，城市大规模开发建设造成城市下垫面变得粗糙，城市通风环境恶化。而绿色开放空间是天然的通风道，可以将城市外的空气引入城市实现城市通风。城市的通风具有很强的生态意义，除了给城市带来清新空气之外，还可以明显改善城市的大气污染。

一个城区的大气污染程度取决于该地区排除的污染物总量，但是污染物在大气中的聚集方式对于污染的等级却有很大的关系。广泛稀释的污染物明显比聚集的污染物危害要小。城市中大气污染程度受到城市通风环境的影响，风力越大、空气对流越强，大气污染物的扩散与稀释就强；若城市通风不畅通，被污染的空气聚集在城市的上空并很难扩散。因此加快城市空气的对流、实现城市通风顺畅是改善城市污染的有效方式。根据科学验证，当城市内的污染区风速较小，低空又有逆温层存在时，在市区上空会形成穹庐状的尘盖。根据城市气候学原理，如果风速达到3.5m/s，就会使穹形尘盖破坏，形成鸟羽状尘盖从而实现污染物的分散。

2.5.1.3　缓解热岛效应

树木、水体的比热容较之水泥铺地、建筑大，能有效缓解热岛效应。尤其是森林与绿地，更是相当于能涵养水源的水库。森林与绿地将地下水吸收到地表之上，能有效降低城区的夏季温度，可以说一片森林的降温功能就像是一个水库。绿色植物对于城市小气候的改善具有积极作用，植物含水量高，可以通过蒸腾作用调节温度与湿度；还可以通过叶面吸收太阳的辐射来降低城市温度城市的绿化覆盖率越高，热岛效应的缓解就会越明显。

2.5.1.4　涵养水土

大规模的地面硬化被认为是现代环境建设的重要工程，也确实在某种程度上为城市生活带来了某种便利，当今不仅许多城市的地面被混凝土所覆盖，就连农村的小庭院都通过水泥铺地来进行了硬化。被水泥硬化的地面阻断了雨水回渗到地下的途径，使地下水位不断下降。城市的地下水位若得不到补充，就会引起城市的干旱与缺水。硬化的地面使土地失去蓄水功能，当下雨的时候雨水就会直接从地面流走而不是深入到土地内，这样就导致了雨水的浪费。

城市绿色开放空间可以使降水透过地面渗入土壤成为地下水，这样既可以

平衡城市生态系统，补充地下水，又由于透水地面通透"地气"，使地面冬暖夏凉，还能降低噪音、减少扬尘污染。森林、绿地更是最好的蓄水用地，据统计当自然降水时，50%~80%的水量被林地上松厚的植物枯叶吸收，枯叶就像海绵一样将雨水吸收，并将其缓慢渗入到土壤中。渗入土壤的水形成地下径流，起到涵养雨水的作用。植物的根系能将泥土紧固，防止沙土随着暴雨而流失。

2.5.1.5 净化空气

许多绿色植物具有杀菌作用，据测定一公顷刺柏林24小时内可分泌出30公斤杀菌素，这些杀菌素扩散到城市能杀死大量白喉、伤寒、肺结核、痢疾等病菌。而且绿化区具有灰尘少的特点，也因此减少了细菌的扩散。大气中的二氧化硫是城市酸雨的重要组成部分，绿色植物尤其是叶片植物可以大量吸收二氧化硫。二氧化硫被植物吸收后，便形成亚硫酸及亚硫酸盐，再氧化成硫酸盐。随着植物叶片的衰老凋落，它所吸收的硫也一同落到地上。据测定对二氧化硫抵抗能力较强的有臭椿、白蜡、沙枣、柳、侧柏、紫穗槐、垂柳、旱柳等。因此在散发有害气体的污染源附近，种植相应可以吸收污染物的树种，可以有效降低环境危害。绿色植物的最根本功能就是实现地球的碳氧平衡，也就是吸收二氧化碳、释放氧气。据相关科学测算，每公顷的阔叶林每天就可以吸收1t的二氧化碳并释放出0.75t的氧气；每公顷的公园绿地每天可以吸收0.8t的二氧化碳并释放出0.6t的氧气；每公顷的草皮每天可以吸收0.3t二氧化碳。

城市绿色开放空间是生物生存与繁衍的主要空间，野生动物在城市中的出没情况是衡量城市生态质量的重要标志。一般来讲，野生动物需要比较大的栖息地才可以生存而且保持物种的不断繁衍。根据生物地理学的研究，物种数量是和绿色斑块的面积正相关的，面积大的绿色斑块提供庇护生物物种繁衍的安全生存环境，小型绿色斑块为生物物种提供临时休息与避难场所。城市绿色空间具有大型斑块、小型斑块的有机结合，并通过廊道联系起来形成生物生存必需的生态环境的特点。

2.5.2 城市绿色基底设计

中观层面的城市绿色开放空间生态设计的重点是对于整个城市生态环境具有关键性意义的廊道、山体、湿地、生态公园进行合理地组织与规划。这一层次的空间是居民日照生活所直接接触的，生态化设计可以直接改善居民生活环境。

2.5.2.1 生态敏感区的保护及整治

生态敏感区的定义在学界没有取得共识，其划分标准不一。李团胜等（1999）认为生态敏感区包括河流水系、滨水地区、山丘土丘、山峰海滩、特殊或稀有植物群落、部分野生动物栖息地等；房庆方等(1997)提出生态敏感区包括国家级自然保护区、森林山体、水源地、大型水库、海岸带、自然景观旅游区、大片农田、果园、鱼塘等。其他学者也有不同的定义，一般认为生态敏感区是对区域总体生态环境起决定性作用的大型生态要素和生态实体，并指出对其保护的好坏决定了区域生态环境质量高低。

生态敏感区是生态最脆弱的地方，但也是生物多样性最丰富的区域。生态敏感区一般位于两种生态系统的交界处，因此陆生、水生生物种群共生；农田、湿地等水系的蒸发能明显改善城市的热环境，降低热岛效应。从面积来讲生态敏感区占据城市比例很小，但是从生态意义上来讲极为重要。生态敏感区的保护与治理，最重要的是保持其天然形态，不轻易通过人为的方式去改造以及破坏其结构。对于水源需要规划出水土涵养区，种植涵养树林来保证水循环；对于重要林地规划保护控制带，使其外围受到保护。

2.5.2.2 维护河流生态廊道完整

(1)河流生态廊道的概念

廊道(Corridor)是景观生态学中的概念，不指代具体某一种单体，指的是景观结构中与斑块(Patch)、基质(Matrix)具有不同特点的景观概念。生态廊道具有下列基本功能：①栖息地(Habitat)，生态廊道作为能够给动植物提供生存与繁衍的场所。②通(Conduit)，生态廊道是生物物种迁徙的通道，例如水生动物通过河流而迁徙，野生动物则通过兽道而迁徙；生态廊道是能量与物质转运的通道，例如河流上游的有机物能够转运到河流下游供各类生物消耗。③过滤(Filter)，物质通过生态廊道时是选择性通过的，这样就可以大量减少空气中的灰尘、有害气体等。生态廊道就是城市生态环境的一个屏障。④源(Source)和汇(Sink)，源是指生态廊道可以向其他斑块输送物质、营养、物种，汇的作用刚好相反，指的是从周围地区吸收物质、营养、物种的能量。

河流廊道是依托于河流而建成的，河流的空间分布决定了河流廊道的走向与空间格局。河道、河漫滩、高地过渡带组成了河流廊道剖面的完整结构，三个部分呈阶梯状分布在河谷谷坡上。在河流水流比较急的地方，人们为了保护河岸或者是防洪，人为修建了人造堤坝，并且在河岸两侧的高地过渡带进行绿化。河流廊道是极富生态价值的廊道，是城市中最重要的廊道类型，人类自古以来就有依水而居、沿河建城的传统。河流廊道具有多元化的生态价值，河流廊道可以疏导城市地表水径流的走向与排放，有序的疏导可以避免洪水侵袭，防止了河岸城市被侵蚀。河流廊道可以发挥过滤作用，河流廊道两侧的植物可以截留水中的有机物，过滤径流中的污染物，可以起到净化水质、降低水体富营养化的作用，还可以吸收空气中的污染物。跨区域的河流廊道本身就是各种生物生存繁衍的栖息地，可以带动城市与区域的物种交流。河流廊道具有植被与水体的双重功能，因此对于降低城市热岛效应具有积极意义。河流作为沟壑区就像是天然的通风廊道，改善河岸两侧的通风环境。河岸的植物可以起到防风的作用。

河流廊道的生态功能取决于其宽度，国内外学者对于河流廊道不同宽度的生态作用做出了研究，一般来讲30m以上的河流廊道宽度具有较强生态作用。河流廊道的疏浚与保护具有重要的生态意义，从景观生态学的角度来分析，河流的生态功能与其宽度成正比。

（2）完整的水景树体系

水景树体系是河流廊道的完整的空间形态模式，其具有两个空间尺度。首先是区域尺度，区域尺度将区域城市联系成流域城市群，例如珠三角的城市群通过珠江联系起来，形成了区域生态格局。第二是城市内部的河流尺度，该尺度通过河流不同等级支流的渗透与连接将城市联系成一个不可分割的整体，例如湘江对于长沙的城市空间组织。这种将城市划分为镶嵌状态的土地单元，形成了城市完整的自然空间格局。因此水景树格局是城市必须尊重的基本格局，是城市大地景观的母体水景树不仅奠定了城市基本空间格局，而且限定了城市人群的活动方式，为城市的能源、物质、生物流通提供了基本框架，为人类生活提供了集中区域。一般城市当中，沿河区域是经济最发达、环境最优美的区域。

（3）维护河流水景树完整体系的方式

①保证各水系的完整性与连续性

保证水系整体结构的完整不因为城市建设的需要而被斩断，完整而连续的水系结构其发挥的生态功能也最大，其与城市建筑空间的接触面积也更大。河流完整体系形成经历了千万年的自然规律作用，因此具有最稳定的形态。若水系的自然形态受到人为斩断与破坏，便很难进行恢复，而且会导致生态环境恶化，甚至使水灾发生。河流廊道的形态主要取决于地形地貌，尊重地形地貌并且重整水系的形态与结构是建设城市生态水系的基础工作。可以说河流的生态治理，首要原则是"还河流以自然"，尊重水系的自然布局形态并通过合理改造恢复其生态功能。人工硬化河道的方式曾经被认为是疏浚河流的先进措施，实践证明这其实是最具破坏性的方式。河流廊道的自然形态与人工形态相比，拥有各大的蓄水空间以及水源涵养空间，是其形态的最优形式，并扩大了河流的储水以及防洪能力。

通过以水系整治来优化城市生态环境的案例具有代表性的为韩国首尔的清溪川。清溪川是首尔市中心的一条河道，位于城市中轴线。流域面积60km²，全长 10.84km。首尔在 20 世纪中叶为了追求经济的高速增长将其用混凝土进行硬化，将其规划为城市下水道，将工业污水与生活用水排放进去，因此其水质变得极为恶劣，而且河道变得干涸。此时的清溪川成为城市的臭水沟，引起了大量的生态问题。直到 2003 年，首尔市政府开始改造清溪川，通过疏浚河道来改善首尔的城市生态环境。清溪川河道修复的首要工程在于还原其原始的完整"水景树"体系，并在河道两岸划定了生态缓冲区。清溪川河道的恢复取得了良好的生态效益，极大改善了首尔市区的生态环境，塑造了首尔人与自然和谐的绿色城市形象。

②根据水系级别保证不同宽度的生态缓冲空间

为了减少人类对核心生态资源的涉入，一般通过设置生态缓冲区对人类行为加以控制。而在缓冲区外设置过渡区是一种更优化的方式，在空间允许情况下更能实现保护生态核心区。由于河流廊道所处区位、河流周边土地利用的压力不同，将缓冲区划分为内部缓冲区与外部缓冲区两种模式。若河道位于城区外，其两侧的土地空间使用成本小则使用外部缓冲区；若河道位于城区中，而且河道两侧的土地使用压力大则将河道过渡带的一部分划分为内部缓冲区。河道缓冲区的宽度越宽越有利于河流的保护，其宽度控制与河流的等级、宽度成正比关系。河流廊道与缓冲的构成应当具有完整的地形梯度，包含"河道、河漫滩、高地过渡带、缓冲区"的整体结构，这样有利于隔离河道外围的影响与破坏。

2.5.2.3 农田融入城市，改善热岛效应

（1）农田融入城市的生态意义

人类自古以来梦想田园生活，霍华德的田园城市针对城市环境恶化问题首次提出将城市与乡村统一规划，自此以后城乡一体化的思想渗透到几乎所有城市规划者的思维之中。例如凯文林奇在《城市形态》中提出城市与乡村本来就是一体的，McHarg 将城市与农村结合起来设计。城市农田引入城市具有多方面的生态意义。①高释氧量。农田的首要功能是满足食物生存的需要，但是伴随着人类科技的进步，食物来源问题已经不是首要考虑的因素。农田实质上和森林、草地一样具备生态服务的功能。人类在农业种植的时候，投入了大量的肥料、水等物质元素，导致农作物具有高产性和快速循环的特点。②高蒸发与吸热功能。农田尤其是水田，需要大量的灌溉用水才能维持其生长，因此灌溉用水的蒸腾作用若作用于城市之中，更能降低城市的热岛效应。③高通风效率。农作物因为其高度较低，比树木更有利于通风，更有助于气体交换和降温。对于大城市来说，更有利于实现空气流通。④高生态环境监测价值。农田对于城市生态环境具有温度计一样的敏感反应，若城市生态环境恶化，农田植被就会病死

或者发生其他问题，会让污染源受到外在舆论压力而受到管控。

（2）农田融入城市的方式

针对城市不同区位用地紧张程度的不同，采取不同的引入农田的方式。都市区可采取社区农业这种溶解农田的方式，城郊结合的城市新区可采取都市农业的方式，远郊区的农田可将其规划为城市绿化隔离带。

①都市区实行社区农业方式

社区农业无需占据大面积土地，而是将社区中住宅前后的空闲土地、社区中无使用价值的废弃土地等改造为农业用地。社区农业的方式在北欧一些国家以及日本已经形成了趋势，具有多元价值：首先，可以制造农产品提供给居民；其次，给社区老人、青少年提供了进行农业活动的场所；再次，社区农业将地面进行了松土化的处理，更容易使雨水渗透到地下，使土地恢复了涵养水土的功能。

②城郊新区将农田保留为都市农业基地

都市区在发展过程中，会在城郊结合部形成城市新区。城郊新区可在尊重原有农田基础上，利用引入都市农业的方式在新城组团之间保留一些农田，作为城区的生态屏障。都市农业的目标与郊区农业不同，追求的不仅仅是经济效益，更多的是一种复合的生态功能。首先可以减少农产品运输的距离，还可以承担城市绿地的功能。都市农业有可能成为未来城市规划的原则之一，以法国为例，法国的新城建设思路是"建设没有郊区的新城"。其策略就是在新城规划时将农田与绿地引入城内及城市周边，将农田视为城市绿地的组成部分。都市农业在国内新城建设中也逐渐开始了实践。以陕西西咸新区规划为例，新区在五个城市组团之间保留了大量农田，使农田与山川河流一起成为城市的生态功能区和绿色屏障。西咸新区到2020年将建成15个万亩标准基本农田保护示范区，主要包括建设标准农田、花卉蔬果基地、景观林木基地等。西咸新区通过文化旅游、农业休闲的方式建设生态田园城市，其规划策略值得借鉴。

③城市远郊区将农田规划为绿化隔离带的一部分

目前很多城市通过建设人工林带的形式来构造绿化隔离带以实现阻止城市蔓延的目标，许多城市在建设林带的时候将大面积的农田转变成林带进行处理。这种方式增加了城市生态建设成本，而且削弱了城乡结合部独有的农村景观特点。因此可以将部分的城市农田保留为城市绿化隔离带的组成部分，这样既减轻了人工林带的建设成本，还提供给了城市生态服务功能以及农产品的供给。

2.2.5.3 城市绿色基底开发

（1）生态保护优先，城镇开发为辅

传统的城市规划是一种偏重于功能思维的编制体系，在规划编制过程中是将城市的功能置于优先地位，而将城市绿色开放空间作为填充，损害了城市与自然界之间的有机联系。这样的规划方式很容易造成城乡分割的状况。针对传统规划的弊端，有效的方式是提倡生态保护优先、城镇开发为辅的思想，将城市的首要任务定位为实现生态平衡。绿色开放空间优先能确保城市生态系统的最优格局，并保证了生态安全格局不因为城市建设而破坏。

（2）从生态设计到设计生态

传统生态设计就是将设计融入自然中去，从而显著减少设计对生态环境的影响，是一种生态保护型设计。但这种设计方法有一定的弊端，其主要原因是在如今的大城市，我们面对的都是一些错综复杂、支离破碎的城市生态资源，我们面对的是一种土地马赛克。面对 21 世纪的城市蔓延、城市碎片化的全球现象，面对逐渐消解的自然，我们应当改变传统防御型的生态设计，而采取一种全面的、积极主动的生态规划方法。从生态保护型的设计结合自然转变到生态建构型的设计创造自然。应当在尊重自然的基本原理之下，更加积极主动地去利用相关技术手段来改善城市的生态。

（3）构建网络，重点突出，融入区域

系统化、网络化是城市绿色开放空间发展的趋势。规划上要建设从宏观到微观的全面体系，既注重整体格局的建设，又关注局部细节的设计。只有系统化、网络化的绿色开放空间体系，才能确立一座城市的安全生态格局，使城市从整体到局部、从市中心到城市外围都能形成良好的生态环境。系统性、网络化布局并不是均质性的平均分布，而应该重点建设具有关键意义的主要生态廊道及大型生态斑块，例如河流生态廊道、城市生态公园的建设，并将其纳入到整个生态网络之中。在构建了城市生态网络之后，需建立与区域生态环境的联系，实现城市群的生态资源共享与衔接。

强化了城市绿色开放空间规划为主、城镇开发为辅这种生态优先的理念，在思维上将生态平衡置于城市发展的第一任务。从总体框架上建立一个生态良好的绿色开放空间规划的可行性策略。宏观上的策略通过划定生态控制线保护城市生态底线、通过保证安全绿量实现碳氧平衡、通过优化生态结构形成网络、通过与区域生态建立联系实现融入区域。中观上的策略是保护城市生态敏感区——保护大地景观的母体，河流生态廊道——将城市生态战略点通过建设生态公园的方式优化建设，将田园城市思想进一步发展为将农田与城市有机融合，在空间组织上注重绿色开放空间的连续性与渗透性。微观上的策略主要在于提高单位面积的绿量，绿化城区闲置土地，注重生态乡土化，生态修复。

我国城市化正处于快速发展阶段，在总结研究国内外相关规划案例的基础上，我国城市绿色开放空间规划还应当注意以下几点。

①要更加注重对城市基础数据的整理，增强规划对于不同城市的契合性；规划的过程中增加定量分析，借用计算机工具尤其是 GIS 系统保证规划的科学性；要提高规划的可行性，远期规划与近期实施相结合，规划要贴近城市现实，脱离城市现实的、无法确保实施的规划虽好却不能带来实际的意义；规划要循序渐进，不能贪功求快，只有可行性强的规划才能保证建设的质量。

②规划要多从区域的角度进行研究，要注重整个城市的生态体系构建。区域是城市的母体，应该从较大的区域范围内，建构大环境圈的区域生态体系。

③要重视规划的法制原则，制定高效的策略方针并落实到具体环节的实际操作中。规划需要有效的后期管理政策来保障其有效实施。在当前追求 GDP 的狂热背景之下，保住一片绿土实为不易。要用立法的手段保证重要的生态资源不被侵犯。

④规划需要更多的公众参与。绿色开放空间建设的最终目标是为公众所用，创建以人为本的宜居生态环境，公众参与在整个规划和建设的过程中就显得格外重要。提高民众的参与度，不仅可以有效指导规划的相关内容，还能加强公众对城市规划的参与意识，提高民众的生态环保素养，也会更加有助于绿色开放空间的可持续建设与发展。

城市绿色开放空间生态规划是一个复杂的命题，虽然国内外取得了一些研究成果，但是总体而言还是一个研究相对滞后的学科。要充分认识到规划所涉及问题的复杂性，要结合城市规划、地理学、生态学、气象学等多学科来思考问题，笔者希望以后有机会将这个课题更深入地研究下去，也希望能有更多的学者参与到这个课题的研究中来。希望我国的城市绿色开放空间规划研究水平不断上升到新的高度，也希望在生态观引领下的城市规划能使人类融入自然、回归自然。

2.6 碳排放情景分析——以云南省元阳县为例

中国实现了几十年来经济的连续高速增长，已经出现了资源供需紧张和环境负荷严重的现实问题，同时仍处于工业化和城镇化进程当中，加之"富煤贫油少气"的资源禀赋特征和能源利用结构，使低碳的发展道路成为必然。城市承载了各项生产和生活活动，造成对化石燃料的大量消耗和 CO_2 等温室气体的主要排放，理应成为发展低碳经济的重要平台和关键区域，城市未来的发展面临着能源需求的巨大压力和碳排放的严格限制，因此必须要有适当的规划引导并能够实时对照检查(中国科学院可持续发展战略研究组，2009)。在对低碳城市未来能源需求和碳排放的相关研究中，情景分析法是一种常用的分析方法，通过构建不同的发展目标，经过严格推理预测未来发展态势，为低碳城市的发展提供理论支撑。

2.6.1 元阳县林业资源分析

2.6.1.1 元阳县林业资源概况

近年来，元阳县林业工作以资源保护和发展为重点，在保护好现有资源的基础上，结合退耕还林生态工程建设，营造了大量的人工林。实施退耕还林工程后，仅"十五"期间(2001~2005年)，全县完成人工造林 $1.38 \times 10^4 hm^2$，封山育林 $0.80 \times 10^4 hm^2$。元阳县1985年、1999年、2005年林业用地面积分别为 $8.86 \times 10^4 hm^2$、$9.09 \times 10^4 hm^2$ 和 $11.72 \times 10^4 hm^2$，2005年相比于1985年增长了32%。森林覆盖率由退耕还林以前的26.7%(1998年调查数据)提高到2005年的41%(2005年第二次调查数据)。这期间增加的林业用地绝大部分为树木郁闭度≥20%的林地，而疏林地和灌木林地面积略有下降。以1999年至2005年间为例：全县林业用地面积由 $9.09 \times 10^4 hm^2$ 增加到 $11.72 \times 10^4 hm^2$，活立木蓄积量由 $497.54 \times 10^4 m^3$ 增加到 $844.16 \times 10^4 m^3$，增长率分别为28.93%和69.67%；林业用地面积方面，除马街乡略有下降外，其余各乡镇均显著增加，其中以黄草岭乡和俄扎乡增加面积最大；活立木蓄积量方面，新街镇、南沙镇和沙拉托乡出现下降，其余各乡镇均显著增加当前，元阳县有林地、疏林地、灌木林地、未成林造林地面积总计 $10.32 \times 10^4 hm^2$，根据不同的经营目的划分为防护林、特种用途林、用材林、薪炭林和经济林5个林种，其中以防护林所占面积最大，达38.9%。元阳县在东观音山省级自然保护区外围、西观音山县级水源林自然保护区外围和哈尼梯田国家湿地公园周边累计实施退耕还林工程 $0.97 \times 10^4 hm^2$，集中连片种植了近 $0.67 \times 10^4 hm^2$ 桤木水源涵养林，为哈尼梯田生态系统造就了巨大的"绿色水库"，这是哈尼梯田成功抵御百年大旱的重要原因。

森林覆盖率是反映一个区域森林面积占有情况或森林资源丰富程度及实现绿化程度的指标，也是确定森林经营和开发利用方针的重要依据之一，元阳县东部地区森林覆盖率整体高于西部地区，其中以大坪乡、小新街乡的森林覆盖率相对较高，而南沙镇、攀枝花乡、黄茅岭乡相对较低。元阳县森林主要以乔木为建群种，元阳县东部地区乔木林单位面积蓄积量要高于西部地区，这主要是因为省级自然保护区东观音山位于东部地区，促使东部地区的林业资源受到了较好的保护。各乡镇的单位面积蓄积量也呈现出较大差异，南沙镇、沙拉托乡和攀枝花乡较低，大坪乡和上新城乡较高，最高地区(大坪乡)甚至达到最低地区(南沙镇)的3倍以上。

2.6.1.2 元阳县生态公益林分布

生态公益林具有保护和改善人类生存环境、维持生态平衡、保存物种资源、科学实验、森林旅游等多方面的重要作用。元阳县生态公益林面积比重较高的乡镇包括大坪、逢春岭、马街、俄扎和嘎娘 5 个乡,比重较低的乡镇包括新街、沙拉托和黄草岭 3 个乡,整体趋势为东部 > 西部 > 中部。这一趋势与元阳县境内东观音自然保护区(分布于大坪、逢春岭、小新街、上新城、嘎娘等乡镇)、西观音山自然保护区(分布于马街、新街等乡镇)的分布范围以及主要河流红河(流经马街、南沙、嘎娘、上新城、小新街、逢春岭 6 乡镇)、藤条江(流经沙拉托、牛角寨、俄扎、攀枝花、黄茅岭 5 乡镇)的流域范围是一致的。

2.6.1.3 元阳县树种多样性

森林生物多样性在生物多样性中占据着重要位置,它主要包括森林的植物物种多样性、森林类型多样性以及森林的野生动物物种多样性。森林生物多样性有利于林地环境的改善,有利于维持生态系统的平衡,有利于基因的保存和生物的进化,同时可提供木材及其他林副产品,促进经济发展。树种多样性是区域森林生物多样性的重要指标。元阳县森林资源丰富,由于地形地貌、气候、环境等方面的差异,不同地区的树种多样性也呈现出一定的差异。按照如下方法统计元阳县各乡镇树种多样性指数:

$$\text{Shannon-W inner 指数 } H = \sum_{i=1}^{s} p_i \ln p_i \tag{2-2}$$

式中:S 为物种数;P_i 为属于种 i 的个体数与总个体数的比例。元阳县树种多样性整体呈现西北部 > 东北部 > 西南部 > 东南部的趋势,除嘎娘乡、大坪乡和俄扎乡树种多样性偏低之外,其他地区均适中。影响树种多样性的因素是多方面的,主要可分为立地条件和人为干扰两个方面。沙拉托乡和新街镇较高的树种多样性主要是因为立地条件相对较好,且经人为适度干扰的次生林分布较多,大坪乡等地树种多样性偏低则与原始林分布较多有关。

2.6.1.4 元阳县林业区划

(1)用材林、经济林区

该区位于元阳县中部,包括小新街、上新城、嘎娘、沙拉托、牛角寨、攀枝花和黄茅岭 7 个乡。该区以中低山为主,既是元阳县重要的农耕区域,也是林业发展的主要区域。该区已实施"速生丰产林""世界银行贷款造林"等林业建设项目,经过多年建设,现已形成以杉木、桤木为主的大面积速生丰产用材林基地及以核桃、板栗、花椒、八角等为主的生态经济兼用林。该区的林业发展主导功能为生产木材及食用原料,林业发展方向为用材林和经济林。

(2)防护林、用材林区

该区包括逢春岭、新街、马街、黄草岭和俄扎 5 个乡镇。该区域内包括东观音山省级自然保护区和西观音山县级水源林自然保护区的部分地区,还包括红河和藤条江流域的部分地区,是元阳县重要的水源涵养林区和水土保持林区。

本区高山区宜种植桤木等水源涵能力较强的树种，以构成天然的绿色水库，中低山区应种植以杉木、桤木为主的速生丰产树种，提高木材生产能力。该区的林业发展主导功能为提供生态环境保护和生产木材，林业发展方向为防护林和用材林。

（3）特殊用途林区

该区位于元阳县东南部，仅包括大坪乡。该区沟壑纵横，为山高谷深的切割地貌，分布有种类丰富、成分多样的森林生态系统，且面积大，人为干扰小，具有良好的水源涵养和野生动植物保护功能。该区域是东观音山省级自然保护区的主要分布区，林业发展主导功能为保护现有森林，林业发展方向为特殊用途林。

（4）薪炭林、经济林区

该区位于元阳县北部，仅包括南沙镇。该区为红河干热河谷地区，河谷深切，生态脆弱，以香蕉、酸角、荔枝为主的经济林果业发展迅速，膏桐生物能源林和印楝工业原料林初具规模。

此外，薪炭林在该区林业发展中也占有一定比重。该区的林业发展主导功能为提供生物能源和工业原料，林业发展方向为薪炭林和经济林。

2.6.2 碳排放情景分析的方法

2.6.2.1 基本框架

情景分析法在能源资源环境战略规划、政策分析以及决策管理支持等领域应用广泛，其实质是构建了一套中长期战略预测的框架，基于现实情况或可预见到的未来发展趋势，预测未来情形和发展过程的一系列方案。基于情景分析法在能源需求、城市发展规划以及生态环境系统变化等领域的研究应用，比较多的做法是通过预测经济增长、政策执行以及技术升级等参数变化导致的未来不同情景，从而模拟分析各个情景下有区别的能源需求和低碳发展趋势路径。应用情景分析法的优势在于提供了多种可能的发展预测结果，尤其在进行中长期的战略规划预测时面对的不确定性较大，使政策制定者或管理者有效避免过高或过低的决策，从而选择正面因素最大而负面因素最小的发展方向和路径。本节在预测低碳城市未来发展的能源需求和碳排放时，综合应用情景分析和计量分析的方法，基于IPAT模型构建适用于研究对象的分析框架，有效结合了定量分析和定性分析的特点。以相对易于把握的经济增长、能源需求与碳排放约束目标为基础，预测案例城市可能的低碳发展路径，通过对比现状与预测值寻找城市低碳发展的潜力所在，从而提供政策建议、决策参考与行动计划。

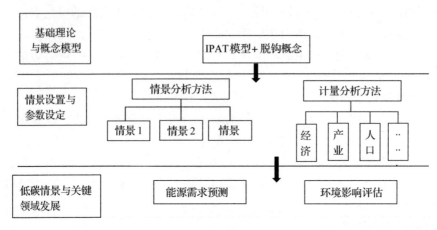

图 2-1　情景分析基本框架

2.6.2.2　模型结构

(1)IPAT 理论模型

20 世纪 70 年代美国生态学家埃里奇(Ehrlich)提出了表征经济发展对环境影响的 IPAT 关系式,用人口(P)、富裕度(A)和技术水平(T)3 个因素来反映环境受到的影响,其关系式用这 3 个因素表达为:

$$I = P \times A \times T \tag{2-3}$$

若将该关系式看作碳排放对环境的影响,那么整个关系式就是关于碳排放的 IPAT 方程,在这里碳排放受到人口、经济增长和技术水平的综合作用。本节以碳排放的 IPAT 模型为基础,引入"脱钩"的概念,分析经济增长、能源需求和碳排放之间的关系,表示碳排放的环境负荷,P 表示人口总量,A 用人均 GDP 来表征,T 为单位 GDP 的碳排放量,即碳排放强度。

(2)"脱钩"概念模型

按照环境库兹涅茨曲线假说(EKC)的理论,经济增长的过程伴随着资源消耗和环境影响负荷,在经济增长的同时,与之相关的资源消耗、环境负荷的发展状态,可以用"脱钩"理论进行测度,即对经济增长和能源消耗、废弃物排放的关系进行一个定量化的表达。因此发展的"脱钩"与否,可以作为环境发展和环境政策的重要评估依据,这里采用人均 GDP 增长率和碳排放变化率来表征经济增长和环境负荷之间的依赖程度,脱钩程度 = CO_2 排放增长率/人均 GDP 增长率。以脱钩程度的概念模型式为基础,可以将经济增长和环境负荷之间的不同关系表征如下:脱钩程度 >1,说明 CO_2 增长速度大于经济增长速度,CO_2 排放量增加显著,经济增长直接依赖于资源能源的消耗,处于发展的未脱钩阶段;脱钩程度 ≤1,说明 CO_2 增长速度小于或与经济增长速度保持一致,经济增长并不是完全来源于资源消耗,经济增长与能源资源消耗处于脱钩阶段。

（3）情景的设置依据

依据关系式(2-6)中关于城市碳排放变化情况的关系，结合"脱钩"概念模型可以得到以下3点结论，作为城市未来低碳发展情景设置的基本依据：

$$(1+\alpha) \times (1+\beta) \times (1-\gamma) \times (1-\delta) > 1, \ C_t > C_o \tag{2-4}$$

表明未来第t年的碳排放总量大于基期，环境负荷增加，人口增长和经济发展导致的碳排放量的增加程度大于能源技术进步和结构调整所带来的碳排放量的下降，按照脱钩理论的思想，该情况下未能实现碳排放的脱钩。

$$(1+\alpha) \times (1+\beta) \times (1-\gamma) \times (1-\delta) = 1, \ C_t = C_0 \tag{2-5}$$

表明未来第t年的碳排放总量与基期相等，人口增长、经济发展和能源技术进步、结构调整所带来的碳排放的增减量正好抵消，即保障了经济社会增长的同时，没有造成碳排放的增加，实现了碳排放的脱钩。

$$(1+\alpha) \times (1+\beta) \times (1-\gamma) \times (1-\delta) < 1, \ C_t < C_o \tag{2-6}$$

表明未来第t年的碳排放总量小于基期，环境负荷减少，人口增长和经济发展虽然导致了碳排放增加，但是与之相比，更为显著的是能源技术进步和结构调整带来的碳排放下降，并且程度大于前者，即经济社会的增长已经不需要依赖能源消耗的增加，真正实现了碳排放的绝对脱钩。

2.6.3　元阳县碳排放情景构建

2.6.3.1　情景构建

情景分析的边界为元阳县的行政区划边界，主要涉及城市的能源需求和产业发展等方面，采用的数据来源于历年的《云南省统计年鉴》、元阳县政府网站、元阳县能源平衡表和各有关单位部门的基础能源统计资料等。以2010年为基期，2015年、2020年、2025年和2030年为目标期，由于在这些时间点上的相关规划资料较为完整，对于情景分析参数设置具有一定的指导意义。参考国家能源需求和碳排放发展的背景、前提和要求，同时结合云南省对于低碳建设发展的相关政策法规、规划实施条件，以及对未来能源需求和碳排放可能出现的情况做出假设，依据IPAT模型设置了城市未来发展的3种情景。

（1）基准情景

按照城市近年来惯有的经济增长速度、人口发展规模、城镇化和工业化的进程，以及资源消耗和能源需求的现状，以经济增长作为最主要的驱动因素，不采取任何应对气候变化的对策和措施，保持惯性发展带来的能源需求和碳排放水平的情景。结合城市的未来发展定位和目标，显示该情景下城市的资源能源保障和生态环境影响。一般说来，基准情景是能源需求和碳排放水平最高的情景。

（2）低碳情景

在基准情景的基础上，考虑城市当前的节能减排、针对气候变化的相关政策法规、行动计划及干预措施等，采取能源结构优化和提高能效的技术手段，一方面保证经济社会发展目标的实现，另一方面落实现有的节能减排政策措施并延续下去，其目标在于实现城市经济、社会和环境的可持续发展，是未来有可能发生的能源需求与碳排放的情景。通过制定和严格实施应对气候变化的政策，并将其有所延续，促进低碳技术进步，人们的生活方式和消费模式也有一定程度上的改善，这种情景下的未来可能的发展模式定义为低碳情景。

（3）强化低碳情景

在低碳情景的基础上，综合考虑国际成熟经验和国内城市的减排愿景，经济增长模式有所改变，人们的消费理念发生变化，更加重视低碳生活的自觉行为，低碳技术发展成熟，主要耗能行业减排成本大幅下降，能源结构更加优化，能耗需求控制更严格和稳定，各项政策措施行动计划的规范性和执行力更强。在强化低碳情景下，采用了能源需求控制和能源结构优化的技术手段措施排放总量在达到基本稳定后，在出现峰值之后实现总量的下降，达到经济增长与碳排放的脱钩状态。

2.6.3.2　参数设置

对元阳县在基准情景、低碳情景和强化低碳情景下的人口、人均 GDP、能源强度和能源结构等参数进行预测，各参数的变化情况分别用 α、β、γ 和 δ 来表示，并得到各参数的实际变量值。对各参数在不同情景下的趋势预测分别依据：

（1）人口参数

综合考虑政策因素和社会经济发展对人口增长的影响，以及在一定技术水平下，资源环境承载力对人口规模的制约，参考人口历史自然增长率和相关规划，确定预测期内户籍人口自然增长率等。

（2）经济参数

经济增长情况对于低碳城市能源需求与碳排放情景分析影响大，对元阳县未来 GDP 增长和产业结构的预测，主要依据国内外的发展经验和城市对于自身经济增长的规划设计，综合考虑其资源禀赋特征和产业定位特点，以及未来可能实现的经济增长速度规模和产业结构分布特征来设置。

（3）能源消耗参数

能耗强度和碳排放强度指标是国民经济和社会发展的约束性指标，对于能源消耗的相关参数进行预测时，主要考虑未来城市能源强度的可能发展预期，结合国家《"十二五"控制温室气体排放工作方案》对于河南省的能耗下降目标和《济源低碳试点城市实施方案》中对元阳县能耗强度下降的量化目标综合设置。

3 目标定位与绿色化指标体系构建

2015 年 3 月 24 日首次在中央政治局会议上提出绿色化概念。在经济领域，它是一种生产方式——"科技含量高、资源消耗低、环境污染少的产业结构和生产方式"，有着"经济绿色化"的内涵，而且希望带动"绿色产业"，"形成经济社会发展新的增长点"（吴志敏等，2017）。

同时，它也是一种生活方式——"生活方式和消费模式向勤俭节约、绿色低碳、文明健康的方向转变，力戒奢侈浪费和不合理消费"。

并且，它还是一种价值取向——"把生态文明纳入社会主义核心价值体系，形成人人、事事、时时崇尚生态文明的社会新风"。

简单来说，就是把生态文明摆到了非常高的位置，不仅要在经济社会发展中实现发展方式的"绿色化"，而且要使之成为高级别价值取向。其阶段性目标就是本书里提到的，"推动国土空间开发格局优化、加快技术创新和结构调整、促进资源节约循环高效利用、加大自然生态系统和环境保护力度"，也就是朝着生态文明建设的总体目标进发（吴志敏等，2017）。

在一般的意义上，城镇化与城市化含义大致相同；在特殊情境下，城镇化比城市化内涵更为丰富。如在当代中国，城镇化多是指从民生视角出发考察的城市化过程；城市化一般是指人口向城市的集聚。与城市化一样，城镇化也是指农村人口转化为城市人口，人口由第一产业转入第二、第三产业；与城市化不同，城镇化更多地强调人口规模的适度性、人口转移的就地性和人口与城市的相融性等。与此相对应，衡量城镇化最主要的指标有三个：人口城镇化、职业城镇化和地域城镇化（李爽，2014）。人口城镇化是城镇化的前提，也是衡量地区城镇化水平的重要指标。以产业结构为核心的经济结构的转换是城镇化的核心内容，城镇化的本质就是通过追求集聚效应改变社会经济结构及人们的生产和生活方式，以及由此引发经济体制的改革。城镇化的目的是统筹城乡发展，缩小城乡差距，实现共同富裕。因此，从民生视角出发思考城镇化是城镇化与城市化最大的区别。

绿色的城镇化，就是用"整体、协调、循环、再生"的生态化原则和要求处理、协调城镇化过程中的人和自然关系，以生态化规范城镇化，实现城镇化与生态化的交融，走生态化的城镇化道路。城镇化过程中的人与自然关系具体表现为城镇化与工业化的关系以及城镇化所依托的自然条件两个方面。

3.1 绿色城镇化的四维指标体系

根据目前新修订的《城乡规划基本术语标准》中对城镇化的界定为："人类生产和生活方式由乡村型向城市型转化的过程，表现为乡村人口向城市人口转化以及城市不断发展和完善的过程"（李爽，2014）。按照这一界定，城镇化是一个宽泛的概念，关于"城市的发展完善"活动均可纳入到城镇化的范畴。而纵观现有的研究文献，对于城镇化的研究和分析基本集中于人口以及产业结构的变化，并不能较为全面地分析城镇化的完整变化过程，而对于"绿色城镇化"的分析则更为薄弱。因此，对于绿色城镇化的研究应该在之前城镇化的分析基础上予以相当程度的扩展。

3.1.1 指标体系的构建

3.1.1.1 构建思路

20 世纪 80 年代，绿色发展成为城镇化的主流理念。1981 年，苏联城市生态学家亚尼茨基提出了生态城市发展模式。其中，技术与自然融合、人的创造力和生产力得到最大限度发挥、居民的身心健康和环境质量得到最大限度保护。1994 年联合国第一次城市可持续发展会议在伊斯坦布尔召开，可持续城市成为发展目标和方向。协同推进绿色化与城镇化，关键是统筹规划经济社会发展与人口、资源环境关系，要推进"多规合一"，使城市规划具有法律的权威性，相关规划之间要相衔接。城市建设远离滑坡、泥石流等自然灾害多发地带，以免遭受不必要的损失；合理进行功能分区，减少"潮汐式"堵车；节约集约利用土地、矿产、水资源，高效利用生产要素，加强节能降耗、减排二氧化碳，加强生态环境保护和生态系统修复；加强绿色低碳交通运输体系建设，发展绿色建筑，大力推进新能源、新材料的应用；开展垃圾减量化、资源化利用和无害化处置，促进城乡发展由高能耗、高投入、高排放向低能耗、低投入、低排放模式转变；加大生态文明建设投入，使城镇化速度、规模、强度与生态环境承载能力相适应，避免落入"中等收入陷阱"（宋慧琳等，2016）。

促进"互联网＋"在城市经济社会发展中的重要作用。发挥信息化的节能减排效用，推动物联网、云计算、大数据等新一代信息技术创新应用，加强信息网络、数据中心等信息基础设施建设；促进跨部门、跨行业、跨地区的政务信息共享和业务协同，强化信息资源的社会化开发利用，推广智慧化信息应用和新型信息服务，促进城市规划管理信息化、基础设施智能化、公共服务便捷化、产业发展现代化、社会治理精细化。以人为本、创新思路、建设智慧城市、智能交通、智能建筑，转变传统城市发展模式，明显降低城镇居民通勤成本，提高城市管理水平与效率，使人居环境更美好。

绿色城镇化建设是一项系统化工程，需要综合考虑资源、环境、经济、社会等多个要素，结合城镇所在区域的气候特点、地域特征、经济发展状况，涵盖目标区域城镇产业规划、建设规划、基础设施建设、绿色低碳建筑、能源与资源节约利用、生态环境保护、智慧村镇建设、公共服务与运营管理等内容，重点关注资源、能源节约利用（节地、节能、节水、节材）、对城镇自然环境及人居环境的保持和改善，引导小城镇居民绿色生态的生产、生活方式，以促进小城镇健康、协调可持续发展（宋慧琳等，2016）。

3.1.1.2 构建原则

绿色城镇化指标体系的构建要遵循系统论的一般原理。系统论是20世纪40年代由美籍奥地利理论生物学家冯·贝塔朗菲率先提出，后经许多科学家发展形成的。系统论把所研究和处理的对象当作一个系统，从整体上分析系统组成要素、各个要素之间的关系以及系统的结构和功能，还有系统、组成要素、环境者的相互关系和变动的规律性，根据分析的结果来调整系统的结构和各要素关系，使系统达到优化目标。系统论作为一般世界观和方法论，充实和发展了当代哲学，在当今社会的各个领域都有直接而巨大的贡献（王家庭等，2009）。

指标体系一般由多个相对独立的子系统组成，各子系统包括一系列相对独立的指标。为了使指标体系科学化、规范化，在构建指标体系时，应遵循以下原则：

（1）全面性、系统性原则。指标体系的构建具有层次性，自上而下，从宏观到微观层层深入，形成一个不可分割的体系。指标尽可能全面，避免遗漏、信息错误或不真实现象。各指标之间要有一定的逻辑关系，且要从不同的侧面反映出子系统的主要特征和状态，应尽量避免指标相互交叉、重叠。

（2）典型性、相关性原则。指标体系的设计及评价指标的选择应科学，各评价指标应具有典型代表性，能客观真实地反映小城镇环境、经济、社会发展的特点和状况，另外，所选的评价指标应该与小城镇建设及建设效果评价有很强的相关性。

（3）可操作性原则。指标体系的构建是为小城镇建设政策制定和科学管理服务的，评价指标设定应简明，不能过多过细、过于繁琐。指标选取的计算量度和计算方法应统一，各指标尽量简单明了、微观性强、便于收集，具有很强的现实可操作性和可比性。部分类型的指标要进行定量处理，数据应易获且计算方法简明易懂，以便于进行数学计算和分析。

基于以上原则，本节选取城镇空间规划、产业结构、资源利用结构、城镇基础设施建设等4个维度的指标，对绿色城镇化进行指标构建及评价。

3.1.2 指标分析

3.1.2.1 城镇空间规划

城镇空间规划也可以称为城镇空间布局，是指城市建成区的平面形状以及内部功能结构和道路系统的结构和形态。城市布局形式是在历史发展过程中形成的或为自然发展的结果，或为有规划的建设的结果。这两者往往是交替起着作用。

要使城市有较强的集聚和辐射带动能力，其城区人口规模应在200万以上（才能以合理的税费，提供较好的公共服务，否则服务不足，这也正是人们都涌向北上广深等特大城市的根源），最好是300万以上（才能支撑较发达的公共交通业，比如地铁和航空等）；当城区人口超过1600万人口时，会发生较严重的城市病；当城市群（200km范围内）的人口超过5000万时，也会有较严重的城市群病，尤其是环境问题（城市废弃物难以就近消纳）和住房问题、交通问题等（陈明等，2013）。

合理的城镇化布局可以改善环境，例如通过平整土地、修建水利设施、绿化环境等措施，使得环境向着有利于提高人们生活水平和促进社会发展的方向转变，降低人类活动对环境的压力。而如果目标城镇作为区域发展的经济中心，能带动区域经济发展，而区域经济水平的提高又促进城市的发展；促使生产方式、聚落形态、生活方式、价值观等的变化。

因此，城镇空间规划指标就基于以上思路设立，其下设置包含人均绿地面积、工业用地规划集约度、城镇绿地面积、规划建设用地构成比例适宜性等4项子项目层。

3.1.2.2 产业结构

产业结构也称为国民经济的部门结构。国民经济各产业部门之间以及各产业部门内部的构成。社会生产的产业结构或部门结构是在一般分工和特殊分工的基础上产生和发展起来的。研究产业结构主要是研究生产资料和生活资料两大部类之间的关系；从部门来看，主要是研究农业、轻工业、重工业、建筑业、商业服务业等部门之间的关系，以及各产业部门的内部关系（陈明等，2013）。

我国的三次产业划分是：第一产业，农业（包括种植业、林业、牧业和渔业）；第二产业，工业（包括采掘业，制造业，电力、煤气、水的生产和供应业）和建筑业，产业革命往往是由于制造业的革命引发的一场导致三大产业全面变革；第三产业，除第一、第二产业以外的其他各业。根据我国的实际情况，第三产业可分为两大部分，一是流通部门，二是服务部门。

在城镇化建设中主要分析目标区域的产业结构在城镇化进程中的变化关系、变化结果以及绿色产业的比重等。因此在此项指标层中，设置包含产业政策、低碳产业与特色产业、能源消耗、污染物排放、产业结构适宜度等5项子项目层。

3.1.2.3 资源能源利用结构

能源与资源是国民生产和生活的物质基础，也是国民经济的基础。目前，人类可以利用的资源中，较大一部分的能源与资源是不可再生的，如煤炭、石油、天然气等化石能源。资源、能源的不合理利用往往导致严重的环境问题和社会经济问题出现。

比如在山西省临汾市永和县赵家沟村的2500多亩耕地中，虽然少有撂荒的现象，但是前景不容乐观。在该地的城镇化进程中，年轻人大量出走。导致该地种玉米、核桃等的主要劳动力都是60岁左右的农民，且每人平均要经营20~30亩耕地，基本依靠人力和畜力，劳动力"超负荷运转"。该村已经出现种粮的农民不足，再过5~10年，这些老人无法劳作之时，种粮主产区的劳动力将后继无人。这些地区农田分散，土地流转实践也不成熟，社会资本进入集中耕种的积极性并不高。如果若干年"农民荒"问题没有得到缓解，农村已经存在的"撂荒"现象将会愈演愈烈，由于粮食生产的季节性，持续发生，将会恶性循环，威胁国家粮食安全和社会稳定（梅红等，2003）。

在新时代背景下，为实现可持续发展，建设"环境友好型，资源节约型"社会，有必要开发绿色能源，优化资源能源利用结构，提高资源利用效率。所以，在此项指标层下设置包含能源结构、可再生能源利用、资源回收利用等3个子项目层。

3.1.2.4 城镇基础设施建设

基础设施是指为社会生产和居民生活提供公共服务的物质工程设施，是用于保证国家或地区社会经济活动正常进行的公共服务系统。它是社会赖以生存发展的一般物质条件。

基础设施包括交通、邮电、供水供电、商业服务、科研与技术服务、园林绿化、环境保护、文化教育、卫生事业等市政公用工程设施和公共生活服务设施等。它们是国民经济各项事业发展的基础(梅红等,2003)。在现代社会中,经济越发展,对基础设施的要求越高;完善的基础设施对加速社会经济活动,促进其空间分布形态演变起着巨大的推动作用。建立完善的基础设施往往需较长时间和巨额投资。对新建、扩建项目,特别是远离城市的重大项目和基地建设,更需优先发展基础设施,以便项目建成后尽快发挥效益。

按其所在地域或使用性质划分如下:

(1)农村基础设施

参照中国新农村建设的相关法规文件,农村基础设施包括:农业生产性基础设施、农村生活基础设施、生态环境建设、农村社会发展基础设施四个大类。

①农业生产性基础设施:主要指现代化农业基地及农田水利建设;

②农村生活基础设施:主要指饮水安全、农村沼气、农村道路、农村电力等基础设施建设;

③生态环境建设:主要指天然林资源保护、防护林体系、种苗工程建设,自然保护区生态保护和建设、湿地保护和建设、退耕还林等农民吃饭、烧柴、增收等当前生计和长远发展问题。

④农村社会发展基础设施:主要指有益于农村社会事业发展的基础建设,包括农村义务教育、农村卫生、农村文化基础设施等。

加强农村基础设施建设对增加农民收入、缩小城乡差距、实现农村现代化具有重要意义(中国建筑科学研究院,2014)。

(2)城镇基础设施

城市基础设施是指为城市直接生产部门和居民生活提供共同条件和公共服务的工程设施,是城市生存和发展、顺利进行各种经济活动和其他社会活动所必须具备的工程性基础设施和社会性基础设施的总称。它对生产单位尤为重要,是其达到经济效益、环境效益和社会效益的必要条件之一(中国建筑科学研究院,2014)。总的来讲,城市基础设施项目主要包括:

①住宅区、别墅、公寓等居住建筑项目;

②高档酒店、商场、写字楼,办公楼等办公商用建筑项目;

③石油、煤炭、天然气、电力等能源动力项目;

④铁路、公路、航空、水运、道桥、隧道、港口等交通运输项目;

⑤水库、大坝、污水处理、空气净化等环保水利项目;

⑥电信、通信、信息网络等邮电通讯项目。

一般讲城市基础设施多指工程性基础设施。

工程性基础设施主要包括六大系统：

A. 能源供应系统：包括电力、煤气、天然气、液化石油气和暖气等；

B. 供水排水系统：包括水资源保护、自来水厂、供水管网、排水和污水处理；

C. 交通运输系统：分为对外交通设施和对内交通设施。前者包括航空、铁路、航运、长途汽车和高速公路；后者包括道路、桥梁、隧道、地铁、轻轨高架、公共交通、出租汽车、停车场、轮渡等；

D. 邮电通讯系统：如邮政、电报、固定电话、移动电话、互联网、广播电视等；

E. 环保环卫系统：如园林绿化、垃圾收集与处理、污染治理等；

F. 防卫防灾安全系统：如消防、防汛、防震、防台风、防风沙、防地面沉降、防空等。

按服务性质分为三类：

A. 生产基础设施。包括服务于生产部门的供水、供电、道路和交通设施、仓储设备、邮电通讯设施、排污、绿化等环境保护和灾害防治设施；

B. 社会基础设施。指服务于居民的各种机构和设施，如商业和饮食、服务业、金融保险机构、住宅和公用事业、公共交通、运输和通讯机构、教育和保健机构、文化和体育设施等；

C. 制度保障机构。如公安、政法和城市建设规划与管理部门等。基础设施水平随经济和技术的发展而不断提高，种类更加增多，服务更加完善。

城市基础设施一般应具备以下特点：

A. 生产性；B. 公用性和公益性；C. 自然垄断性；D. 成本沉淀性；E. 承载性；F. 超前性；G. 系统性。

不同时期对城市基础设施的发展、完善、配套有不同的要求。城市基础设施作为城市运行的载体，与城市的自然附属物包括土地、水体、矿床等有紧密联系，它是在原有的自然附属物的基础上，经过人们的加工改造而建立起来的，受自然的制约；建设和改造城市基础设施时，必须合理利用自然资源，保护生态环境。城市基础设施在形态上具有固定性，实物形态上大都是永久性的建筑，供城市生产和居民生活长期使用，不能经常更新，更不能随意拆除废弃(中国建筑科学研究院，2014)。

因此，结合以上国家要求，设置城镇基础设施建设指标，其下设置包含交通系统、供水系统、排水系统、园林绿化等4个子项目层。

3.1.3 指标模型构建

根据以上思路及指标选取，拟构建如下指标分析模型，共 4 个维度、16 个子项目层，如表 3-1 所示。

表 3-1 绿色化指标体系模型

指标层	子项目层
总系统层 A	绿色城镇化 A
综合指标层 B	城镇空间规划 B1 产业结构 B2 资源能源利用结构 B3 城镇基础设施 B4
城镇空间规划 B1	子项目层 P 人均绿地面积 P1 工业用地规划集约度 P2 城镇绿地面积 P3 规划建设用地构成比例适宜性 P4
产业结构 B2	产业政策 P5 碳产业与特色产业 P6 能源消耗 P7 染物排放 P8 产业结构适宜度 P9
资源能源利用结构 B3	能源结构 P10 可再生能源利用 P11 资源回收利用 P12
城镇基础设施 B4	交通系统 P13 供水系统 P14 排水系统 P15 园林绿化 P16

利用该指标模型可在原有城镇化分析上对绿色化城镇的具体维度进行讨论。

3.2　绿色城镇化指标体系构建案例

3.2.1　绿色城镇化发展内涵

城镇化发展是传统农业社会向现代城市社会转型的过程。我国城镇化发展内涵呈现出人口、土地、经济和社会四种城镇化发展内涵类型。王素斋(2013)提出人口城镇化内涵是农村城市转移；苏金发(2011)提出土地城镇化内涵是城镇规模的不断扩张；张占斌(2013)提出经济城镇化内涵是农村要素流向城市；蒋宵宵(2013)提出社会城镇化内涵是提升农村人口价值理念。绿色城镇化发展是我国城镇化发展基本趋势。绿色城镇化发展是一种引领，决定着城镇化的发展方向与目标，要在城镇化的建设过程中体现绿色化，使其发展内容更加丰富。绿色城镇化是一种以生态环境可持续、人的发展文明性、城镇发展健康性为特征的新型城镇化发展模式，将城镇集约发展与绿色相结合，体现全面协调可持续发展理念。高红贵、汪成(2013)认为绿色城镇化最本质、最核心、最关键是人的城镇化，做到生态优先，在资源环境协调发展下促进经济发展。沈清基、顾贤荣(2013)认为绿色城镇化是指城镇发展与绿色相结合，城镇的社会经济发展与资源环境相协调，从生态环境角度看，其特征应包括：健康性，即提供健康、安全的生态环境；生态性，发展同时不以生态环境为代价；和谐性，即与周边是共生共荣的和谐环境。董泊(2014)认为绿色城镇化有四个方面的新内涵，一是发展理念新，走资源节约、环境友好、生态宜居、协调发展的新路子；二是城镇体系新，发展布局合理、功能互补的城镇化体系；三是实现途径新，是共同发展的城镇化；四是产业支撑新，将现代农业纳入支撑绿色城镇化的产业体系；绿色城镇化发展是以城乡统筹一体、产业节约集约、生态资源环境协调为特征的发展，是相互协调、相互促进的城镇化。绿色城镇化是在对传统城镇化发展模式的反思中提出来的，是对传统城镇化发展模式的扬弃和创新。相比"外延式"、"粗放型"的传统城镇化模式，绿色城镇化是一种以注重生态平衡为出发点，以低消耗、低排放、高效有序为基本特征，以人与自然和谐、经济与社会环境效益兼容和人们生活质量全面提高为着眼点，为建设生态城市为目标的"绿色城镇化测度指标体系及其评价应用研究——以江西省为例"、"集约型"新型模式。绿色城镇化的提出既是对"创新、协调、绿色、开放、共享"发展理念的贯彻，也是我国由"四化同步"转向"五化协同"(新型工业化、城镇化、信息化、农业现代化、绿色化)的重要体现。

3.2.2　云南省城镇化进程概述

云南省的城镇化进程，总体上来说分为两个阶段。第一个阶段是 1978 年以前计划经济体制下的城镇化发展时期。第二个阶段是 1978 年以后的市场经济体制下的城镇化发展时期。在计划经济时期云南城镇化发展又可以分为两个不同阶段：1949～1958 年和 1958～1978 年。前阶段是大量农村人口转入城镇，城镇的工业化迅速发展，城镇化进程加快。后阶段云南城镇化的发展出现了城乡分割的局面。市场经济体制下，云南城镇化进程可划分为三个阶段：①1979～1984 年的城乡共同发展阶段；②1984～1991 年的农村城镇化快速发展阶段；③1992 年以来的城镇化加速发展阶段。

新中国成立以来，随着整个国民经济的发展，云南城镇化进程加快，但是同其他省市相比，还显得相当落后，并且呈现出以下两个特点：

①城镇化滞后于工业化和全国国民经济的发展水平。国内城镇化水平往往用城镇驻地非农业人口占总人口的比重来衡量，虽然云南城镇数量不断增加，城镇总人口占全省总人口的比重大幅度提高，但非农业人口占总人口的比重仍然较小，使得城镇化水平不高。社会的发展不得不以环境和资源的破坏为代价来满足新增人口的需求。由于城镇人口的增加，垦殖盲目性强，森林面积不断减少。新中国刚成立时，云南省森林覆盖率为 50%，而目前只有 41 个县森林覆盖率为 10%~20%，19 个县小于 10%。1980～1989 年，全省林业用地面积减少了 $761.56 \times 10^6 \text{hm}^2$。

②城镇数量少，密度低规模小，空间布局结构不均衡且不合理，东西部地区差异明显，经济的集聚效应较弱，滇中城市群的范围和辐射力较差，昆明作为区域性中心城市，聚集力不够强。到 2000 年 10 月的统计数据显示，云南城镇人口 990 万人，占总人口的 23.4%。如果不算城镇人口中的农业人口，全省非农业人口仅约为 638 万人，约占总人口的 15.2%。

而到 2003 年初，全省只有 1 个特大城镇（昆明），4 个中等城镇（曲靖、个旧、大理、玉溪），11 个小城镇（保山、昭通、楚雄、思茅、景洪、潞西、丽江、安宁、开远、宣威、瑞丽）和 601 个建制镇。

2011 年，全省城市发展到 19 个（包括 1 个特大城市、1 个大城市、7 个中等城市、10 个小城市），建制镇发展到 583 个（包括 118 个城关镇），城镇建成区面积达 1458km²，城镇人口达到 1704 万人，城镇化率达到 36.8%，基本形成以昆明特大城市为依托，以玉溪、曲靖、大理、红河区域中心城市，州（市）政府所在地和设市的城市、县城、中心集镇、边境口岸城镇为基础的城镇化发展格局。

从城市化水平、城市的等级规模结构和职能结构、以及城市的空间分布来看，云南城市发展具有以下几个基本特点：

（1）城市化水平较低

到 2000 年底，云南共有城市 15 座，在西部地区仅次于四川，占西部地区城市总数的 9.4%，占全国城市总数的 2.3%。从建设部 1998 年的统计数据来看，以城镇非农业人口占总人口比率来衡量的城市化水平，云南在西部地区仅高于西藏，位列第 9，落后于西部地区平均水平将近 5 个百分点，落后于全国平均水平将近 11 个百分点。如果采用全国第四次人口普查对市镇人口的统计口径，并采取大体比照的方式，将市镇人口以设区的市（直辖市和地级市）统计市区的人口以及不设区的市（县级市）和县辖镇中的非农业人口总和计算，则 1998 年云南城市化水平大体为 16.03%，而西部地区的水平大体为 26.12%，全国的水平大体为 33.21%，云南落后于西部地区水平 10.09 个百分点，落后于全国水平 17，18 个百 2 城市化滞后于经济发展如果从人均 GDP 与城市化水平之间的对比关系来看，云南的城市化水平也滞后于自身经济发展水平及发展阶段。1998 年云南人均 GDP 为 4335 元，第四次人口普查的市镇总人口占全部人口比例衡量的城市化水平为 16.03%。而 1998 年西部地区人均 GDP 为 4051.93 元，同一指标下的城市化水平为 26.12%，全国人均 GDP 达到 4000 余元时是在 1994~1995 年（全国人均 GDP 由 1994 年的 3894 元增加到 1995 年的 4746 元），此时，同一指标表示的全国城市化水平为 29%~31%。2000 年云南人均 GDP 为 4705 元，相当于全国 1995 年的水平，第五次人口普查的城镇人口占总人口比例衡量的城市化水平为 23.4%，仍低于全国 1995 年的城市化水平。由此可以看出，云南城市化水平不高，不仅落后于西部地区平均水平和全国平均水平，也滞后于自身的经济发展水平。

（2）城市数量少，规模结构不合理

云南的城市数量较少，而且城市规模普遍偏小。按城市非农业人口分 100 万以上的特大城市只有昆明 1 个，仅占全省城市总数的 6.7%，非农业人口数为 150.3 万人，占全省非农业人口总数的 22.9%；20 万~50 万的中等城市有个旧和曲靖 2 个，占全省城市总数的 13.3%，非农业人口总数为 43.7 万人，占全省非农业人口总数的 6.7%，其余 12 个均为 20 万以下的小城市，占全省城市总数的 80%，非农业人口总数为 135.6 万人，占全省非农业人口总数的 20.7%。由此可以看出，云南的城市体系呈现出小城市比重高，而大中城市比重低的格局，尤其是缺少 50 万~100 万人口的大城市，这对全省区域经济的发展和城市化水平的提高起着明显的制约作用。另外，云南的城市体系还呈现出明显的首位分布特征，2000 年省会城市昆明的首位度高达 6.86（数据来源：云南统计年鉴）。

近十几年来，云南小城市数量增长较快，大城市数量没有增加，而在人口规模上，许多城市的总人口数较大，而非农业人口数较小。2000 年城市非农业人口数不足 15 万人的城市有 11 个，占全省设市总数的 73.3%，直接影响到全省城市化水平的提高。宣威市和保山市的总人口分别达到 130 万人和 83 万人，仅次于昆明市，而非农业人口只分别为 12.5 万人和 10.9 万人。

(3)城市形成机制单一，职能结构单一

目前，云南市场经济发展相对滞后，民间资本以及所吸引的外资和内资也比较有限，由于乡村工业化和乡镇企业发展以及由于外资和内资大量进入所推动的市镇发展步伐还相对缓慢，依靠政府投资推动城市化发展的动力机制目前仍是云南的主导机制。受这一因素影响，再加上云南经济发展和产业构成的特点，使云南的城市职能也较为单一。改革开放以来，特别是 20 世纪 90 年代以来，云南省依靠发展特色经济，变资源优势为产业优势，全省经济在经济总量及产业结构方面发生了显著变化，进入工业化的初级阶段，实现了经济的第一次飞跃。在经济总量上，全省国内生产总值在全国的排名由 1980 年的第 22 位上升到 1998 年的 18 位，人均国民生产总值由 1980 年的 29 位上升到 1999 年的 25 位，2001 年全省国内生产总值在全国的排名仍为第 18 位。在产业结构上，1991 年发生了质的变化，第二产业的比重首次超过了第一产业，工业化阶段的三次产业结构初步呈现出来。2001 年一、二、三产业的比例为 21.7∶42.4∶35.9。正是由于云南经济的发展是依靠资源优势发展特色经济，且还处于工业化初期阶段，所以云南城市的职能较为单一，缺乏区域性综合型的中心城市，而以工矿型、旅游型、边境口岸型和农副产品加工型居多。而且，以资源开采兴起的工矿型城市现在正面临困难。

(4)城市发展存在空间差异

由于受地理条件、经济、历史、社会因素的影响和制约，云南省城市的空间分布很不平衡，呈现明显的东西差异。2000 年东部地区(共 7 个地州市：昆明、曲靖、玉溪、昭通、楚雄、红河、文山)土地面积占全省的 46.7%，分布着 9 个城市，而西部地区(共 9 个地州：思茅，西双版纳、大理、保山、德宏、丽江、怒江、迪庆、临沧)土地面积占全省的 53.3% 仅有 6 个城市。全省仅有的一个特大城市和两个中等城市均在东部地区，而西部地区城市规模都不足 20 万人。东部地区城市的非农业人口占全省城市非农业总人口的 81%，占全省非农业总人口的 40.7%；而西部地区城市的非农业人口占全省城市非农业总人口的 19%，占全省非农业总人口的 9.6%。从经济发展水平来看，东部地区城市的国内生产总值占全省城市国内生产总值的 81.6%，占全省国内生产总值的 31.5%；而西部地区城市的国内生产总值占全省城市国内生产总值的 18.4%，占全省国内生产总值的 7.1%(数据来源：云南统计年鉴)。由此可以看出，云南的东部和西部地区无论是在城市数量上、城市规模上、城市化水平上，还是在城市经济发展水平上都存在着明显的差异，这种不平衡发展的情况将有可能长期存在，在选择城市发展道路时应予以充分重视。

3.2.3　在城镇化进程中保护生态环境

保护生态环境的对策措施在云南城镇化进程中有效保护生态环境科学发展观的内在要求，是城镇化持续健康发展的题中要义。在云南城镇化进程中有效保护生态环境要从发展观，人口、土地、城镇布局，环境管理等方面采取切实可行的对策措施。

3.2.3.1　自觉坚持可持续发展观

可持续发展观追求人类与自然的协调发展，短期利益和长期利益发展的协调，使人类的生存发展不损害后代的利益，在与自然的和谐中得以延续。城镇作为人工化程度较高的人居环境，对自然生态环境改变非常大。如果不注意城镇的环境容量、人居环境和生态环境的协调，工业环境和生态环境的协调，城镇化发展就不可能持续。现阶段城镇恶化的生态环境已成为制约城镇发展的大问题，是城镇可持续发展的障碍。在实现云南城镇化发展的进程中，我们应当做到以下几点。

（1）强化宣传与教育。不但要在环保局、工业企业和设计单位中强化可持续发展的宣传，同时也要在普通民众中深入生态保护和城镇建设的科学性与持续性的观念。在城镇建设与经济发展之间找到平衡点，考虑经济发展规模和环境容量之间的关系，考虑资源承载能力在未来是否满足需要，塑造出良好的人居环境。

（2）不断改变、优化产业结构，发展技术密集型经济，改变目前由于第二产业密集、粗放带来的人口稠密、交通拥挤、环境污染、资源供给不足的状况。

通过建设，使之走向以聚集经济、知识经济和人口、社会、环境协调发展为特征的现代文明城市。此外，还应当加强小城镇的生态环境建设，促进小城镇的可持续发展。在小城镇建设中，必须实现经济建设、城乡建设、环境建设同步发展，建立人与自然、人与社会、人与人之间的和谐统一。

3.2.3.2　控制城镇数量，合理利用土地

当前云南城镇发展的问题主要是城镇的人口增长过多过快，超出相应时期内经济技术条件下城镇生态环境的承受能力。特别是昆明这个人口超过百万的特大城市，其生态环境承受着巨大的压力，坝区面积小人地矛盾非常突出。在土地资源有限的情况下，除了向低丘缓坡地带合理利用国土保护耕地外，要使城镇社会经济得到发展和延续，一定要控制各个城区的人口规模，以及人口增长的速度，使之与城镇发展水平相符合，这样既能保持城镇经济的发展，也可

以推进城镇的生态保护和建设。

3.2.3.3 合理规划城镇空间布局

依据经济和社会发展的要求，大城市周边的小城镇建设，要进行合理地规划和布局，改变目前的小城镇用地随意、用地总量超标严重、用地结构不合理、经济效益不高、土地闲置浪费、土地污染、水土流失等一系列问题。在云南这个山地面积较大的边疆省份，为了缓解城镇的土地、环境和资源的矛盾，响应省政府城镇上山的号召，城镇周边的小城镇建设要向山区、低丘缓坡地带发展，采取带状等布局的方式，尽可能地在这些地区进行开发建设，不仅可以减少对坝区土地的占用，并且可以充分利用山区和低丘缓坡的山水和农田，划定居住区、农业区、森林风景旅游区等。一方面，使小城镇的数量分布和区域布局优化合理，避免对城镇周围的自然生态系统平衡产生较大的扰动和破坏，从而引发小城镇生态恶化、环境污染、资源短缺等一系列环境问题。另一方面，使工业区、商贸区、公共管理与公共服务区、居住区、绿地得到合理的布局和发展，加强基础设施建设，提高小城镇的总体建设水平。另外，大城市的规划和布局要与生产力的布局相结合，考虑到环境的承载能力，以达到资源的合理配置这一目的。大城镇的发展要高度重视城镇经济发展与自然生态环境的协调，居住区和工业区要合理分开，城镇要有绿色空间和廊道，统一城镇绿化，优化城镇环境。

3.2.3.4 积极开展生态城镇建设

在城镇化快速发展的过程中，如果忽略了生态环境的保护和建设，城镇数量的增加就相当于污染源的增加，城镇化的结果会导致更为严重的环境污染。因此，在城镇化的过程中，必须十分重视生态环境的协同保护与规划，使城镇建设、城镇化与环境保护同步规划、同步建设、同步发展。城镇建设应当结合当地自然环境的特点，保护植被、水域和自然景观，以符合生态系统自身规律的形式进行城镇设计和建设。云南的城镇化应加强城镇中园林、绿地和风景名胜区的建设和管理，使城镇建设与生态环境建设和生态旅游同步发展，塑造出一个个绿色的生态城市。

3.2.3.5 严格控制工业污染

城镇是工业比较集中的地区，工业所产生的废弃物对周围的空气、水体、土壤造成了污染，是城镇污染的主要原因。农业污染通过水体和食物间接地把污染传送到城市当中。在大多数城镇中城镇污染来自于工业的有70%。只有解决了城市周边的农业、工业污染，才能解决城镇的环境污染。小城镇中的乡镇企业规模较小，资金不够充足，因而生产设备落后，由于监督不严格未经处理就直接排放工业"三废"。污染物远远超出了自然本身净化能力，土壤、水体都受到严重的污染，生态环境恶化严重。乡镇企业所造成的环境污染甚至比大城市中的都要大，主要是因为小城镇工业布局的分散，管理困难，也无法集中治理，使得小城镇的污染治理难度同样大于大城市。我们应当高度重视中小城镇的污染治理，使城镇的生态环境得以良好恢复。首先，充分使用科学技术，把经济的增长方式由粗放型向集约型转变，减少工业废弃物排放；其次，对那些工业污染物排放的控制不达标的企业，实行关停转迁等政策。此外，还要加大"三废"的处理力度，使"三废"处理率达 90% 以上。特别要加大污水的处理力度，尤其是像昆明市这种城市废水要排入滇池的情况，应争取污水处理率达到 100%。

3.2.3.6 强化城镇环境管理

城镇中的许多环境问题，一方面是由企业污染造成，另一方面的原因也是由于管理不善造成的。因此，在城镇化进程中，一定要加强环保管理，只有良好的管理才是生态保护的前提和保障，才会有优美的城市环境，建设出生态良好的城镇，并维持这种良好的情况。强化城镇环境管理，要做到以下几点：

（1）加大政府在城镇建设中的监管力度，健全和完善城镇环境保护机构，充分发挥其职能作用，以政府的主导职能和行政力量推动城镇环境的保护和建设。

（2）严格执行各项城镇环境管理制度，诸如施行排污达标和征收排污费制度、关停并转迁制度、排污申报登记和排污许可制度，靠制度和规定减少污染源。

（3）加大环保经费的投入，保障环保人员工资和环保项目及设施经费的充足，支持循环经济发展。在政府和企业招标采购时，优先采购环保、节能产品。

（4）严格依照相关的法律文件，认真解决城镇环境管理中有法不依、执法不严、违法不究的问题，强化管理监督，使城镇环境保护和建设符合依法治国的国策。

3.2.4 建设有云南特色的城市发展道路

在经济全球化和市场日益开放的背景下，云南城市发展如何才能具有市场竞争力和区域竞争力，显然还是需要有特色，因此，云南城市发展要从云南的实际出发，结合云南特色经济的发展、产业结构的大调整、城市发展的基本特点、基础设施与生态环境建设，走出一条有云南特色的城市发展道路。

3.2.4.1 吸引、接纳农村剩余劳动力

推动云南社会发展，应是云南城市发展的重要目标。由于云南农村二、三产业发展相对落后，农村剩余劳动力转移有限，因而云南农村剩余劳动力数量

较大。但是，云南农村剩余劳动力能够实现转移的比例并不高，且多在省内实现。因此，提高城市基础设施建设水平，调整城市产业结构，增强城市对本地区农村剩余劳动力以及西部大开发所吸引的来自其他地区人口的吸纳能力，促进云南社会发展程度的提高，应是云南城市发展的重要目标。在城市数量上，应以加强现有城市建设、扩大现有城市规模为主线，在人口较为密集，具有良好的经济发展条件，靠近交通干线的地区，可适当增加城市个数。

3.2.4.2　重视大中城市发展

云南地处青藏高原东南部，是一个多山的省份，山地面积占84%，高原占10%，坝子（盆地、河谷）仅占6%，坝区是历史上的政治、经济中心，也是当代农业生产的主要基地，造成城市发展与农业发展之间很大的矛盾。云南地貌复杂多样，自然条件复杂，交通通讯等基础设施建设成本相对较高。同时，生态环境十分脆弱，生态环境保护和建设任务艰巨。而人口适当集中正是有利于基本农田保护、提高基础设施建设的效益、加强生态环境保护和建设的重要途径。因此，我国东部沿海地区的小城镇大战略发展思路和通过乡村工业化集聚发展的途径来加快小城镇发展的模式对云南并不适用，而应该提倡"优先发展大中城市来加速城镇人口集中过程，提高经济社会活动集聚程度和水平、培育和壮大各类市场、尽快提高科技教育文化水平，最终体现在大幅度提高要素资源在空间上的配置效率"。

3.2.4.3　选择性地发展小城镇

对于云南来说，小城镇是民族市场上重要的空间载体，有利于加强民族间的经济联系，有利于民族团结；小城镇经济在民族地区经济发展中起着重要的示范作用，是农村剩余劳动力的蓄水池，是中小城市发展的重要基础。但是小城镇的发展应突出重点，应避免出现"无业而居"的空壳小城镇。在市辖镇中应加强开发条件较好的中小城镇的建设，县辖镇中则应重点搞好县城的建设。市辖镇应发展与所属城市配套的产业，通过城市的辐射和扩散带动城镇的发展。县辖镇则要把工业园区与城镇建设相结合，把县内的乡镇企业集中于此，使这些县城成为全县农产品加工基地和带动县域经济发展的据点。同时，要对小城镇的发展进行科学统一的规划，并创造有利于小城镇发展的外部环境。

3.2.4.4　"指状发展"的空间构想

云南的城市发展不应走在现存人口分布和结构状态下"就地开发"和"遍地开发"的路，应以发展中心城市为重点，沿主要交通干线带动中小城市群的发展。根据云南城市的空间分布情况、规模等级结构、资源条件优势，结合云南由公路网、铁路网和澜沧江航道等形成的四通八达的交通网络，云南城市在空间发展上可以采用"指状发展"的模式。即以省会城市昆明所在的滇中地区为中心，向滇东北、滇西、滇南、滇东南四个方向呈"指状"发展。滇中地区是云南省经济最发达的地区，集聚了一个特大城市昆明，一个中等城市曲靖，两个小城市玉溪和楚雄。昆明为一级中心城市，对全省经济和城市发展起龙头带动作用。曲靖、玉溪和楚雄可培育成大城市，并作为二级中心城市。

昆明与曲靖、玉溪、楚雄之间应建立良好的区域合作关系，共同推动滇中地区乃至全省的经济发展和城市发展，共同成为提高全省区域竞争实力的核心区。滇东北方向以昭通作为二级中心城市，带动整个滇东北地区的经济和城市发展。昭通由于地域空间受限，经济实力和资源条件相对比较薄弱，可发展成为中等城市。滇西方向以大理作为二级中心城市，带动整个滇西地区的经济和城市发展。大理由于旅游经济的带动，发展较快、实力较强，再加上大理采用"双城发展"的空间模式，既有利于古城的保护，又能拥有较大的发展腹地，因此大理有望在近期内形成大城市。作为云南省传统意义上的交通干线，滇西具有交通的优势。泛亚铁路的西线建设，更为滇西"指轴"的发展提供了良好的物质载体。另外，滇西地区拥有"三江并流""大盈江、瑞丽江风景旅游区""香格里拉"等丰富的风景旅游资源，使得滇西"指轴"在向西发展的同时，有向丽江、中甸方向突进发展的趋势。

滇南方向以思茅作为二级中心城市，带动滇南地区的经济和城市发展。即将修建的昆曼公路和泛亚铁路中线，为思茅带来了不可多得的发展机遇，因此思茅有望发展成为大城市。临沧地区拥有丰富的水电资源，再加上澜沧江的通航，为临沧地区的城市发展注入了新的活力。因此滇南"指轴"有向临沧方向突进发展的趋势。滇东南方向，由于个旧、开远、蒙自在地理空间上距离比较近，且都具备了一定的发展实力，因此有条件建立区域合作关系，形成"个开蒙"城市群，共同作为滇东南地区的二级中心城市，带动全区发展。已经建成的"昆河公路"和正在建设的"泛亚铁路东线"，拉近了滇东南与滇中发达地区的距离，最终形成"昆明—河口经济带"，并有向文山等地发展的趋势。

3.2.4.5 城市发展与城市产业结构调整相结合

城市的发展有赖于产业结构的调整及产业升级，城市对人口吸纳程度的提高也取决于城市产业结构的调整。对于省会城市昆明来说，应加强信息、金融等产业的发展；同时运用高新技术加强对传统产业的改造和升级，或是结合实际情况及发展机遇，多渠道引入环保等新兴产业；还需大力发展生活服务业等第三产业。曲靖、玉溪、楚雄、大理、昭通等区域中心城市，应在现有产业发展的基础上促进相关产业的发展，并与昆明及省外发达地区建立起良好的协作关系，利用比较优势发展有竞争力的特色农副产品加工业和零部件加工制造业；还应大力发展信息、金融、生活服务等第三产业，提高城市的基础设施水平，增强对农村剩余劳动力的吸纳能力，从而在整体上提高区域中心城市的综合实力。

对于安宁、个旧、开远等由资源开发兴起的工矿城市，应结合全国国有企业的改革，努力改变单一产业、单一所有制经济成分、单一企业规模的现象，根据市场变化培养新的经济增长点。同时应加强建筑、建材、生活服务等第三产业的发展，改善城市的居住条件并提供更多的就业岗位，吸引更多的农村剩余劳动力。对于景洪、瑞丽等旅游型和口岸型城市应重点加强交通、通讯、市场设施及旅游服务设施建设，为进一步扩展与南亚国家的商贸往来及增加旅游收入奠定基础。

3.2.4.6　城市发展应突出民族文化和生态文化

美国著名城市学家伊里尔·沙里宁曾说过："让我看看你的城市，我就能说出这个城市的居民在文化上追求什么。"云南是多元文化汇集的民族文化"王国"，而且云南的民族文化呈现出明显的区域特色。云南在城市建设中应继承和发扬绚丽多彩的民族文化，依托民族文化的空间分布特征形成各个区域独特的城市特色，使城市特色在区域大环境中也呈现出有序的空间分布特征。并可在各个区域建立文化中心城镇，如景洪傣文化中心、丽江东巴文化中心、楚雄彝族文化中心、大理南诏文化中心、中甸藏族文化中心、文山壮苗文化中心等。昆明则是多元文化中心、"和而不同的人间乐园"。人类经历了农业文明、工业文明，现在正步入生态文明。可持续发展已经成为当今世界的一大主题。云南是享有美誉的动物王国和植物王国，拥有极其丰富的生物资源、矿产资源、能源资源和风景旅游资源等。但是，云南的生态环境又十分脆弱，土地和生态环境的承载量较低。云南城市发展不应以牺牲生态环境为代价来求发展，城市发展应体现"人与自然和谐发展"及"天人合一"的生态文化思想，应追求经济、社会、环境效益的综合协调发展，应走可持续发展的城市发展道路。

3.2.4.7　建立完善新的动力机制

城市发展必须建立新的动力机制。云南城市发展还必须建立一种政府投资与市场机制相结合的新机制，突破以往单纯依靠政府投资项目推动城市化发展的旧模式，广泛吸引企业和乡、镇、村等集体、个体资金，吸引外资及省外内资设和发展城市。逐步形成由政府自上而下和基层社区自下而上的两种城市建设组织主体与政府投资、集体或个体筹资、外资及内资四种投资主体的多种组合构成的多元化城市建设动力机制。

3.3 绿色城镇化指标实施

针对我国人口众多、资源贫乏的国情和目前城市发展中出现的生态环境问题，必须坚持"以人为本、节地节能、生态环保、安全实用、突出特色、保护文化和自然遗产"的原则，因地制宜、因时制宜地推进城镇化的生态化进程。

（1）遵循绿化原则，建设生态城市

"生态城市"是1971年联合国教科文组织发布的"人与生物圈"计划中首次提出的一个概念，明确提出要从生态学的角度用生态方法来研究城市。一般认为，生态城市是自然、城市与居民融合为一的有机整体，是社会和谐、经济高效和生态良性循环的人类住区形式。生态城市的发展目标是实现"人—社会—自然"的和谐，强调城市与自然的相融，实质是实现人与人的和谐。其中，追求自然系统和谐、人与自然和谐是实现人与人和谐的基础条件。相对于传统城市，生态城市建设应遵循绿化原则。这里的"绿化"并非只是绿色化，而是指生态化。生态城市建设是一项系统工程，从绿化角度看生态城市建设，就是要求在城市规划设计、基础设施建设、产业结构布局和城市运行管理等方面均须做到低能耗、无污染、再循环和可持续。具体表现在：城市规划空间结构布局合理，环境基础设施完善，生态建筑广泛应用，人工环境与自然环境协调；城市经济发展方式为内涵集约型，建立生态化的产业体系；建立快捷、便利、清洁的城市交通体系；采用太阳能、风能等可再生清洁能源为主的能源结构；循环利用水资源等可再生资源；城市与乡村融合，互为一体，生态村落、生态社区和生态城市只是分工的不同，而非差别更非对立；城市教育、科技、文化、制度、法律、道德等方面都随之实现生态化。可见，生态城市是一个"社会—经济—自然"的复合系统，自然生态是基础，经济生态化是条件，社会生态化是目的（张晶等，2014）。

（2）遵循具体化原则，因时制宜、因地制宜地推进我国现有城市的生态化进程

由于我国城市化发展水平参差不齐，因此，必须分类推进城市的生态化进程。对城镇化水平较高、"城市病"已经凸显的特大城市和东部区域，应着重提升城镇化质量，适当放缓城镇化速度。由于近年来东部区域城镇化速度太快，存在"过度城镇化"倾向，导致东部区域的城镇化过程存在严重的生态问题，尤其是区域水体污染严重（长江、太湖水域、珠江水域、巢湖水域、湘江水域均污染严重）。"城市病"是城市化进程中因城市的快速扩张，城市的环境、资源、基础建设等难以适应快速的工业化和城市化发展，所表现出来的与城市发展不

协调的失衡和无序现象，也是城市资源环境承载力不堪重负的外在表现。如果继续盲目扩大城市容量，不仅会加剧已经超载的城市生态承载负荷，导致资源枯竭、生态持续恶化，而且会导致居民生活质量下降，经济发展成本上升，阻碍城市的可持续发展。对城镇化水平较低、生态环境脆弱的西部区域，要依据自然生态特点，统筹区域全局合理规划，协调城市发展与区域生态的关系。西部地区虽然矿产资源相对丰富，但水资源严重短缺，土壤荒漠化、草原退化现象严重，工业化水平相对偏低。因此，西部区域城镇化速度不宜过快，规模不宜过大，应该与工业化进程和城市资源环境承载力相适应，注意水资源的节约、保护和循环利用。目前尤其需要注意东部地区的高耗能、高污染企业向中西部转移带来的生态环境问题，防止中西部地区城市化和城镇化重蹈东部地区尤其是西方国家城市化的覆辙。

（3）遵循适度性原则，积极建设中国特色的中小城镇

未来的城镇化进程应大力发展中小城镇。发展中小城镇既可以在一定程度上避免以大城市为主体的集中型城市化带来的"大城市病"。更为重要的是，通过发展中小城镇，一方面可以联结城乡，使乡镇企业向城镇集中，从整体上优化农业产业结构，也可以增加更多的就业机会，使农业富余劳动力向城镇二、三产业转移，增加农民收入，缩小城乡差距，实现共同富裕。另一方面中小城镇的繁荣，会给农民带来一种崭新的生活方式，有利于促进农村文化、教育事业的繁荣，推进城乡一体化。当然，也要注意中小城镇建设过程中的生态化问题。依托小城镇本身的资源优势，合理规划和布局小城镇的产业结构，一方面要对小城镇进行科学环境评价，积极引进和培育高新技术产业；但要严格禁止大城市污染产业向中小城镇转移。因为在同样规模产出的情况下，欠发达地区由于技术落后、资源廉价、环境标准缺失，只会付出更大的环境资源成本。另一方面要适当放大中小城镇基础设施建设的承载容量，特别是污水排放和再生利用以及垃圾分类、回收等设施，提前预防伴随中小城镇城市化进程加快出现的"城市病"。此外，推进城镇化的生态进程牵扯到一系列复杂的因素，因此，推动生态环保法制化进程，积极发展对环境有利的技术支撑体系，提高城市绿化覆盖率，提高居民生态素质，倡导绿色消费等，对推进城市生态化建设都是必不可少的。总的说来，面对与城镇化伴生的生态环境负效应，以及城市化发展滞后和城市生态环境风险加大并存的局面，从民生视角出发思考城镇化，走绿色化的道路是我们的必然选择。

本文所提的具体实施技术路线如图 3-1。

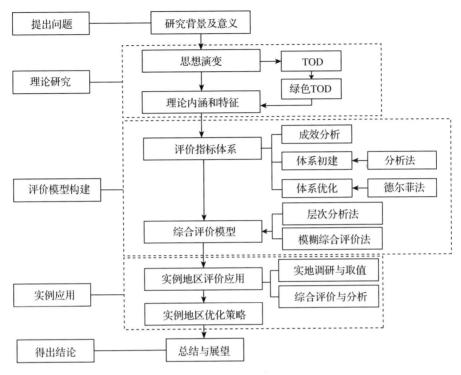

图 3-1 技术路线

本节模型指标的遴选主要遵循如下基本原则：

①精简在小城镇建设水平较难评价和考核的指标层；②精简国家法律法规中强制规定的指标层；③将实地调研和专家意见相结合，帮助遴选；④用价值关联法分析关注程度，以区分不同类型小城镇建设之间最具个性化和代表性的指标。在确定绿色低碳智慧小城镇指标体系总体框架的基础上，明确了指标体系的递阶层次结构，并结合上述遴选指标的基本原则，最终建立了比较完整、具体的绿色低碳智慧小城镇建设指标体系，共 4 个维度、16 个子项目层，如表 3-2 所示。

表 3-2 绿色化指标体系模型

指标层	子项目层
总系统层 A	绿色城镇化 A
综合指标层 B	城镇空间规划 B1 产业结构 B2 资源能源利用结构 B3 城镇基础设施 B4

（续）

指标层	子项目层
子项目层 P 城镇空间规划 B1	人均绿地面积 P1 工业用地规划集约度 P2 城镇绿地面积 P3 规划建设用地构成比例适宜性 P4
产业结构 B2	产业政策 P5 碳产业与特色产业 P6 能源消耗 P7 染物排放 P8 产业结构适宜度 P9
资源能源利用结构 B3	能源结构 P10 可再生能源利用 P11 资源回收利用 P12
城镇基础设施 B4	交通系统 P13 供水系统 P14 排水系统 P15 园林绿化 P16

各指标详细说明：

人均绿地面积 P1：城镇人均公共绿地面积指城镇公共绿地面积的人均占有量，以平方米/人表示，生态市达标值为≥11 平方米/人。具体计算时，公共绿地包括：公共人工绿地、天然绿地以及机关、企事业单位绿地。

工业用地集约度 P2：利用是指在符合城市总体规划、土地利用总体规划、产业发展规划以及相关法规的前提下，通过增加土地投入，不断提高土地的利用效率和经济效益。

城镇绿地面积 P3：城市园林绿地定额指标是指城市中平均每个居民所占有的公共绿地面积、城市绿化覆盖率、城市绿地率等，它是反映一个城市的绿化数量和质量、一个时期内城市经济发展、城市居民生活福利保健水平的一个指标，也是评价城市环境质量的标准和城市精神文明的标志之一。

规划建设用地构成比例适宜性 P4：规划中一定类型的土地作为建设用地使用时的适合性，土地的适宜程度和限制强度是建设用地适宜性评价的主要依据。

产业政策 P5：是政府为了实现一定的经济和社会目标而对产业的形成和发展进行干预的各种政策的总和。产业政策的功能主要是弥补市场缺陷，有效配置资源；保护幼小民族产业的成长；熨平经济震荡；发挥后发优势，增强适应能力。

碳产业与特色产业 P6：耗能产业，通俗点理解可以理解为所有的污染产业，以及各自城镇的地区在长期的发展过程中所积淀、成型的一种或几种特有的资源、文化、技术、管理、环境、人才等方面的优势，从而形成的具有国际、本国或本地区特色的具有核心市场竞争力的产业或产业集群。

能源消耗 P7：指工作过程中所消耗的燃料、电力、水等。

染物排放 P8：指通过倾倒、燃烧释放等手段，将污染物(废气、颗粒物、废水、固体废弃物等)扩散、放置、排出到环境中的行为，重点指污染物排放的量。

产业结构适宜度 P9：指某个地区第一、第二、第三产业在地区中的比重是否能达到相应的环境适应度。以及最佳生态经济增长值。

能源结构 P10：指能源总生产量或总消费量中各类一次能源、二次能源的构成及其比例关系。能源结构是能源系统工程研究的重要内容，它直接影响国民经济各部门的最终用能方式，并反映人民的生活水平。

可再生能源利用 P11：指可以被人类开发利用后可以继续利用的资源或者在短时期内可以再生，或是可以循环使用的自然资源。其主要包括生物资源(可再生)、土地资源、水能、气候资源等；是经使用、消耗、加工、燃烧、废弃等程序后，能在一定周期(可预见)内重复形成的、具有自我更新、复原的特性，并可持续被利用的一类自然资源，与不可再生资源相对应，是可持续发展中加强建设、推广使用的清洁能源。在本书中指的是各类可再生资源的利用程度和效率。

资源回收利用 P12：对资源利用的程度以及对可再生资源、垃圾、生活污水等的处理和回收利用效率。

交通系统 P13：是将人、车、路以及交通管理作为一个整体来考虑的，将他们视为一个相互作用的整体。在绿色化中指道路设施完善，路面及照明、交通管理设施完好，雨伞、井盖、盲道等设施建设维护完好。

供水系统 P14：指的是生活饮用水水质指标是否达到国家标准以及居民和公共设施供水保证率。

排水系统 P15：指排放管网系统布局适宜性、运行有效性，镇区防洪功能完善(防洪排涝)，镇区污水管网覆盖率以及新镇区建成区实施雨污分流，老镇区有雨污分流改造计划等。

园林绿化 P16：建成区绿化覆盖率，建成区街头绿地占公共绿地比例，乡土植被且种类多样以及建成区人均公共绿地面积等。

　　城镇以其自身的独特性区别于城市系统，本书中所选指标研究构建了绿色生态城镇可持续发展评价指标体系，以期对绿色生态城镇的建设提供理论研究基础。同时，为生态城镇的评价提供可量化的依据，也可以为地方政府的城镇生态环境、城镇建设、生态环境的管理提供科学依据。

　　绿色低碳城镇建设指标体系的构建，可以更好地体现绿色低碳城镇建设过程中产业布局、规划、建设、管理等多个方面的需求，指标体系用于指导绿色城镇全过程建设和管理，可促进产业合理化布局和产业结构转型升级，引导土地集约节约使用，推动能源资源利用高效，保护生态和人居环境，改善城镇运营管理和区域面貌，保护文化体现特色，提高城镇居民生活满意度。绿色低碳城镇建设是一个长期、渐进的过程，在国家可持续发展、科学发展观的战略指导下，在节能减排、资源节约、环境友好等政府施政纲领的引领下，随着对城镇建设规划和建设理论研究和实践的逐步深入，绿色低碳智慧小城镇建设指标体系也将进一步得到完善。

4 整体推进全域绿色城镇化

4.1 绿色城镇化建设 SWOT 分析

4.1.1 SWOT 分析的含义

　　SWOT 分析法是战略规划研究的一种分析技术，指的是对于优势（Strength）、限制（Weakness）、机遇（Opportunity）和挑战（Threat）的分析，始创于 20 世纪 50 年代，传统上为企业的管理和市场营销战略的制定提供客观全面的依据，它是基于企业自身的实力，对比竞争对手，并分析企业外部环境变化影响可能对企业带来的机遇与企业面临的挑战，进而制定企业最佳战略的方法。该方法近几年来逐渐在国土资源规划、城市战略发展规划、旅游规划等方面得到了广泛应用。对于规划中的 SWOT 分析而言，其必须以既定的目标为导向，有针对性地进行各要素的罗列与分析，进而通过分析，归纳形成战略。而后用 SWOT 分析形成的战略对既定的目标进行校验，如果战略能够较好地实现目标，则战略体系可以就此确定下来；如果生成战略不能有助于目标的实现，那么规划人员则需重新进行 SWOT 的分析，对各要素重新整合以生成新的战略，进而再次用目标进行校验，直至生成较为圆满的战略。如果反复进行战略的生成和再生仍然难以实现预期的目标，则说明目标的确定存在一定的问题，那么可能需要对目标进行适当的调整。由此可见，SWOT 分析法是在既定目标的前提下，生成应对战略，并回校目标的一个循环往复的分析过程。其不仅有助于目标应对策略的形成，而且有助于对规划的目标体系的科学性和合理性进行验证（袁牧等，2007）。

4.1.2 绿色城镇化建设的 SWOT 分析

4.1.2.1 绿色城镇化建设现状

　　当前，全球平均温度正在升高，人类活动是最有可能造成这一结果的原因。

但是人类继续消耗的化石燃料能源和其他资源（如水、土地、森林、材料，甚至是野生动植物）不仅远远超过了人类的需要水平，而且远远超出地球可承受的极限水平。世界上的大多数人口现在在城区生活和工作，对能源、资源和基础设施有巨大的需求。根据联合国的调查，城镇化进程正在快速推进，特别是在非洲、中东和亚洲的发展中国家。预计 2025 年，世界人口将达到 90 亿。据估计"为了安置未来 50 年增加的城市人口，相当于每周要建造一座新的百万人口城市（伯德特，2004）"。随着城市化和城市建设步伐的日益加快，为了城市的可持续发展，我国开展了"国家卫生城市""国家健康城市""园林城市""国家环保模范城市""森林城市""国家生态园林城市""绿色城市"等形式多样、内容丰富的城市建设运动。尤其是随着各种世界性大型活动的成功举办，我国城市建设取得了举世瞩目的成绩。各种城市建设运动的目标、内容、指标各不相同，但总体目标就是提高城市的宜居水平，促进城市的可持续发展，协调人与城市环境间的生态关系，营造健康的城市生态系统。改革开放以来，我国经济发展迅速，城市化进程加快，同时带来了各种环境、能源、交通、卫生、健康等方面的城市问题。针对不同的城市问题，全国爱国卫生运动委员会暨卫生部、建设部、国家环保局、全国绿化委员会暨国家林业局等部门不同时期发起了不同的城市建设运动，对推动城市基础设施建设，改善城市环境，提高人们生活水平，加强城市管理，促进经济社会全面发展起到了积极的作用，奠定了绿色城市建设的基础。

纵观我国城市发展的历史，可以看出绿色城市的内涵是在各种城市运动的基础上不断补充和完善的。新中国成立至改革开放前，城市规划和建设中的绿色思想集中体现在城市园林绿化方面。20 世纪 80 年代绿色城市的思想开始萌动，90 年代处于探索、尝试和模仿期。进入 21 世纪后迅速步入轮廓搭建和理论繁荣时期。伴随着绿色时尚，绿色城市的概念已经被广泛接受和套用（毕光庆，2004）。2008 年起，由联合国环境规划署、联合国粮农组织、联合国计划署指导，中国环境科学学会、中国市长协会、中国扶贫开发协会、中国治理荒漠化基金会联合主办的中国绿色发展高层论坛，通过网站投票和专家组评审的方式，评出"中国十佳绿色城市（区）"。首届十佳绿色城市（区）包括北京海淀、广东深圳、云南丽江、四川都江堰、内蒙古伊金霍洛等。2009 年第二届中国十佳绿色城市（区）有广东广州、山东日照、北京石景山、云南个旧、湖南炎陵等。2010 年第三届中国十佳绿色城市（区）有昆明、广东东莞、吉林伊春、广东湛江、云南普洱、江苏张家港、四川江川县。上述 17 个绿色城市，同时获得"国家卫生城市""国家环保模范城"的称号（李漫莉等，2013）。但我国对绿色城市这一概念引入时间较短，所以在绿色城市建设方面仍存在诸多问题。首先，缺乏完整的评价体系，我国虽然评出 17 个"绿色城市"，但对绿色城市的指标、评价体系的研究还未定型；其次，绿地的数量和质量差距较大，从园（森）林城市情况看，2009 年深圳市建成区的绿地率为 39.1%，绿化覆盖率为 45%，人均公共绿地面积为 16.3m²（深圳统计局，2011），与国际先进水平相比仍有一些差距。我国城市绿化总量不多，城市园林景观系统的群落结构单一，虽然"园林城市"指标要求城市绿化覆盖面积乔木、灌木比例占 60% 以上，但城市生态系统综合物种指数仍很低；再次，文化和风貌特色不突出，在城市化、现代化的进程中，我们对历史遗存、乡土文化、民俗风情等文化载体也没有给予足够的重视和很好的传承，而这才是一个城市悠久生命的永恒延续。

4.1.2.2　绿色城市建设优势和机会分析

绿色城市模式的理论基础区别于传统的"物质—社会—经济"发展模式，在"环境—社会—经济"等方面提出了策略性的发展方向。绿色城市具有合理的绿地系统、广阔的绿色空间、较高的绿地率和绿化覆盖率，环境（空气）质量优良，园林景观优美；绿色城市基础设施完善，自然资源受到妥善保护和合理利用，环境污染被有效控制，能量和物质的输出与输入达到动态平衡，自然生态和人工环境完美和谐；绿色城市进行绿色生产，城市经济高效运转，与城市环境协调发展；绿色城市崇尚绿色生活，人居环境良好，社会和谐进步；绿色城市文化繁荣，具有浓厚的地方特色和独特风貌。一个城市如果不大力发展绿色公共交通系统以改善原有单中心城区的人口密度过高、交通过于拥堵、空气污染过重等现象，不采取行动改变城市布局的单中心集聚趋势，就难以谈及成为宜居城市，更遑论建设绿色城市。可见，绿色城市是环境、生态、经济、社会和文化高度和谐、可持续发展的城市。绿色城市的本质是生态城市，能量和物质的输入与输出达到动态平衡，"自然、社会、经济"协调发展，需求欲望与物质财富相适应，是人类进步理念在人居环境建设与发展中的体现。从发展模式的角度看，绿色城市发展模式应是从人与自然的和谐发展出发，以经济、社会、环境协调发展和可持续发展为目标而建立的，环境友好、资源节约、经济高效、充满活力的生产生活方式和城市运行模式。城市追求何种发展模式可以归因为尊崇何种类型的文明，作为文明发源地的城市，追求绿色发展更是体现了工业化中后期人类文明不断进化的历程。从人类的自然哲学观看，在经由"古代农业文明——迷信自然的奴隶""现代工业文明——征服自然的主人""未来绿色文明——珍爱自然的朋友"的演替后，人类自然价值观也历经"做奴隶—当主人—交朋友"的哲学升华。从"与自然和谐"的哲学基点出发，创建绿色城市文明，正是全球悄然兴起的绿色文明的重要内容，也是城市追求绿色发展的哲学之源（冯向东，1994）。在城市发展与气候变化、环境污染、资源瓶颈之间的矛盾日益突出的今天，城市能否成功实现绿色发展，取决于城市软实力能否与时代的要求同步，创建绿色城市文明建设自然而然成为在全球倡导绿色经济模式的运动中提升城市软实力的内在要求。从生态系统的角度看，城市是一类以环境为体、经济为用、生态为纲、文化为常的具有高强度社会经济集聚效应和大尺度人口、资源、环境影响的地球表层微缩生态景观，是一类社会—经济—自然复合生态系统，其自然子系统由水、土、气、生、矿五类自然生态要素所构成，而建设绿色城市生态系统的过程同时也是基于城市及其周围地区生态系统承载能力的走向可持续发展的一种自适应过程，旨在促进生态卫生、生态安全、生态景观、生态产业和生态文化等不同层面的进化式发展，实现环境、经济和人的协调发展。另一方面，绿色城市设计理论剔除了以往城市设计理论中的人类中心主义成分，建立在生态哲学的基础上，设计基于系统和谐的城市审美价值体系、生态和谐与社会公平的城市设计原则、学科开放与可持续发展的设计理念、生态优化与景观协调的城市特色塑造方法和生态特色可持续性的建筑创新手法，强调多种因素的动态协调与有机统一，追求经济发展、社会平等和环境保护等多方目标，力图实现城市多功能相互协调、多种价值体系综合优化，使自然、经济、社会和文化多因素动态平衡与协调统一，有利于建立高效、和谐、健康、可持续发展的人居环境。绿色城市是人们与日俱增的绿色消费的必然趋势。目前，人们对绿色生活方式的认识在慢慢提高，对绿色消费的理解越来越透彻，对绿色产品的需求越来越多。随着绿色观念的加强，人们将慢慢养成良好的绿色生活、绿色消费的习惯和行为。同时也意识到要去保护环境、保护绿色才能可持续发展经济（罗丽艳，2003）。人们已越来越认识到绿色的重要性，也越来越需要绿色城市。总而言之，绿色城市是一种建立在人口经济学、资源环境经济学、城市经济学、城市社会学、城市规划学以及城市建筑学等多学科理论基础上的，体现绿色文明，以绿色建筑、绿色街区为载体，城市设计符合美学理念，公共交通体系及绿道网络发达，以最大限度地保护地球自然资源和提高人类健康水平为原则，追求人、自然、经济和社会四位一体生态系统的稳态的城市发展理念和模式。

伴随中国40年的伟大复兴与崛起，中国社会的发展模式正处于一个转折的关口。这一转折以"生态文明"的提出和"两型社会"的建设为重要标志，原国务院总理温家宝在政府工作报告中提出，要在全社会大力倡导节约、环保、文明的生产方式和消费模式，让节约资源、保护环境成为每个企业、村庄、单位和每个社会成员的自觉行动，努力建设资源节约型和环境友好型社会。这是可持续发展理念与潮流在中国的具体实践，以大量消耗原材料和能源为特征的经济社会发展模式正面临挑战与转型。两型社会的建设要切实走出一条有别于传统模式的工业化、城市化发展新路，为推动全国体制改革、实现科学发展与社会和谐发挥示范和带动作用。在这一大背景下，"绿色城市治理""生态城市治理""低碳城市治理"正成为受关注的发展方向，这些理论与实践探索提供了一个新城市模式的雏形。有专家提出从低碳机动化城市交通模式、绿色建筑、低冲击开发模式与规划建设生态城市等角度去阐述低碳城市和绿色城市。基于可持续城市理论的绿色城市关注到三个方面的核心主题：对于长期城市远景的关注，主张城市的发展要有 50 年、100 年甚至更长时期的视野范围；对于自然生态环境的关注，以避免现有的城市模式在全球尺度上导向生态与社会危机；对于城市不同项目、领域和参与者相互作用的复杂网络的关注，主张环境—社会—经济目标的协调。毫无疑问，实施符合中国国情的绿色发展战略是中国实现现代化的必由之路。这一绿色发展模式需要构建低度消耗资源的生产体系、适度消费的生活体系、使经济持续稳定增长的经济体系、保证社会效益与社会公平的社会体系、不断创新的应用技术体系，促进更加开放的国际经济体系。绿色城市模式的探索性与先进性，契合了两型社会对于新的社会发展模式的探索。可以展望，随着绿色低碳社会的到来，绿色城市将为两型社会提供一个可持续性的构建平台，基于绿色城市模式的两型社会大有可为。

4.1.2.3 绿色城市建设的弱势和威胁分析

在社会和经济发展的许多方面，保护环境和实现可持续发展已成为中国城市发展的目标。在城市规划和建筑设计中，与保护环境有关的具体措施，如绿色城市建设，增加绿色地面积等已开始逐步实施。然而我们对于城市在可持续发展中的地位和推进城市可持续发展战略的认识依然有限，对 21 世纪新的城市概念、新的城市形态和模式的研究才刚刚开始；已有百年历史的"花园城市"理论仍在毒化人的心灵和全球环境，因为这种城市模式在发达国家和部分发展中国家中实现的同时，全球环境却在继续恶化。片面的绿色城市建设措施不仅不能使城市向可持续发展迈进，而且会掩盖和助长反可持续发展的倾向。以南京市为例，自总体规划调整以来，南京面对城市空间快速发展的形势，积极探讨如何加强绿地系统的建设和保护工作。2003 年南京开始实施"绿色南京"战略，植树造林成效显著，3 年来全市共完成成片造林 64 万亩，造林面积相当于前 20 年的造林面积总和。据农林部门统计，2005 年全市林地面积总量已达 180 多万亩，比 2002 年净增 50%，2005 年全市森林覆盖率达 21%。但由于缺少与城市发展相契合的系统规划，系统性不强，难以最大限度地发挥绿地系统的生态效应和绿地复合功能（何子张，2009）。造成南京绿色空间保护规划失控的原因是多方面的，但从根本上说是由于规划的保护力不能有效抵御对绿色空间的扩张力。在城市空间扩张过程中出现规划的绿色开敞空间不断被城市建设侵占的情况。原因来自于两个方面：一是主城向外扩张的张力，如经济适用房占用规划的绿色廊道；二是新城向主城靠拢的吸引力，如工业园区侵蚀生态绿地等。在行政边界地区，受到相邻地区城市化的威胁，生态系统边缘存在破碎化的问题。从案例可以看出，在绿色城市建设的过程中仍然面对诸多的问题与挑战。

　　首先，我国许多城市的城市规划所划定的绿带宽度较窄，既有农村居民点，又有新建工业小区、住宅区等，而且还面临巨大的开发建设压力。因此，采用"绿色空间"的概念更为合适。绿色空间是指城市及农村建设用地之外的绿色开敞空间，包括绿化用地、河流水面、耕地、园地、林地及其他非建设用地，空间内森林覆盖率达到 50% 以上，绿化率达到 60% 以上，建设用地控制在 20%（闵希莹，2003）。而在南京总规所划定的生态绿化空间内，许多现状并不是纯粹的绿色开敞空间，有的甚至已有相当大的建设量。但在总规的编制中，经常无视或回避现实矛盾，为追求技术上或形态上的完美，盲目套用国外"绿化隔离带"的概念，导致规划的可实施性减弱。例如在绿化隔离带规划中，部分规划对绿地的划定没有充分考虑现状，许多规划绿地内的建筑现状质量尚好，在规划期内改造成绿地的可能性极小；其次，我国尚未形成一个完整统一的空间规划体系，而是采取传统的以生产要素为依据编制专项规划的做法。这些规划也许从某个要素的角度看是合理的，但落实到某个具体的空间，可能将导致面临空间重复和空间冲突等问题。各部门规划的出台和实施往往都是按照各部门的职能划分进行的，由于部门视角和利益的局限性，在具体行动上缺乏统筹和协调，往往难以形成合力，实施效果不佳；再次，绿色城市建设规划并不是实施性规划，还需要落实到控规层面，以实现对空间开发的控制。控规的编制必须考虑总规编制以后的变化，重新考虑现实面临的矛盾。此外，控规编制更加受基层政府利益和市场利益的影响，使得控规并不能很好地落实总规的要求。例如，在绿化隔离带规划中，总规要求该地区以绿色开敞空间为主，但接下来编制的相关规划却没有很好地落实这一要求，大都将该地区作为一般性城市用地考虑，在容积率、建筑密度、建筑高度控制等技术指标方面与总规的目标相背离。根据这样的规划，绿地和水域面积约占 33.4%，与总规既定目标相差甚远，生态隔离作用荡然无存（顾洁，2007）。总规划定的绿色空间没有具体的空间坐标定位，基层政府经常在实施阶段采用模糊策略，在编制详细规划或具体项目决策时进行"变通"。因此，绿色空间在具体建设决策时难以抵御基层压力，在一个又一个具体项目的"变通"实施中，绿地边界节节后退，变得支离破碎。最后，在行政区经济格局下，基层政府行为的空间性主要是基于行政区划分而不是城市规划所制定的城镇空间结构。如近年来南京新增的林地主要以行政单元为单位进行植林，对城镇空间结构的形成缺乏相应的支撑作用，局部林地建设与基本农田保护区还存在矛盾，有待进一步协调。

另一方面，将城市内部资源再生目标排除在外的环境保护行为，包括城市绿化，是造成全球环境破坏的直接原因，是反可持续发展行为的保护伞和催化剂。人类进步还未能使发达地区和不发达地区在资源利用上平等，不发达区域往往成为发达区域的"废物弃置站"和资源能源的供应地，所以不发达区域也是环境破坏最严重的地区。发达地区环境保护和可持续发展的措施使这一情况日益严重。为了保护本地的自然环境而牺牲其他地区的环境不是可持续发展。要实现可持续发展，单是维持本地区的环境质量是不够的。很多时候，个别地区以牺牲其他地区的生态质量来维持自己的环境质量，实行片面和孤立的环境计划，如推行以取悦视觉而不是以生态质量为目标的绿色城市化，不仅改善不了本地环境质素，还不能推动大范围的生态可持续发展，否认城市作为一个生态系统维持内在稳定平衡的重要性，只会导致大范围的非"可持续发展"。基于空间设计的城市规划过于偏重规划的技术性和艺术性，而忽视了规划的政策性。被划为绿带的地区意味着空间发展权被强力控制，如果没有配套的政策对这些地区进行补偿，规划的公平性就会受到强烈的质疑，从而削弱了规划的合法性基础。通过对规划过程的考察发现，宏观层次规划的倡导者一般为上层政府的政治精英和技术精英，在政治权力结构趋于中心化的今天，规划编制的组织者往往只关注上层精英的利益诉求与价值取向，而忽视基层政府的利益诉求。甚至规划编制的组织者基于自身的利益，将规划的"可批性"凌驾于"可实施性"之上，有意无意地排斥意见相左的基层政府的参与，这样的规划在实施过程中就很难得到基层政府的支持。总而言之，人类活动之所以造成环境的破坏，是因为这些活动只注重产出，而忽视资源积累，可持续发展的目标是使人的活动重新回到生态循环过程中。如果这个城市没有尽力去实现资源再生和资源消耗的平衡，仍然依靠牺牲其他地区的生态质量来维持自己的环境质量的话，单靠绿色城市化不可能实现城市的可持续发展。如不对城市的背景与构成进行具体的科学分析，建立有效的建设监督体系和评价系统，盲目进行绿色城市建设，效果将会适得其反。

4.2 全域绿色城市发展定位

4.2.1 绿色城市的产业定位

首先，以绿色经济为目标。当今世界正处于新世纪的巨大变革时期，现代文明形成由工业文明向绿色文明的转变；现代经济生态由资源经济向知识经济转变；现代经济发展道路由非可持续发展向可持续发展的转变。这是21世纪现代经济发展的历史趋势与时代潮流。人类正在迈向开创新世纪现代经济发展的绿色经济时代。"绿色经济"一词源自英国环境经济学家皮尔斯于1989年出版的《绿色经济蓝图》一书。环境经济学家认为经济发展必须是自然环境和人类自身可以承受的，不会因盲目追求生产增长而造成社会分裂和生态危机，不会因为自然资源耗竭而使经济无法持续发展，主张从社会及其生态条件出发，建立一种"可承受的经济"。在绿色经济模式下，环保技术、清洁生产工艺等众多有益于环境的技术被转化为生产力，通过有益于环境或与环境无对抗的经济行为，实现经济的可持续增长。绿色经济的本质是以生态、经济协调发展为核心的可持续发展经济，是以维护人类生存环境，合理保护资源、能源以及有益于人体健康为特征的经济发展方式，是一种平衡式经济。发展绿色经济，是对工业革命以来几个世纪的传统经济发展模式的根本否定，是21世纪世界经济发展的必然趋势。中国应当顺势以生态化、知识化和可持续化为目标，改造现存的资源消耗与环境污染严重的非可持续性的黑色经济，建立和完善生态化的经济发展体制，推动科学技术生态化、生产力生态化、国民经济体系生态化，使21世纪的社会主义中国成为一个绿色经济强国。绿色经济不仅要寻求当代经济发展与生态环境协调的发展途径，而且要使人们的经济活动与发展行为在不危害后代的资源环境需要的前提下，寻求满足当代人对资源环境需要的发展途径，以解决当代经济发展和后代经济发展的协调关系。因此，只有发展绿色经济，才能长期地保持自然生态的生存权和发展权的统一，使生态资本在长期发展过程中不至于下降大量损失，保证后一代人至少能获得与前一代人同样的生态资本与经济福利。绿色经济作为经济可持续发展的代名词，是可持续经济的实现形态和形象体现，它的本质是以生态经济协调发展为核心的可持续发展经济。绿色经济是以生态经济为基础、知识经济为主导的可持续发展模式。绿色经济是对工业革命以来几个世纪的经济发展模式的根本变革，是21世纪世界经济发展的必然趋势。绿色经济的兴起足以说明以可持续发展为标志的绿色文明时代已经来临。"绿化"经济结构、振兴绿色经济，将成为历史的必然、时代的趋势（邓德胜等，2004）。所以绿色城市的建设，时时处处要以绿色经济为目标，进一步推进绿色城市化的实现。

其次，以绿色生产方式为基础。绿色生产（Green Production）是指以节能、降耗、减污为目标，以管理和技术为手段，实施工业生产全过程污染控制，使污染物的产生量最少化的一种综合措施。应当建立绿色技术支撑体系，积极引导企业采用清洁生产技术，引进与转化一批先进的绿色生产技术，建立现代生态工业园区，大力发展绿色生产，加快发展一批绿色产业；充分利用得天独厚的资源优势，大力发展森林旅游、清洁能源、生物医药、绿色食品、生态农业、环保产业等绿色产业；精心培育一批绿色企业，积极引导和扶持有品牌优势和发展潜力的企业，按照生产经营生态化、产品绿色化的方向和目标，采用绿色技术，进行绿色管理，开发绿色产品，开展绿色营销，实现企业的"绿色再造"和"绿色转型"；开发绿色产品，加大骨干产品的开发力度，健全质量标准体系建设，确保绿色食品的天然、营养、保健品质；力争获得一批绿色认证，创造条件，加大企业绿色营销力度，开发适销对路的绿色产品，使企业国内销售赢得更大市场，为出口赢得更多市场机会。

4.2.2 绿色城市的功能定位

城市功能(City Function)，亦称城市职能，是指城市在一个国家或一个地区所承担的政治、经济、文化等方面的任务和所起的作用。城市是由多种复杂系统所构成的有机体，城市功能是城市存在的本质特征，是城市系统对外部环境的作用和秩序。城市主要功能有：生产功能、服务功能、管理功能、协调功能、集散功能、创新功能。城市功能是主导的、本质的，是城市发展的动力因素。绿色城市的功能作用主要分为以下几个方面：

4.2.2.1 经济功能

能够提高经济活动的环境效率，降低每个单位经济活动环境成本，促进城市与区域范围内可持续工业的发展，支持社会发展可持续性。发展环境保护产业能为地方居民增加就业机会，更为高效的经济空间规划能够协调人口、资源、环境与经济之间的关系，做到整体最优。高新技术产业和第三产业的发展能够促使城市职能更新，提高城市经济的活力，交通规划的实施能够促使城市经济运行流畅，实施绿色商标产品工程，提倡绿色消费，能够转变传统的消费观，避免资源的浪费，实行可持续商业行为市场化和环境税收政策能够使资金机构实行长期投资战略，改变短期行为。

4.2.2.2 文化功能与服务功能

社会文化作为绿色城市建设的一个重要考察标准，对城市文化的转变有着重要的作用，主要考察城镇登记失业率，城镇居民基本养老保险覆盖率，城镇居民基本医疗保险覆盖率，城镇居民最低生活保障标准，城镇职工失业、工伤、生育保险覆盖率，保障型住房建设计划完成率，城市文化、体育、娱乐设施普及率，城市历史风貌保护措施是否完善，风景名胜区、文化与自然遗产保护及管理是否合理等。绿色城市的建设，一是改善环境卫生，消除过分拥挤嘈杂、疾病流行的恶劣环境；二是创造和谐美观的环境，给人们以舒适愉快的享受，满足人们的精神需求；三是保护自然环境，把城市建立在具有良性生态循环并与大自然协调一致的基础上；四是保护历史文化环境和历史文化要素，提高环境的文化内涵（仇保兴，2004）。文化是人类文明的载体。绿色城市倡导保护、发掘和发展城市历史的、地域的、传统的、民族的、风俗的和当代的多元文化，倡导以创新的方式来实现文化的完整性、连续性、包容性和文明性。文明多样的个性文化是城市各具特色和风貌的基础。绿色城市同时要求抢救逐渐消亡的历史文化。在人类物质文明高度发达的今天，一个文化缺失的城市是没有任何长久竞争力的，其结果和未来是不可想象的，也是绿色城市本质上所不能容忍的（柯林，2003）。

4.2.2.3 创新功能

无论是建设绿色城市、节约型城市还是发展循环经济，技术创新都是最为深厚的基础工程。发展循环经济是建设节约型城市、绿色城市的核心内容。循环经济的实施必须拥有高新技术。技术创新是资源投入减量和废弃物资源化的基础，没有科技成分的资源投入减量只能是偷工减料、降低产品质量，没有高新科技含量也无法深度开发利用现有的大量废弃物。至于像卡伦堡科技工业园区那样的资源利用循环系统，其之所以能够通过企业间的物质集成、能量集成和信息集成形成产业间的代谢和共生耦合关系，更是必须以科技创新和工艺流程创新作为基础。城市设计经历了从最初解决城镇环境质量问题到根据全球环境变迁开始更多地考虑了与自然环境的相关问题的转变，并探索新一代的、基于整体和环境优先的城市设计思想和方法，即绿色城市设计（王建国，1997）。在城市空间营造方面，尊重城市成长的内在规律性，塑造可以持续适应城市功能动态变化的空间模式，尽最大可能减少城市演替带来的"大拆大建"造成不必要的资源浪费，把城市空间的静态使用与动态适宜性高度统一起来。同时，按照地区级、街区与社区级以及建筑单体不同层面，遵循不同的设计原则与手法，综合应用绿色设计技术，并在微观层面倡导和应用绿色建筑模式，使用节能保温材料，提升太阳能技术、隔热技术、通风技术，严格执行建筑节能设计相关标准，把绿色城市设计的理念落在实处。发展高科技产品，从国家利益的角度看是降低本国资源消耗的重要途径，也是防止我们这个发展中国家不至于成为发达国家的垃圾场的战略措施；从世界的角度看是为替代落后产品、促进世界文明发展作出贡献。说到底，保护生态环境，建设绿色城市，技术创新是根本。中国是发展中国家，比起发展循环经济更为根本的是发展知识经济，即发展主要靠知识投入的产业，如生物工程、软件、新材料、新能源等高附加值的高新技术产业。发展知识型经济，发展高新产业，不仅仅因为从投入产出比来衡量是最节约、最高效的，而且还因为这样将有利于优化我们的整个经济结构，加速经济转型。倡导绿色城市设计，就要求在城市物质环境层面，更加考虑人类住区与自然生境的高度协调，注重自然环境的保护、城市效率的提升，加大公共交通的配给、绿色基础设施的完善、城市功能混合性的提高。

4.2.3 绿色城市的性质定位

城市性质(Designated Function of City)是指城市在一定地区、国家以至更大范围内的政治、经济与社会发展中所处的地位和所担负的主要职能。城市性质由城市主要职能所决定。城市的性质应该体现城市的个性，反映其所在区域的政治、经济、社会、地理、自然等因素的特点。欧美绿色城市主义强调的是城市可持续发展的思想。绿色城市具有多种表现形式，体现在不同国家、不同城市的各个层面，如城市形态、土地利用、交通模式及城市的经济和管理手段等。在此基础上，绿色城市在强调城市内部结构关系、城市与自然关系的同时，又涉及了城市中人与人的关系。可见，"绿色城市"是一个动态的概念，随着不同的时代背景而不断丰富提高。绿色城市具有合理的绿地系统、广阔的绿色空间、较高的绿地率和绿化覆盖率，环境(空气)质量优良，园林景观优美；绿色城市基础设施完善，自然资源受到妥善保护和合理利用，环境污染被有效控制，能量和物质的输出与输入达到动态平衡，自然生态和人工环境完美和谐；绿色城市进行绿色生产，城市经济高效运转，与城市环境协调发展；绿色城市崇尚绿色生活，人居环境良好，社会和谐进步；绿色城市文化繁荣，具有浓厚的地方特色和独特风貌。可见，绿色城市是环境、生态、经济、社会和文化高度和谐、可持续发展的城市。绿色城市的本质是生态城市，能量和物质的输入与输出达到动态平衡，"自然、社会、经济"协调发展，需求欲望与物质财富相适应，是人类进步理念在人居环境建设与发展中的体现。建设绿色城市是要实现经济社会与自然同步发展的战略目标。绿色城市是当代世界城市发展的主流，它不仅仅着眼于城市的生态环境等外在的视觉形象，更注重城市的绿色文明、绿色经济、绿色生态等丰富内涵，体现人类可持续发展的理念。一方面经济和社会要加快发展，就要消耗大量的自然资源。另一方面，高速的经济发展使城市面临土地空间、能源资源、人口重负和环境容量等"四个难以为继"。这种矛盾如何解决？最好的答案是发展循环经济。循环经济从其价值目标到"3R"原则，都非常吻合人类社会可持续发展的战略目标，其主要特点就是节约资源，回收废物，保护生态，减少环境破坏。这就为在经济社会快速发展的基础上建设绿色城市，找到一条康庄大道。因此，建设绿色城市应该把发展循环经济作为核心内容。既然绿色城市要为人类迈向未来的绿色文明进程提供发展空间，那么其应必备以下条件：第一，要保护自然资源，依据最小需求原则来减少甚至消除废物的产生，并对不可避免产生的废弃物进行循环再生利用；第二，要关注人类的健康，提倡人类在自然环境中生活、运动、娱乐并食用绿色食品；第三，要拥有广阔的自然空间以及与人类和谐共处的其他物种；第四，要基于想象力、创造力以及与自然的关系，按美学原则对绿色城市的要素进行规划安排；第五，要为人类提供全面的文化发展机会并使其充满欢乐与进步。根据以上条件，绿色城市应该成为生物材料和文化资源以最和谐的关系相联系的凝聚体，能量的输出与输入能够实现平衡，在自然界中具有完全的生存能力，甚至可以输出剩余的能量而产生新价值。如果可以构建一个绿色城市指数对绿色城市进行量化，则绿色城市应该是无论从当地还是从世界范围来评估都能得到高分的城市，也就是说，在享受当地新鲜空气和洁净水源的同时，绿色城市的居民也要避免给其他国家或地区的居民带来负面的外部性，从而实现城市真正意义上的绿色发展，成为集可持续、健康、富裕特征为一体的城市的综合体。绿色城市设计理论剔除了以往城市设计理论中的人类中心主义成分，建立在生态哲学的基础上，设计基于系统和谐的城市审美价值体系、生态和谐与社会公平的城市设计原则、学科开放与可持续发展的设计理念、生态优化与景观协调的城市特色塑造方法和生态特色可持续性的建筑创新手法，强调多种因素的动态协调与有机统一，追求经济发展、社会平等和环境保护等多方目标，力图实现城市多功能相互协调、多种价值体系综合优化，使自然、经济、社会和文化多因素动态平衡与协调统一，建立高效、和谐、健康、可持续发展的人居环境。综上所述，绿色城市的建设要求将其定性为以绿色经济建设为主，工业发展与农业生产相结合，第三产业蓬勃发展，与各大交通港口紧密相连的，具有生态意义的综合性城市。

4.3 绿色城市建设重点与推进措施

绿色城市还是一个新生事物，迄今为止，全球还没有一个公认的真正意义上的绿色城市，也没有一个公认的定义和清晰的概念。近 10 年来，国内外许多学者从不同的角度分别对绿色城市给予了研究或定义。有些学者用自己的指标体系来表述绿色城市；有些学者认为绿色城市根本上就是人类自然主义者想象的大地绿化和自然化；有些学者认为绿色城市等同于园林城市、生态城市、可持续发展城市或森林城市等其他相关的理想城市概念，只是用了不同的语言表述而已；有些学者认为社会、经济和环境的各个环节生态赤字为零的城市才能称之为绿色城市，等等。

4.3.1 构建绿色城市的必要性

城市是人类聚居的主要载体之一，是人类经济、政治和精神的活动中心。城市不仅是一个物质环境的实体，还是一个社会文化环境的实体。创造良好的社会环境，促进社会环境的生态化是建设绿色生态城市不可缺少的一方面。绿色城市是可持续发展的客观要求，具有强大的生命力。建设一个人口、经济、环境、社会服务相协调的绿色生态城市，是人类的理想追求。

建设绿色生态城市是可持续发展的客观要求。"可持续发展"作为一个全球性的发展战略，在当今世界越来越受到各国政府的重视。人类享有追求健康而富有的生活的权利，但在发展中应坚持环境、社会、经济三者的和谐统一，而不是凭借人们手中的投资采取耗竭资源、破坏生态、污染环境的方式来追求经济的发展，当代人的创造和追求现代发展与消费的时候，应当努力做到使自己的机会与后代的机会相平等，不允许当代人一味片面地追求短期的超高速发展与消费而剥夺后代人本应合理享有的同等发展与消费机会。具体而言，可持续发展就是使环境、经济、社会协调发展，资源能科学利用，由此可以看出，走可持续发展之路，建设经济与环境协调发展的城市，保护自然环境，高效组织社会生活有着十分重要的意义。

绿色生态城市要有健全的绿地系统和稳定的绿色文明的社会环境，使人们身心健康、安居乐业，这正是人类的理想追求，也是人类社会发展的客观需要。

4.3.2　绿色城市的设计原则

绿色城市设计的内涵分为两个方面。第一，是对绿色城市的设计；第二，是结合生态可持续发展进行的城市设计。绿色城市设计的原则主要有：第一，尊重场地特征，场地特征包括实体的地形地貌，也包括地域文化等社会因素，绿色城市设计要因地制宜，对自然山水格局进行补偿建设，保证植被覆盖率，做好绿色城市设计的基础工作，另外，要在城市设计环节中，留有一定的文化空间，使生存环境和精神环境都能得以保存。第二，绿色城市设计要遵循整体性原则，设计者要兼顾到经济、社会、生态的整体效益，在满足经济发展的同时，对生态环境进行宏观把握。第三，城市系统有其一定的复杂性，在进行绿色城市设计时要对城市土地、交通、公共设施等逐一考虑。第四，设计出的绿色城市要适宜广大群众居住，能对身心健康产生一定的积极作用。第五，设计过程中，不能只靠空想，而忽视实际，要着重设计出可实施性高的最佳生态方案。

4.3.3　绿色城市的建设重点

绿色城市设计研究的要点是：在城市设计这门古老而又常青的学科专业分支上，遵循"可持续发展"思想，运用整体优先和生态优先的绿色原则，进一步完善现代城市设计理论和方法，推进我国城市设计领域自身的深化和拓展进程。

在实际操作层面，绿色城市设计主要根据城市规划建设具体案例的不同规模层次，运用综合性的、切合地域特点和社会经济发展条件的技术和方法，解决基于自然系统和人工系统共生协调的城市建设发展模式问题，努力创造一个阶段性科学合理、体现对长远利益和整体利益"终极关怀"的良好城市环境。建设绿色城市是一次重大的发展战略转型，需要全社会进行全面深刻改革，系统整体推进。为此，应采取以下六大战略措施推进这种战略转型，促进社会、经济、生态的可持续发展：

(1)进一步加强市级单位统筹扶持力度，实施重点开发战略；

(2)尽快建立利益补偿机制，形成生态环境建设的良性循环；

(3)全面构建良好的发展环境，强化外部力量的推动；

(4)加紧培育绿色主导产业群体，奠定绿色城市发展的产业基础；

(5)适时推进政府管理体制创新，树立良好的政府形象；

(6)全面提高人力资本素质，增强发展后劲。

4.3.4 建设绿色城市的推进措施

第一，形成广泛普及的生态文化是绿色城镇化的第一要义。实现城镇化进程绿色转型，首先要在发展理念上进行变革，中小城镇政府部门负有结合本地区实际情况面向社会公众宣传生态文化的责任，推进全社会普及生态文化，特别是要培育政府领导以及公众的生态价值观，改变传统的发展理念和生产、消费观念。

第二，确保生态环境健康安全是绿色城镇化的核心内容。城镇化进程中必须以维护当地自然生态格局稳定、功能协调为基础，要与当地环境和资源的承载能力相协调，保证对当地生态服务的持续供给，确保环境健康安全。

第三，建设生态人居是绿色城镇化的内在要求。绿色城镇化的本质是"以人为本"，让人们生活得更加幸福和快乐，一方面要求建造舒适宜居、环境优美的生活环境；另一方面要推动建筑的低碳化、节能化，推广绿色建筑。此外，需要做好重点小城镇污水网管等环境基础设施建设与改造。

第四，践行绿色生活是绿色城镇化的基本内涵。绿色城镇化建设首先是人的生活行为的绿色化，实施绿色城镇化要求公众改变过去不合理的生活方式，选择公共交通等低碳出行方式，杜绝过度消费、异化消费，在消费过程中选择绿色产品，厉行节约、低碳的绿色生活。

第五，产业生态化是绿色城镇化的物质基础。产业体系是城镇化的物质基础，从国际上看，绿色城镇化与工业现代化进程以及环保产业发展水平密切相关。优化产业结构、发展循环经济和环保产业、开发"城市矿山"，实施工业生态化转型以及工业过程的生态化设计，实现乡镇企业的经济增长方式由粗放型向集约型转变都是绿色城镇化进程中的客观需要。

第六，缺乏完备的绿色基础设施就谈不上绿色城镇化。科学规划小城镇公共服务设施建设，推进大中小城镇基础设施一体化和网络化发展，建立集约、高效、智能的绿色基础设施，为城镇化过程中的人口提供配套优质的公共服务。

第七，形成绿色城镇化的配套支撑能力是保障。绿色城镇化支撑体系是绿色城镇化战略实施的根本保障。主要包括生态法律制度、生态科技以及人才能力建设等。要实施有利于绿色城镇化的法律政策机制，包括形成体现环境资源成本的价格机制，环境公共服务均等化、生态物业资产管理、生态占用补偿、生态环境绩效考核、战略环境影响评价、城镇生态环境总体规划、生态激励机制等。要加强科技创新投入，加大环境保护机构能力建设，形成与绿色城镇化相匹配的科技和环保能力。

4.3.5 我国绿色城镇化过程的对策

4.3.5.1 以生态文明理念为引导

要将"绿色、低碳、循环"的生态文明核心思想融入全过程，无论是在绿色城镇化战略顶层设计，还是在空间布局、政策制度设计中均要体现该思路，这是我国绿色城镇化建设的理论根基和前提。

4.3.5.2 借鉴成功经验，防止犯同类错误

结合区域发展总体规划和主体功能区划，积极挖掘现有中小城镇发展潜力，优先发展区位优势明显、资源环境承载能力较强的中小城镇。有重点地发展小城镇，把有条件的东部地区中心镇、中西部地区县城逐步发展为中小城市。避免脱离产业基础的"过度城镇化""拉美式陷阱"，也要防止过度利用"土地红利"，将城镇化变为"房地产化"等问题的出现。

4.3.5.3 重视空间格局优化

遵循城镇化发展客观规律，按照城乡统筹、合理布局、完善功能的原则，以城市为依托，以中小城镇为重点，逐步形成辐射作用大、各城镇优势互补、协同共生的绿色城市群。城镇化发展方向定位要与全国主体功能区区划、生态空间格局区划相协调。城镇化要严控耕地红线、严守生态红线。

4.3.5.4 坚持以民为本原则

要突破过去仅重视产业增值、经济增量、土地财政、增强基建等"物"的建设。宣教传播生态文化，加快面向大众的城镇公共文化教育设施建设。以绿色人居建设为核心，关注公众的生存与发展，重视城市绿化和公共活动空间建设。加强对农民工流动人口的人文关怀和服务，逐步将城镇基本公共服务覆盖到农

民工。

4.3.5.5 绿色城镇化战略重在质量

城镇化速度要综合考虑城镇资源环境和人口承载能力，优化生产力布局，形成合理的城镇体系和国土规模、资源分布、发展潜力相适应的人口布局。在绿色城镇化进程中，要创造绿色就业机会，完善绿色人居环境，提升城镇化质量与水平。

4.3.5.6 实现环境公平与发展效率兼顾

要稳步有序推进农业转移人口成为城镇居民，把城镇稳定就业放在首位。充分尊重农民在进城或流向问题上的自主选择权，确保城镇居民的环境权益，保障公民环境健康，提供周到的环境公共服务。

在长期的发展过程中，我国城镇化存在诸多失衡和不可持续问题。当前我国城镇化在高速发展过程中涌现出一大批超级城市和特大城市，中小城市发展明显不足。通过这些问题，找出相应的对策，才能更好地实施绿色城镇化。

4.4 绿色城市建设技术支撑体系

4.4.1 绿色城市设计

城市设计是跨越城市规划、园林建筑学和建筑学三个学科之间的一个独立的学科。城市设计是"以阐明城镇建筑环境中日趋复杂的空间组织和优化为目的，运用跨学科的途径，对包括人和社会因素在内的城市形体空间对象所进行的设计研究工作"。20世纪70年代以来的城市设计，以"绿色城市设计"为主流。绿色城市设计通过把握和运用以往城市设计所忽视的自然生态的特点和规律，贯彻整体优先和生态优先准则，力图创造一个人工环境与自然环境和谐共存的、面向可持续发展未来的理想的城镇建筑环境。绿色城市设计溯其渊源与早期的"花园城市（Garden City）""有机疏散（Organic Decentralization）"及"广亩城市（Broadacre City）"在思想上有一定的内在相关性，与以往相比，绿色城市设计更加注重城市建设内在的质量而非外显的数量，它追求的是一种适度、温和而平衡的"绿色城市（Green City）"，主要代表人物有麦克·哈格、西蒙兹、荷夫、杨经文、皮阿诺、罗杰斯等。进入21世纪，"绿色文化"更是成为生态时代、信息时代人居环境建设关注的焦点。绿色城市设计的生态学目标是保护自然生态学条件和生物多样性，在城市地区修复生态环境，保护生态敏感区，减少人工建设对自然生态环境的压力。具体实施原则包括：做好生态调查，并将其作为一切城市开发工作的重要参照，协调好城市内部结构与外部环境的关系，在空间利用的方式、强度、结构和功能配置等方面与自然生态系统相适应，根据生态原则来利用土地和开发建设；城市开发建设应充分利用特定的自然资源和条件，使人工系统和自然系统协调和谐，形成一个科学、合理、健康、完美而富有个性的城市格局。

4.4.2 绿色城市设计面临的挑战

绿色城市设计相对于传统城市设计而言，从原来的重经济转变到重生态环境，从单一的由规划、建筑人员完成转变到由规划师、建筑师与生态学家、经济学家、社会学家、工程师等多学科队伍共同完成，因而涉及地理要素、生态资源环境和社会经济等多方面的数据，而且由于在城市设计领域规划、决策、管理等部门工作方式的交叉与综合，数据之间的关系将变得更为复杂。更重要的是，在对自然资源的开发利用上，"绿色城市设计"强调科学的管理、精确的定量分析和可靠的预测，因此对统计数据与现状图件的综合分析要求必然大大提高。

4.4.3 绿色城市的设计体系

4.4.3.1 发展要素

经济、社会、环境是城市发展的载体和支柱。从城市支撑体系的角度分析，要实现城市绿色发展，一是要实现经济体系的绿色化，重点在于产业结构、生产生活方式和与绿色发展相关的服务支撑体系的绿色化。二是要实现社会环境的绿色化，重点在于加强政府的宏观管理，完善绿色发展相关的政策法规，加强企业诚信、社会责任体系建设，注重对居民观念和意识的引导。三是要实现环境领域的绿色化，重点在于资源能源供给利用的绿色化，同时加强废弃物的吸纳、降解、再供给能力，并减少污染物排放等。资源能源是城市运行、发展的基础和动力，贯穿于城市经济、社会、环境三大支撑体系的各个环节。从资源能源利用的角度分析，城市的绿色发展主要由资源能源供给领域、消费领域和废弃处理及再利用领域构成。城市要实现绿色发展，一是要注意控制源头，重点在于调整资源能源利用结构，减少对能源结构中仍占主导地位的化石燃料的依赖，鼓励开发新能源，以实现能源资源利用的清洁和可再生。二是要加强过程管理，重点在于优化产业结构，在充分考虑地方实际情况的基础上重构工业体系，并大力发展绿色建筑、清洁交通、节能清洁发电等绿色产业，倡导绿色消费模式，以实现生产生活方式的高效、低碳和再循环。三是要注重末端治理，重点在于通过科学规划和管理，增加城市碳汇，加强碳捕捉、封存等技术的研发，加大污染物、废弃物处理和再利用的力度，以实现末端清洁、无害、低碳以致零碳。要实现资源能源利用和城市支撑体系的统筹协调，需要标准的有效指导、规范和约束。

4.4.3.2 发展标准

　　标准是为了在一定范围内获得最佳秩序，经协商一致制定并由公认机构批准，共同使用的和重复使用的一种规范性文件。标准作为公知领域的技术形态或管理形态，通过对重复性的事务和概念所作的统一规定使标准化对象的有序化程度达到最佳状态，是发展经济、推广和扩散技术及管理方式的重要途径。因此，从国家标准系统的角度分析，城市绿色发展标准应包括：以资源、能源、污染物为基本单位，围绕其生态足迹，进行计量、测算、核查、评估、管理等的一系列标准，以及不以其为基本参考单位，但能够达到或促进节能、降耗、可持续的各领域的相关标准。城市实现绿色发展，应通过标准设定约束指标，系统地引导资源能源合理利用，统筹经济、社会和环境发展的各相关领域，促进产业结构调整，规范和指导产业发展、企业生产、居民消费和提升资源能源再利用能力，从而最终实现产业低碳化、交通清洁化、建筑绿色化、服务集约化、主要污染物减量化、可再生能源利用规模化。

4.4.3.3 基本路径

　　标准对产业绿色发展的引导主要通过实施资源开发使用，新能源、可再生能源、一次能源开采使用的相关标准指导和约束城市从源头上改变输入资源能源的基底，从而加快碳基能源向氢基能源的转变及清洁资源的使用，实现能源利用的清洁化；通过节能环保等技术指标的提升和控污减排等相关指标的约束改变能源消费结构，引导产业结构的优化升级，促进绿色产业体系的构建，实现产业低碳化、清洁化发展；通过实施碳捕捉与封存、碳交易、碳金融以及废弃物清洁化处理、废弃物综合利用等相关标准指导和约束城市的末端输出，实现主要污染物减量化、可再生能源利用规模化。标准对企业绿色生产的引导主要遵循产品生命周期理论，从原材料的开采、生产加工、产品组装和流通、产品销售、产品使用、产品报废后的回收利用等方面进行综合考虑，实现全过程的减量化、资源化、低碳化、清洁化和再利用。同时，通过实施企业诚信标准和社会责任标准，指导和约束企业绿色生产、引导和提升社会绿色发展意识；标准对居民绿色消费的引导主要表现在通过能效标识和低碳标识引导和帮助消费者选择高能效、低排放产品。目前，中国强制性实施能效标识制度，规定凡列入《中华人民共和国实施能源效率标识的产品目录》的产品，应当在产品或者产品最小包装的明显部位标注统一的能效标识，并在产品说明书中说明。消费者在购买产品时，能够从标识中得到直观的能耗信息，比较判断同类型产品哪些型号能效更高、排放更少、使用成本更低。而相对于能效标识，低碳标识还处于探索阶段，已制定的"熊猫标准"作为低碳的推荐标准，正在一些领域逐步应用。

4.4.3.4　体系框架

标准体系是一个以经济和社会事业活动为主的多视角、立体式的分类体系；城市绿色发展的标准体系是一个由各分支体系相互补充、相互作用、相互关联所形成的有机互动整体，是一个嵌入社会管理、经济模式、产业技术、能源结构等各个方面的综合系统。本书所研究的标准体系框架构建主要基于前述分析，综合考虑城市的主要特征，以城市的资源能源输入、城市生产生活、城市末端输出及废弃物再利用的运行体系为载体，依据城市绿色发展的重点要素构建。主要包括：产业绿色发展标准体系、绿色建筑标准体系、绿色交通标准体系、绿色消费标准体系和绿色服务标准体系。这5大体系中包括了能源开采和使用标准体系、资源节约与综合利用标准体系、清洁生产标准体系、生态设计标准体系、污染物排放标准体系、生产性服务标准体系、社会责任标准体系、企业诚信标准体系和产品标准等。资源节约与综合利用标准体系主要包括：能效标准、能耗标准、能量系统优化标准、建筑节能标准、交通节能标准等节能标准，污水资源化标准、用水器具及设备用水效率标准等节水标准，废旧产品回收和再生利用标准、CO_2再利用等资源综合利用标准。

4.4.4　绿色城市建设中的方法运用

4.4.4.1　SWOT分析法

SWOT分析法是战略规划研究的一种分析技术，指的是对于优势、限制、机遇和挑战的分析。该方法近几年来逐渐在国土资源规划、城市战略发展规划、旅游规划等方面得到了广泛应用。通过对SWOT分析方法的分析对象、分析过程和战略对策的生成等内容的解读，以及其在城市规划中的实际应用，该分析方法在城市规划，尤其是城市发展战略研究中起到了不可替代的作用。

近几年来，以目标为导向的城市战略规划方兴未艾。与此同时，全国各省（市、区）的旅游发展规划不断制定和出台，SWOT分析方法在规划中应用的范例也越来越多，然而多数SWOT分析研究只流于形式，缺少明确的目标和准确清晰的分析过程。以下为SWOT分析法中的几个常用方法：

（1）要素交叉分析

①SO交叉分析。自身优势与外部机会各要素间相结合的交叉分析，制定利用机会发挥优势战术。

②ST交叉分析。自身优势与外部威胁各要素间的交叉分析，利用自身优势消除或回避威胁。

③WO交叉分析。自身劣势与外部机会各要素之间的交叉分析，制定利用

机会克服自身劣势的战术。

④WT 交叉分析。自身劣势和外部威胁各要素之间的交叉分析，找出最具有紧迫性的问题根源，采取相应措施来克服自身限制，消除或者回避威胁。

（2）交叉分析结论

将上述对策加以提炼和总结，归纳出核心策略。

4.4.4.2　GIS 的技术支持

（1）CIS 技术分析法

GIS，即地理信息系统（Geographic Information System），是反映人们赖以生存的现实世界（资源与环境）的现状和变迁的各类空间数据及描述这些空间数据特征的属性，在计算机软件和硬件支持下，以一定的格式输入、存贮、检索、显示和综合分析应用的技术系统。

（2）GIS 的功能

GIS 的构成可以简单分为 3 部分：空间数据、空间数据库管理和空间数据库分析处理软件。GIS 是多学科的空间型信息系统。首先是空间数据管理，即地理空间数据（空间位置、拓扑关系、属性）查询与检索。GIS 对多种信息进行数字化，建立空间数据库，并通过操作运算，如格式化、转化、概化等，实现数据的查询、检索。GIS 处理的对象包括反映地理位置的空间数据和描述空间特性的属性数据。将空间数据与属性数据融为一体，这是 GIS 的特征，也是它与其他统计信息系统的根本区别。

其次是空间数据分析功能。GIS 的空间分析功能可用于分析和解释地理特征间的相互关系及空间模式，是基于地理对象的位置和形态特征的空间数据分析技术，其目的是提取和传输空间信息，包括空间位置、空间分布、空间形态、空间关系、空间质量、空间关联、空间对比、空间趋势、空间运动。空间分析是 GIS 的主要特征，也是评价一个 GIS 系统功能的主要指标之一。利用 GIS 的空间分析功能，可以方便、迅速、准确地分析各种不同形式、不同时态的资源环境数据，产生所需要的各种数据。同时空间分析也是各类综合地学分析模型的基础，为人们建立复杂的空间应用模型提供了基本工具。

再次是建立应用模型的功能。所谓模型，就是将系统的各个要素，通过适当的筛选，用一定的表现规则描写出来的简明映象。模型通常表达了某个系统的发展过程或发展结果。对于 GIS 来说，专题分析模型是根据关于目标的知识将系统数据重新组织，得出与目标有关的更为有序的新的数据集合的有关规则和公式。应用模型是 GIS 的高级功能，是智能化 GIS 的基础。

（3）GIS 在绿色城市设计中的应用

在绿色城市设计中，运用 GIS 技术、计算机技术、网络技术，结合生态学、环境科学和地球科学等专业知识建立城市生态资源数据库和应用模型体系，可用来提供设计依据，评价可持续发展的水平，对发展中可能和已经出现的问题进行预测和警示，最后实现对城市设计和工程实施的决策支持。GIS 在绿色城市设计的应用主要体现在以下几个方面：

①前期调研和可行性研究阶段

绿色城市设计所注重的城市生态建设，在方法上强调城市用地的生态控制和以土地适宜性分区为核心的生态规划。运用 GIS 的地理空间数据查询功能，可以在前期调研和可行性研究阶段查询和检索与地理位置相关联的生态环境信息，找出城市中满足环境保护要求的适宜开发地段，并进行该地段的生态因子调查。GIS 处理的对象包括空间数据和属性数据。在绿色城市设计中，空间数据包括城市基础地理信息，如地形图、正射影像、卫片、高程数据等；属性数据包括地貌特征，平原、丘陵、水域等的面积，植被覆盖状况，动植物种类，有价值的风景，人口密度等。在前期调研和可行性研究阶段，可以借助 GIS，便捷、精确、及时地获取与城市地理和自然生态环境有关的信息，为深入进行绿色城市设计提供充足可靠的依据。

②深入设计初期阶段

在深入设计初期运用 GIS 的空间分析功能，可以进行生态因子综合分析和各项专题分析，作出城市可持续发展水平的评价；进行城市土地适宜性分区，如保存区、保护区和开发区；归纳城市生态系统的变化规律，指出城市生态保护的方向。深入的城市设计不仅涉海量的数据，还需要面对大量的分析性工作，试图从外在的空间模式中寻找城市中人的活动与环境的对应关系，揭示城市自然环境的变化规律。GIS 的空间分析功能，如建立缓冲区、拓扑叠加、特征提取、邻域分析等，加大了分析的深度和广度，为绿色城市设计提供了先进的现代化技术手段。以建立一个社区公共绿地与居住人口空间关系的 GIS 分析模型为例，确定城市社区公共绿地定额的主要因素包括：公共绿地的游人容量、城市绿地的排污能力、绿化覆盖率等。其中游人容量对社区公共绿地的选址和设计尤为重要。社区公共绿地的游人主要是社区居民，因此社区人口的增长与分布、居民文化教育程度、年龄结构、距社区公共绿地的交通距离，都是绿色城市设计中必须考虑的因素。在 GIS 技术支持下，通过建立人口和社区公共绿地的空间数据库，进行两者之间一系列的定量分析，就能够科学合理地进行社区公共绿地的选点布局，并结合不同的需求确定社区公共绿地的设计风格。

③深入设计阶段

借助于 GIS 空间应用模型和计算机软件的推理机制，建立绿色城市设计专家系统，取代生态学家和景观建筑师，在深入设计阶段指导城市自然生态景观系统的设计。建立一个 GIS"绿色城市设计"空间应用模型，首先要在实践中不断观察、总结，形成丰富的关于"绿色城市设计"的概念模型，在此基础上用数理统计的方法摸索统计规律，上升到理论模型，再采用综合方法建立实用的分析模型。"绿色城市设计"的概念模型来自于具有专业特长的景观建筑师、城市设计师、城市生态学家、社会学家、经济学家、工程师等的知识和经验，以及在这些知识和经验基础上总结出的一系列规则。概念模型常用来构成智能化 GIS 专家系统的知识库。在使用知识库时，依靠计算机的逻辑判断功能来实现推理演绎，达到反复利用专家的经验、知识的目的，从而为在城市设计中体现绿色思想和生态原则提供决策支持。

总而言之，"绿色城市设计"是人类自身面对已犯过错的积极应答。为实现人类和城市的可持续发展，在当前的实践中贯彻"绿色城市设计"思想已经迫在眉睫。GIS 为"绿色城市设计"提供了强有力的技术武器。通过发展先进的科学技术来完善人类自身的认识能力和实践能力，并在此基础上合理组织人类改造自然的实践活动，是协调人与自然关系的有效途径。在不断满足用户需求的过程中，GIS 自身也经历着不断地发展、成熟和完善。当前的 GIS 已从主要运用空间数据查询功能的"数据库型 GIS"阶段，进入强调空间分析功能的"分析型 GIS"阶段，正在朝着具备空间应用模型的"智能型 GIS"方向发展。虽然目前基于知识库的具有推理演绎功能的智能化 GIS 还处于实验性研究阶段，但这正是实用化 GIS 发展的方向之一。建立 GIS"绿色城市设计"应用模型和决策支持系统，也是对 GIS 实用化的一种探索。

4.5 绿色城市发展政策与机制创新

4.5.1 全面把握绿色发展的总体要求

4.5.1.1 指导思想

全面落实党的十八大和十八届三中、四中、五中全会精神，以邓小平理论、"三个代表"重要思想、科学发展观为指导，深入学习贯彻习近平总书记系列重要讲话精神，牢固树立绿色发展理念，认识、尊重和顺应城市发展规律，坚持城市是有机生命体，统筹人口资源环境发展，统一经济社会生态效益，协同推进新型工业化、信息化、城镇化、农业现代化和绿色化，着力加强生态环境保护、促进绿色产业发展、健全绿色制度体系，不断推进特大城市治理体系和治理能力现代化，加快国家生态文明先行示范区建设，为筑牢长江上游生态屏障、建设美丽中国作出积极贡献。

4.5.1.2 目标任务

生态环境质量明显改善，城市生态承载力不断增强，群众绿色发展获得感持续提升，资源节约型、环境友好型社会建设取得重大进展，努力打造碧水蓝天、森林环绕、绿草成茵、绿色出行、宜业宜居的美丽中国典范城市。

（1）空气质量明显提升。二氧化硫、氮氧化物、挥发性有机物等主要大气污染物排放总量明显下降，空气质量优良天数稳中有升，冬季重污染天数大幅减少。

（2）水环境质量明显改善。污染严重水体大幅减少，饮用水安全保障水平持续提升。改善主城区水环境质量，全面建成环城生态区湖泊水系。

（3）生态安全格局加快完善。区域大绿隔体系初步形成。全市土壤环境质量得到改善，森林覆盖率、中心城区绿化覆盖率提高，人均公园绿地面积进一步扩大。

（4）绿色出行更加便捷。初步形成地上地下多网融合的公共交通体系，以地铁为主的轨道交通成为主要出行方式，交通拥堵问题得到明显改善。

（5）城市功能品质明显提升。城镇空间布局更加合理，"双核共兴、一城多市"网络城市群和大都市区发展格局基本形成，城市功能不断完善，城市人文魅力更加彰显，城市治理体系和治理能力现代化水平明显提升。

（6）绿色经济发展取得明显成效。绿色低碳循环发展产业体系初步建立，战略性新兴产业、高端成长型产业和新兴先导型服务业比重明显提高，重点行业单位增加值能耗、物耗及污染物排放水平持续下降。

（7）绿色发展体制机制基本完善。生态文明体制改革取得阶段性进展，生态环境地方性法规、标准和技术规范体系基本形成。绿色价值取向在全社会普遍形成，绿色低碳生活方式和消费模式成为社会风尚。

4.5.2　加强生态修复和环境治理

4.5.2.1　有效改善空气质量

（1）推进工业减排。加强火电、水泥、平板玻璃、石油化工等重点行业污染治理，推进燃煤锅炉综合治理，实施工业锅炉、窑炉清洁能源改造，严格控制煤炭消费总量，大幅削减二氧化硫、氮氧化物、挥发性有机物排放总量。

（2）防治扬尘污染。积极推行绿色施工，严禁开敞式作业，不断提高散装水泥使用率，建设工地实行扬尘在线监测。深化道路扬尘综合整治，全面落实渣土运输车辆密闭和监控措施，推行道路机械化清扫等低尘作业方式。

（3）加强尾气治理。推行车、油、路协同管控，加强机动车尾气环保检测和治理，加速老旧机动车淘汰，加快推进低速汽车升级换代，推广清洁能源汽车，全面推广车用燃油国五标准，开展非道路移动机械污染控制。

（4）严禁露天焚烧。强化高污染燃料禁燃区监管，严格管控露天焚烧秸秆、垃圾、落叶等行为，推动秸秆综合利用。划定禁止露天烧烤食品区域，逐步提高餐饮油烟净化率和在线监控率。加大违法燃放烟花爆竹行为查处力度。

（5）建设城市通风廊道。构建"6＋X"通风廊道系统，引导软轻风贯穿城区，联通建设区内河道、公园、绿地、道路等通风能力较强的区域，沟通生态冷源，促进空气交换，缓解热岛效应。

4.5.2.2　加强水生态环境建设

（1）加强水环境治理。坚持生产、生活、生态用水"三水共治"，实施"源头截污、过程阻断、末端治理"全过程治理，实施河道综合整治与生态修复，严控污染物排放量。加强水污染防治设施建设与升级改造，重点对主城区、城乡结合部以及现有合流制排水系统实施污水截流收集、雨污分流、初期雨水收集改造。推进水系跨区域联防联治。

（2）提高防洪治涝能力。完善城市防洪排水系统，规划建设深隧道排水系统，开展中心城区低洼易涝区综合治理与雨水管网系统改造，新建城区严格按照内涝防治标准进行排涝系统设计、建设。建立健全城区暴雨内涝监测预报预警系统，提高防汛指挥科学决策与调度水平。积极推进山洪灾害防治区防洪治理工程建设。

（3）保障城乡供水安全。严格饮用水水源地保护，加快水源工程建设，启动第三水源建设。加强地下水资源保护，严控地下水超采。强化重点生态功能水体保护。推进城乡配套输送水管网建设，实施农村饮水安全巩固提升工程。

4.5.2.3　着力夯实绿色本底

（1）筑牢绿色生态屏障，构建生态安全格局，夯实生态本底。严守生态保护红线，确保生态功能不降低、面积不减少、性质不改变。加强森林、湿地生态系统保护建设，构筑生态屏障，巩固退耕还林成果，加强生物多样性保护。

（2）提升城乡绿化水平。改造提升绿化景观，构建"一区两环、十五廊七河、多园棋布"总体绿化格局，提高绿地率。推进集中建绿、身边增绿，加快建设公园绿地系统。发展立体绿化，推行屋顶绿化、棚架绿化、破墙透绿、立交桥绿化，丰富城市空间绿色层次。加快绿道建设，建成全域覆盖的三级绿道网络，串联城乡绿色空间。深入实施"增花添彩"工程，加快建设一批观花、赏叶、闻香、品果走廊和基地。

（3）强化土壤污染防治。贯彻落实《土壤污染防治行动计划》，实施建设用地土壤环境质量准入管理，防范人居环境风险。严控新增土壤污染，开展重点行业强制性清洁生产审核，实施耕地质量保护与提升行动，促进农业生产化肥和农药减量控害，防止水稻田等具有保护价值的人工湿地面积减少和污染。推进粮食生产基地、菜篮子基地、集中式饮用水源保护地重金属和有机物污染土壤治理修复。开展涉重金属污染企业搬迁迹地、垃圾填埋场等综合治理和修复试点。开展土壤污染调查，加强土壤环境监测预警，建立土壤环境管理数据库和区域污染防治信息管理平台。

4.5.3 提高城市发展品质

4.5.3.1 推进绿色城镇建设

（1）优化城市空间布局。推动城市空间形态从单中心向双中心、从圈层状向网络化的战略转型，推动空间结构与城市规模、产业发展和生态容量相适应，构建"双核共兴、一城多市"的网络城市群和大都市区发展格局。进一步优化市域城镇体系，建强"中心城区"和"天府新区核心区"两大极核，按照"独立成市"理念推进卫星城建设，同步推进小城市、特色镇建设，连片推进"小组微生"新农村建设。拓展城市外部空间，提升城市联动发展水平。

（2）建设海绵城市。以"自然积存、自然渗透、自然净化"为原则，全面实施海绵城市"五大工程"，合理采取"渗、蓄、滞、净、用、排"等措施，逐步实现城区小雨不积水、大雨不内涝、水体不黑臭、热岛有缓解。

（3）建设地下综合管廊。加快推进"双核十四片"综合管廊建设，形成国内示范、引领西部、规模适中、分片成网的现代综合管廊系统，搭建管廊信息平台，实施管网智能监测。支持有条件的区(市)县建设综合管廊。

（4）打造绿色街区。全面推行"小街区规制"，统筹规划控制街道宽度、路网密度、用地尺度，完善生活配套，形成相互融合、脉络通畅、宜业宜居的有机小街区，提升微循环、增强通透性、体现人情味，延续城市发展文脉。以复合用地功能为支撑，就近完善城市公共配套，促进区域职住平衡。适度增加开敞空间，减少街道、广场等开敞空间的地面硬化。

（5）推广绿色建筑。严格执行建筑节能强制性标准，注重建筑文化风貌，提升建筑品质。在旧改、棚改、立面综合整治等工作中同步实施建筑节能改造。推进建筑工业化，提高装配式建筑比例。

（6）完善市政设施。优化完善水、电、燃气、公安、消防、园林、环保、通讯等市政公共设施，规划建设一批大型文体公共服务设施。加强生活垃圾、餐厨垃圾、建筑垃圾、医疗废弃物、危险废弃物、污泥处置等设施建设和运行管理，完善生活垃圾转运站、公共厕所、农贸市场、公共停车场等配套设施，加强城市道路桥梁等市政设施维护管理。

（7）建设美丽乡村。坚持"宜聚则聚、宜散则散"原则和"四态合一"理念，加强乡村规划设计，优化村落和人口布局。推进新农村综合体建设，打造"业兴、家富、人和、村美"的幸福美丽新村。推进农村生态扶贫，实施农村畜禽养殖、农业生产等面源污染治理，加强农村绿化美化，注重乡村文化保护传承。

4.5.3.2 构建绿色交通格局

（1）建设综合交通枢纽。加快构建"空、铁、公、水"四位一体的现代立体交通网络体系，打造畅通连接全国、通达全球的综合交通枢纽，打造国际空港枢纽城市和国际铁路枢纽城市。加快构建高铁交通圈，统筹建设铁路网，打造国家高铁枢纽城市。完善高速路网，推动形成国家区域高速公路枢纽城市。深化与港口城市的合作，构建通江达海的铁水、公水联运系统，打造国际性区域通信枢纽城市。

（2）建设轨道交通大都市区。坚持以轨道交通引领城市发展格局、主导绿色交通发展方向，强力推进轨道交通加速成网计划，推动地铁、市域铁路、有轨电车等多网多制式融合，有效缓解交通拥堵，出行畅通便捷安全。加强与周边城市轨道交通对接，加快形成城市群轨道交通网络体系。

（3）深化公交都市建设。构建中心城区与近远郊区（市）、县便捷高效、通达有序，地上地下无缝衔接、立体换乘的公共交通运输服务体系。推动市域铁路公交化运行，形成铁路公交化运营网络。发展大容量公交和微循环公交，提高公交调度效率，提升线路接驳能力。规划建设"P+R"停车场。深化"人+绿道+自行车"慢行交通系统建设。实施"互联网+公共交通"，加快构建智能交通体系。

4.5.3.3 提高特大城市治理水平

（1）推进依法治理。强化立法顶层设计，研究制定《城市综合管理条例》等地方性法规，加快构建适应国家中心城市建设需要的城市法治框架体系。加强法治文化培育和社会信用体系建设，推动政府依法行政、企业合法经营、市民守法自律。深入推进平安城市建设，健全治安防控"五张网"，完善立体化社会治安防控体系，运用法治思维和法治方式化解社会矛盾，确保城市安全、社会安定、市民安宁。

（2）推进系统治理。加快推动城市从传统"管理"向现代"治理"转变，深化行政体制改革，转变政府职能，协同推进简政放权、放管结合、优化服务，构建政府、社会、市民等多方参与、多元共治的现代治理体系。加快推动城市治理重心下沉，加强基层群众自治组织和社会组织培育，不断提升网格化、精细化、标准化、常态化治理水平。

（3）推进智慧治理。加强城市感知系统建设，构建智能交通、智能建筑、智能地下管网、智能城管、智能安全保障为一体的智能化城市基础设施运行管理体系。完善城市智慧管理服务，强化大数据的归集、发掘和利用，推进医疗、教育、养老、就业、社保等领域智慧应用和示范推广。创新政府行政管理手段和服务方式，建立完善的企业与政府、市民与政府、安全与政府互动平台，促进城市服务网、民生网、安全网"三网合一"，营造一流的营商环境和政务服务环境。

4.5.4 推进经济绿色发展

4.5.4.1 加快产业绿色化转型

加快建设国家重要的先进制造业中心。推行绿色生产方式，建设绿色工厂，发展绿色园区，打造绿色供应链，探索开展绿色评价，实现生产低碳化、循环化和集约化。加快淘汰落后产能，推动产业业态互补、高中低端协同融合发展。大力发展新兴先导型服务业，提高生产性服务业比重，提升生活性服务业质量，加快建设国家服务业核心城市。提升农业组织化、品牌化、资本化水平，增强农业基础性、战略性、生态性功能，推动农业向集约式、经济型、现代化转变。

4.5.4.2 积极发展绿色产业

加快节能环保装备制造和服务业基地（园区）建设，推进新津双流资源综合利用基地建设。加快太阳能光伏发电、水电、核电、页岩气等新材料、新装备研发和生产，发展节能与新能源汽车产业。优化全域旅游空间布局，统筹推进国际旅游度假区建设，培育发展特色旅游业态，加快建设世界旅游目的地城市。推进重大项目建设，提升国际文创产业品牌，打造国家音乐产业基地、艺术品原创基地、动漫创意产业基地，培育发展文创产业和音乐产业。

4.5.4.3 促进资源绿色、高效利用

按照"减量化、再利用、资源化"原则，加快建立循环型工业、农业、服务业产业体系，研究推进静脉产业园区建设，提高全社会资源产出率。推动工业、建筑、交通、商业等重点领域节能减排，加快低碳城镇、低碳社区、低碳园区试点示范，逐步提高节能标准。实施生活垃圾强制分类收运、分类处置。强化土地利用规划管控和用途管制，实行建设用地总量控制，加强地下空间综合开发，提高土地利用效率。大力发展低耗水产业，推广高效节水技术和产品，创建节水型企业（单位），加快建设节水型社会。

4.5.4.4 推动绿色科技创新

加强绿色关键技术攻关，重点突破节能减排、资源循环利用、新能源开发、污染治理、生态修复等领域关键技术。打造一批绿色科技成果转化平台、中介服务机构，加快成熟适用技术示范应用。优化绿色科技创新环境，强化知识产权公共服务和司法保护，完善绿色科技创新人才引育、激励、使用机制。

4.5.5 强化绿色发展制度保障

4.5.5.1 加强生态文明制度建设

积极推进生态文明建设相关法规规章"立改废"工作，推广环城生态区立法保护做法，逐步建立政府调控、市场引导、公众参与的生态文明地方性法规体系。健全建设项目区域限批、环评机构信用评价、环境监理、重大决策专家论证、重大敏感建设项目社会风险评估等制度，加快构建产权清晰、多元参与、激励约束并重、系统完整的生态文明制度体系。加强联合执法、综合执法，依法查处各类环境违法违规行为。

4.5.5.2 发挥市场决定性作用

健全自然资源资产产权制度和用途管制制度。实行资源有偿使用制度，推行碳排放权和用能权、排污权、水权交易制度，建立合同能源管理、合同节水管理、环境污染第三方治理市场，建设碳排放权交易中心和全国碳市场能力建设中心。建立多元化生态激励机制，积极探索生态环保财力转移支付制度。

4.5.5.3 强化政策支持

认真执行国家关于控制高耗能、高污染产业发展的税收政策，全面落实资源综合利用、节能环保、生态修复与建设、绿色科技创新等税收优惠、奖励政策，形成促进绿色发展的利益导向机制。积极争取中央、省级财政资金在大气、水、土壤等环境治理项目方面的支持。探索构建绿色金融体系，完善绿色信贷制度，支持企业发行绿色债券。加大市级财政投入，允分发挥现有各类专项资金的引导作用，支持发展绿色产业，推行产业绿色准入负面清单管理制度。

4.5.5.4 加强统计监测和预警调控

建立绿色发展指标体系，加快构建环境大数据平台，建立资源消耗、环境质量、生态保护红线管控的统计核算制度。加强环境风险防控，健全资源环境要素监测网络体系，建立资源环境承载力预警机制，对资源消耗和环境容量接近或超过承载能力的区(市)县及时采取区域限批等限制性措施。

4.5.5.5 健全考核问责机制

完善绿色发展考核机制，增加资源消耗、环境损害、生态效益等指标考核权重。根据不同主体功能分区的功能定位，建立差异化的考核体系和奖惩机制。严格生态责任追究，探索编制全市自然资源资产负债表，开展领导干部自然资源资产和环境责任离任审计，完善生态环境损害责任追究制度。

4.5.6 确保各项部署落实见效

4.5.6.1 加强组织领导

各级党委、政府要自觉担负本辖区绿色发展的总体责任，健全领导体制和工作推进机制，坚决贯彻中央、省委和市委决策部署。相关职能部门要强化大局意识、责任意识，认真研究制订实施方案，加强协同配合，形成工作合力，切实加大推进力度。各级领导干部要带头牢固树立和自觉践行绿色发展理念，把绿色发展理念转化为作决策、抓工作、促发展的具体行动。

4.5.6.2 深化开放合作

积极引进生态建设与环境保护领域的成功经验和技术，鼓励节能环保等领域优势企业走出去。探索在能源开发、环境保护、产业发展、碳排放权交易等领域开展跨区域合作，促进区域协调发展、绿色发展。

4.5.6.3 鼓励公众参与

加强绿色文化教育引导，推进绿色发展理念进机关、进学校、进企业、进社区、进农村，开展好世界地球日、世界环境日和全国节能宣传周等宣传活动，增强全民节约意识、环保意识、生态意识。积极倡导绿色低碳生活方式，鼓励绿色消费，推广绿色办公，加大绿色采购，形成勤俭节约、绿色低碳、文明健康的社会风尚。充分发挥法制监督、民主监督、舆论监督的作用，汇聚推动绿色发展的强大合力。

推进绿色发展、建设美丽中国典范城市，功在当代、利在千秋。全民上下要切实增强践行绿色发展理念的思想和行动自觉，抢抓"六大历史机遇"，锐意进取、拼搏实干、攻坚克难，确保绿色发展各项部署落到实处，为建设国家中心城市提供绿色支撑和生态保障。

4.5.7 机制创新

4.5.7.1 创新从转变观念开始

影响人类历史的三次城镇化进程，第一次在欧洲，第二次在美洲，第三次以中国的崛起为代表，预计历时50年到80年完成。我们的建设链还有30年到50年的繁荣期，这个繁荣期伴随着国家战略。一个行业如果仅仅是为了自己过上更好的生活而存在，终将被抛弃。建设行业的价值观改变和内省，以及建设行业整个运行模式、商业模式、管控模式将大规模从资源竞争，从能获得土地、获得金钱做开发，从能获得甲级牌照、贴牌存在，向全面创新、转型为以技术创新革命为核心竞争力转变。这个过程留给我们准备的时间已经太短太短，科技对建筑行业的贡献是低于科技对农业的贡献的。最后一次城市建设发展即绿色发展是我们能够最后一次全面转型的机会，用互联网的思维，用新的能源、新的材料和信息化的技术全面转型，摒弃传统的建造思维和建造方式已经成了当务之急。而这样的技术储备、市场机遇和政府政策的引导三合一的并行会给我们带来更加明媚的春天，从事绿色事业的人将成为最幸福的一群人。

　　绿色建筑和生态城市在中国的发展是由浅绿、深绿到泛绿，经过了几个阶段，目前是向着更加体系化、系统化的云绿方向发展。无论是绿色建筑还是生态城市都指向人类的幸福生活，绿色建筑涵盖面比生态城市的范围要小，集合了功能、交通、能源、生态、资源等，但在城市范围内会更加体系化，和产业、人类的生活、社会的文化会有更多的聚集。从绿色城市到绿色建筑的生态城市，对于其实现的路径我们构建了一个模型，它分成了四个方向：一是政府的善治，包括政策和观念；二是人文指导，包括生活模式、绿色人文；三是市场，包括产业和利益的分配机制；四是技术，它构成了一个比较完整的复合的系统。

4.5.7.2　智能化在绿色城市发展中的作用

　　绿色发展与智能化关系密切，智能化带来的方便、精确与高效、节能，使绿色发展成为可能。打造开放、绿色、共享、关联的智慧园区，一是从规划设计、施工到材料、技术和招商的阶段；二是应用技术平台，充分实现设施和资源的共享的制度保障、建立以人为本的环境和驱动鼓励健康生活方式的社区运营。在规划上，体现产业和城市充分融合，城市要逐渐多极化、多中心化，减少这个园区的居民不必要的出行，职业和居住得到很好的平衡。减少上千万人在城市中进行大量的早晚运动和能量的浪费，这是在规划层面体现出的很大程度的绿色和低碳。

　　城市是绿色发展的载体，绿色发展是新型城镇化的目标，只有转变观念，以国家政策为引导，通过不断创新，才能实现这个目标。

5 绿色城镇化绩效评价及能力建设

5.1 绿色城镇化绩效评价体系构建

5.1.1 构建绿色城镇化绩效评价体系的本质

从语言学来看，绩效包含两方面意思：成绩和效益；而从管理学来看，组织的期望结果是绩效，组织为达成各方面的目标而进行的有效输出，包括组织绩效和个人绩效。组织绩效的实现是在个人绩效实现的基础上，同样个人绩效完成并不能达成组织绩效(王素斋，2013)。只有每个个体都达成组织要求，组织绩效才可以实现。总之，"绩效"是指可以用量化的指标来描述和测定，已经实现的事业目标或事业效果。"绩效"中的"绩"是指成绩结果，是行为的本身结果，"效"是指效率，表现为过程的效率与结果的效益所得。

而绿色城镇化绩效的内涵则是在城镇化基础上，贯彻落实全面协调可持续的发展理念，生态文明城镇建设不断加强，并将绿色可持续作为绩效条件之一，绩效指标评价体系也在不断丰富、发展、完善中。

5.1.2 绿色城镇化绩效评价体系研究综述

绿色城镇化建设发展必然以生态文明为中心，基本核心仍为城镇化发展，同时围绕着核心内容建立绿色城镇化绩效评价体系，并符合我国绿色城镇化的实际。统筹兼顾城镇化的各方面发展，经济、生态、社会、文化各方面协调一致，以经济发展为核心，同时将绿色发展作为城乡发展的前提和目标。

总体来说，现阶段对绿色城镇化评价体系的构建方法在纵向上已经有了较大的完善，但在现实实际的运用上仍然存在一刀切、无针对性、灵活性差等一些问题。城镇发展在以绿色发展理念的指导下必然不可能完全追求发展速度，同样的对于城镇化发展的评价应更加的综合，体现更多方面，而不是继续机械套用经济这一个指标体系，各指标的权重也不应是完全不变的。

5.1.2.1 绩效评价体系起点

国内的学者专家根据城镇化发展的核心内容，从可持续发展、城市发展质量、城镇化的新型内涵、新型城镇化人文环境、新型城镇化的质量与内涵、生态城镇化和城镇公共服务均等化等七个指标为起点，探讨绿色城镇化发展绩效评价体系指标。

方创琳等人认为我国城镇化进程加快的关键是快速优化城市化质量，以城镇化发展质量为起点，以社会、经济、空间三个因素作为构建指标体系与判断的标准，给予了城市化发展新的评价（方创琳、王德利，2011）。根据城镇化的新型度内涵为起点，以社会建设、经济发展、环境保护这三个方面为基础构建了评价指标体系（曾志伟，2012）。围绕着新型城镇化的质量和内涵为基础，着重强调了内在质量在城镇化发展中的重要性，并且由规模、偏重数量向注重内涵和质量提升转变。从人口转移、经济动力、人居环境、基础设施等四方面因素为出发点来构建绿色城镇化绩效评价体系（谢奉军、王博宇，2013）。围绕着城镇社会中人文环境的问题，认为新型城镇化应含有幸福、平等、健康以及可持续发展等相互联系的内容，绿色城镇化发展绩效评价指标体系应以社会文化环境和自然环境为基础（曹红华，2014）。以城镇化公共服务均等化为起点，从经济发展指数、人口指数、生态环境支持指数、基本公共服务均等化指数和城乡统筹指数等五个因素为基础构建绿色城镇化评价指标体系（吕丹，2014）。

5.1.2.2 绩效指标体系构建

根据构建绿色城镇化发展指标体系的内涵和依据的不同，分别构建以新型生态城镇化、社会人文环境、可持续发展、新型城镇化内涵、新型度内涵和城市化质量为起点的绩效评价指标体系（苏金发，2011）。

（1）以城市化质量为起点的绿色城镇化绩效评价指标体系

围绕城市化发展质量，提出了以空间城市化、社会城市化、经济城市化为一级因素指标的12项次级具体指标的绿色城镇化发展指标体系，在经济建设指标方面指标体系提出了增长动力指数、效率指数、发展代价、结构指数等，体系注重经济效益的发展增长，注重科技发展和产业结构的调整的影响（方创琳等，2011）。空间城市化质量指标指数包含生态环境、能源保障、人类发展、基础设施建设、建设用地保障等五个方面。评价体系发展越来越均衡，增设了化工固体废弃物的利用率，注重绿色、集约、科学发展。社会城市化质量发展指标包括基础设施建设、社会保障体系、人类发展、城乡一体化进程等四个方面（张占斌，2013）。

（2）以新型度内涵为起点的绩效评价综合指标体系

以新型度内涵为起点构建了新型绩效评价综合体系，包含生态环境保护、经济发展速度、社会发展3个基本指标和43个次级因素指标（曾志伟，2012）。在其中，生态环境的保护是绿色城镇化建设新型体现的基础，其中包含了公共垃圾无公害化处理、城镇区植被绿化覆盖率、大中小型工业三废利用产品和发展产品的指标。经济发展是绿色城镇化发展新型绩效评价体系的核心，其中包括社会人员平均工资、城镇人均生产总值、除农业产业从业人员的比例等具体指标。社会建设是城镇新型度的灵魂，其中具体包括人口增长率、社会消费率、人口密度等18个具体指标。在绿色城镇化绩效评价体系的建立中，社会的建设指标所占的权重是0.411，已经超过经济发展速度的因素指标所占权重，使其绿色城镇化指标体系更进一步的完善（蒋宵宵，2014）。

（3）以新型城镇化内涵为起点的城镇绩效化评价指标体系

以新型城镇化质量与内涵为基础，认为绿色城镇化发展是区域社会经济发展的综合表现，应当全面综合地研究绿色城镇化发展各方面因素指标的相关联程度，建立以经济发展动力、城乡人口转移、基础设施建设、人居环境发展为基础的绿色城镇化发展指标绩效体系。经济发展动力具体包括人均GDP发展、工业产值占国民生产总值的比例等为具体因素指标，城乡人口转移具体包括总人口自然增长率、城镇人口增长率的具体指标（王博宇等，2013）；基础设施具体包括自来水普及率、天然气普及率等具体指标；人居环境具体包括城乡植被绿化覆盖率、城乡污水处理率等具体指标。一级评价因素指标体系权重由低到高依次为基础设施建设（0.18）、经济发展动力（0.22）、人居环境建设（0.25）、人口转移（0.28）。人口城镇化发展对于绿色城镇化建设具有非常重要的作用，是经济城镇化发展的直接结果，所以应该将城镇人口增长率和城镇人口占总人口的比重等因素加入绿色城镇化发展评价综合体系的二级指标，进一步完备新型城镇化绩效评价体系（高红贵等，2012）。

（4）以可持续发展为起点的绿色城镇化绩效评价指标体系

围绕可持续发展构建了绿色城镇化绩效评价指标体系，对生态环境的支持更加注重，采用经济发展速度、社会发展、生态环境保护、制度建立健全、城市生活质量等5个一级因素指标。社会发展因素指标方面包括社会保障体系、城市总体用地、教育水平、医疗水平、文化水平等5个方面（戚晓旭、杨雅维，2014）；经济发展速度指标方面包括经济总量、产业整体结构、社会总体消费支出等7个具体因素指标；生态环境保护指标包括空气质量、大气污染排放、污水净化等8个具体因素指标；城市生活发展方面包括建筑面积、供水、供电、供热等9个具体因素指标体系；制度建设方面包括管理成效指数和行政完成效率指数，较完善的构建了绿色城镇化体系建设可持续评价因素指标体系。

(5)以社会人文环境为起点的绿色城镇化体系指标体系

围绕着绿色城镇化的社会人文环境发展为起点构建社会文化环境因素和自然物质环境指标(曹红华，2014)。城镇自然物质包括生态文明建设、服务设施体系完善、经济健康持续发展三个次级指标，社会文化环境包括文化繁荣、生活品质优化和管理成效三个次级指标。生活品质优化在社会文化环境因素指标中所占权重(19.79)最高，以此构建绿色城镇化发展指标体系中"以人为本"的主题(沈清基等，2014)。

(6)以公共服务均等化因素为起点的绿色城镇化绩效评价体系

以着绿色城镇化公共服务均等化不足为起点，依据总体系统性、主导性、可操作性、层次性、导向性等原则，选取了人口城镇化、经济发展程度、生态环境保护、城乡统筹兼顾和公共服务均等化等5个基本指标，其权重为0.4175，包含了基础教育发展、医疗卫生体系、公共就业服务体系等5个方面均等化(吕丹，2014)，体现出绿色城镇化体系的综合性，突出了绿色城镇化发展指标体系的以人为本，绿色发展(董泊，2014)。

5.1.3　综合绩效评价体系构建的原则

综合现阶段发展来看，不同的城镇化发展综合绩效评价体系，针对不同的基础绩效评价指标因素有不同的评价体系原则。而对于绿色城镇化发展绩效评价体系来说，应着重完善和加强对绿色生态文明的绩效评价体系的构建。基本原则大类包括指标选取原则和评价原则。大类原则又分为若干具体原则，综合考虑具体原则为绿色城镇化发展评价所依据的原则进行分析。

5.1.3.1　指标选取原则

绿色城镇化建设绩效评价体系不只是字面上的生态文明、绿色发展，更是由社会、经济、生态和人口等多个因素综合构成的整体，所以为确保评价体系结果的可信度和科学性，应尽可能反映绿色城镇化发展相联系的各个因素，所以应该始终以以下四个原则作为基本原则标准。

(1)综合性原则

绿色城镇化建设是包含社会、经济、生态环境和人口等因素综合相互联系转化的过程，所以，在构建绿色城镇化绩效综合评价体系时，应从多方面出发，统筹兼顾多个因素，包括多个方面，以保证绩效评价体系可以综合地体现出绿色城镇化发展的多方面特点。各方面因素指标统筹兼顾，这就是所谓的综合性原则。同时，综合性原则并不是将绿色城镇化的所有指标都纳入绩效评价体系，而是要根据绿色城镇化发展各领域的突出特点，因地制宜地选取最具特色和代表性的因素指标，避免数据指标冗杂不清，影响实验结果。

（2）科学性原则

在选取指标构建绿色城镇化绩效评价指标体系之前，要综合地掌握绿色城镇化的内涵和特征，认识到其领域包含的特点及演化规律，以此保证所选取的因素指标可以具有代表性和全面性，其因素应综合统筹反映其真实的发展状况和客观的变化规律。

（3）可获得性原则

绿色城镇化是多角度、多层次的综合联系过程，不仅包括物化、具体实物可观测的转化，也包括无形、不可计量的变化，所以在构建绿色城镇化绩效综合评价体系时，必须因地制宜地根据现实的发展状况和准确的统计数据，选取可以进行量化的、容易获取的、准确计量的因素指标。

（4）可比性原则

若想科学完整地反映、对比绿色城镇化发展的质量与水平，各项因素指标选取的标准和度量方法应该统一，并存在着多项可比较量化的因素指标（方创琳等，2014），且计量方法应尽可能的精确，使调查数据更具有对比性，便于推广应用。

5.1.3.2　评价指标

在绿色城镇化发展指标体系的指导下，依据绩效评价原则选择评价因素指标时，在其可以反映经济发展情况、人口聚集程度、社会进步等情况的基本城镇化指标外，必然要将环境损害程度、资源消耗程度、生态保护状况纳入绿色城镇化绩效评价指标体系。同时根据国内的现阶段供给侧结构性改革，在城镇化发展过程中，要考虑到经济增长的转变方式，提高治理污染的能力，发展绿色环保循环可持续的经济体系，提高生态环境的质量，更应该将技术进步和科技创新作为因素的体系指标。

5.1.4　综合绩效的考核

绿色城镇化体系是一项较新的内容，与传统的城镇化发展绩效评价考核存在着一定的差别，所以在绩效考核时要注意以下几个方面。

5.1.4.1　将绿色发展可持续因素指标纳入综合城镇化发展考核内容

城镇化综合发展是一项多方面指标相互协调的系统的工程，对绿色城镇化的综合绩效考核是一项繁多和困难的工作，仅仅从城镇化率、经济增长速度等传统的指标来评价城镇化的发展水平是不能反映绿色城镇化发展的结果的（曾志伟，2015）。所以，应该在绿色发展的基础因素调控的前提下，从生态绿色发展的角度，对绿色城镇化的规划、建设、管理、监控全过程以及经济、社会、生态效益进行综合的评价。将绿色发展指标纳入城镇化的绩效考核范围，建立能够反映绿色经济发展和城镇化协调发展的综合性指标，以此可以改变政府片面重视经济的增长而忽视生态发展、不重视环境的承载能力而片面过分追求城镇化速度和工业进程的举动。从根本上转变生态环境继续恶化的趋势，避免地方政府在城镇化发展的过程中只顾眼前利益而放弃长远利益的杀鸡取卵的行为，实现对资源和环境的保护。在政府绩效考核中将绿色发展与干部绩效考核相联系，将"绿色 GDP""绿色城镇化"等绿色绩效考核标准，使其作为政府干部政绩考核的重要内容，地方政府在进行决策的时候，重视"绿色生态"这一重要依据（戚晓旭等，2015）。通过进行这种综合性绩效考核评价机制，可以完善绿色城镇化综合建设体系，推动绿色全面协调的经济发展。

5.1.4.2　以绿色生态建设为指导优化城镇规划体系

（1）将绿色城镇化建设的理念全面贯彻落实到城镇化规划建设中

城镇化规划发展建设主要包含研究解决公共资源配置、城市序列发展、生态基础、空间部门配置等基础问题（曹红华，2015）。所以应该重新审视城镇的功能，更进一步地强化城镇化建设中的生态环境保护的指导作用，综合统筹兼顾经济和生态的关系，如进一步地控制土地滥用、保障城镇绿化生态体系，减少不必要的盲目扩张；在政府及大众理念上，还应树立正确的绿色发展理念，在生态文明理念的指导下完善绿色城镇化建设体系。

（2）根据区域主体功能区的模式优化城镇规划建设体系

主体功能区设立规划的概念是在我国"十一五"规划中，针对中国土地的利用率低、区域空间的开发秩序失调的问题而提出的。2011 年 6 月，《全国主体功能区规划》发布（吕丹等，2014）。该规划将城乡统筹、坚持以人为本、尊重自然、集约开发作为其基本原则。将中国国土空间规划为优化开发、重点开发、限制开发和禁止开发四类主体功能区，其依据为各区域的资源环境的承载能力、未来发展的潜力、现在的开发程度以及可否适宜或如何进行大规模重度工业城镇化开发为基准，统筹规划未来人口的分布格局、经济建设格局、城镇化格局和国土综合利用，定位主体功能（张占斌，2014）。

优化开发区是指有着较高的国土开发密度、资源环境承载能力开始减弱，应对其工业化城镇开发进行优化的区域。重点开发区是指人口聚集、经济发展潜力较高、资源环境承载能力较强，可以进行重点工业化城镇化发展的功能区。限制开发区是指人口条件薄弱、资源环境承载能力弱、集聚经济大规模发展的并与大规模区域生态环境相联系的限制区域。限制开发区域又分为两类：一类是农产品主产区，特点为耕地面积广大且农业实力雄厚，既可以发展农业也可以发展工业，但是必须保障国家农产品供应安全和国家持续健康的发展，增强农业综合现代化生产能力，保证粮食产量，从而限制进行大规模的工业化城镇化开发的区域，另一类是生态环境功能区，即为生态环境脆弱或具有生态环境保护的区域，资源环境承载能力弱，不能开发大规模工业地，其区域的首要任务是增强环境指标。禁止开发区是指依据法律法规设定的各种自然保护区，以及根据其地理环境特殊情况禁止开发工业化城镇化开发、必须进行特殊保护的生态功能区。

每个区域中的主体功能区都有各自的特点与发展趋势，在以绿色城镇化为指导推进城镇化建设发展时（沈基清，2013），必须明确哪些主体功能区需要控制城镇化发展的速度和规模，而哪些主体功能区需要进行工业化和努力推进经济快速增长。对于主体功能区的确定和规划需要统筹兼顾整体区域的特征和发展趋势、城镇化发展和绿色生态文明建设。只有有了明确的主体功能区界定，才能保证城镇化的健康发展。所以绿色城镇化建设应严格按照主体功能区的战略要求，从总体目标出发，统筹兼顾区域差异，扬长避短，通过分析每个地区的资源环境承载能力、生态环境格局、资源与人口匹配度等基本因素指标，形成定位精确、生态适应性良好、产业布局分工合理的城镇化格局体系。

5.1.4.3 根据主体功能区分类定位综合考评城镇化绩效

主体功能区的规划实施有利于制定实施有针对性的绩效考评体系和政策、打破行政区划，从而在各区域更大的范围内承担更多的职能，拥有多个发展的方向。在主体功能区的分类定位规划下，每一类区域的经济发展能力、资源环境承载能力、人口红利条件、发展潜力、现存开发密度都不相同，如果所有区域都用同一个绩效指标评价体系，则必然出现"一刀切"的弊端，无法真正地使评价体系发挥作用（姚士谋等，2010）。所以，若要有效地考核绿色城镇化综合绩效水平，则必须依据主体功能区的分类，进行多元化地考核评价，使其出现阶梯化、层次化结果。

优化开发区开发密度已经达到一个较高的程度且生态环境已经存在较大压力，所以必须要优化经济产业结构、资源产能消耗、高新技术产业比例、公共服务覆盖面、环境保护能力、生态建设与治理等因素的考评，同时将经济增长所占评价比重降低。

重点开发区的人口红利较好、资源环境能力较强、经济潜力较好、有承载工业产业能力的区域（郝华勇，2014）。根据此区域的特点，可以沿用工业城镇化占优先地位的绩效考评，综合评价指标因素包括经济发展速度、人口红利、工业产业机构、资源环境利用与保护以及社会基础设施建设等因素，减弱投资增长速度等因素的评价。

限制开发区的农业主产区的战略布局定位是保障国家粮食农产品安全，所以其第一目标就是强化农业综合的生产能力，而对大规模工业化产业、城市化建设进行限制。所以，根据对这类区域特点目的的评价，要对农产品产量保障的能力进行首要评价，其考核内容包括农业生产能力水平、农民社会收入以及农村基础设施保障建设等，而弱化对地区经济发展能力、工业化城镇化水平、资源优势等方面的评价。而针对于限制开发的生态功能区（牛文元，2012），由于其生态环境系统脆弱、资源环境承载能力低下，因此对于其绩效评价体系，应优先对其生态环境质量进行评价，特别对其经济发展能力、工业城镇化等相关指标进行弱化。

5.1.4.4　将显性经济绩效和潜在绿色绩效相结合

在对绿色城镇化绩效评价体系构建，以考核地方政府在绿色城镇化建设时，不仅要考核经济发展速度、社会发展等明确的显性绩效，也要考虑现阶段的经济发展政策对未来生态环境的潜在隐性绩效，还要预期估计潜在绿色绩效，对未来生态环境的状况进行评估并获得数据，并将其反映到现阶段的绩效考评结果中（曾志伟等，2012）。通过将绿色城镇化指标列入现阶段城镇化建设绩效评价体系，既能激发地方政府积极决策和主动地推动绿色生态文明建设，鼓励和警戒地方政府加强对区域的可持续发展，又能避免城镇化过度发展所带来的盲目、无序扩张发展的危害。

5.1.5　结语

绿色城镇化是我国现阶段根据具体国情和发展状况来确定的城镇化发展方向和目标。而且根据目前相关领域的专家对于绿色城镇化发展绩效指标体系的研究和发展，来进一步地确定绿色城镇化发展绩效考核体系。根据绿色城镇化的发展和产业结构的调整，绿色城镇化发展的因素指标体系应增加有关生态产业发展的因素，以此来监视评估低碳环保的可循环经济发展水平；根据绿色生态化发展水平与和城镇化发展的耦合，绿色城镇化发展的衡量指标应该增加绿色生活、设施、环境、人居等指标，来测评绿色城镇发展水平。总体来说，绿色城镇化发展绩效考核指标体系建设应综合各方面指标的耦合程度，通过计算耦合度来确定因素指标的先后顺序，统筹兼顾社会经济发展和绿色生态文明建设两个系统，才能建立较完善的绩效考核评价体系。

5.2　绿色城镇化绩效评价实证分析

城镇化发展和生态环境的关系是一系列的耦合交互关系，两者通过多方面因素的相互作用形成交互体系。一方面，城镇化发展通过使其人口总量增长、空间急速扩张、资源环境消耗、经济发展速度、社会发展进程等方面对生态环境造成影响甚至产生威胁（黄金川等，2003）；另一方面，生态环境又通过自然选择、人口挤压、资源要素争夺和社会政策干预等因素反作用于城镇化的发展，对其产生约束作用。所以综上所述，城镇化发展应为"S型"（曹利军等，1998）规律：在城镇化发展初期，会经历增长幅度平缓的一段时间，城市需要对环境进行评估，人口需要迁移发展，各产业建设处于起步阶段，所以城镇化发展缓慢；处于成长期时，城镇化各方面发展蒸蒸日上，资源环境承载力有很大的空间，人口处于上升期，各产业逐步发展，城镇化的发展速度成近似直线的水平上升；而在最后的发展饱和期，城镇化发展会受到受到各种因素的阻碍，如资源环境承载水平达到顶峰、人口密度较大、产业面临发展瓶颈，城镇化发展面临饱和水平。此时，如果有外界因素的干预，阻碍城市现阶段发展的因素被打破，出现新的限制因素，则城市又会以一个新的"S型"模式增长。所以城市正是在这种限制因素的"出现—打破"的循环中不断地发展，并形成一种相对的动态平衡。

在未来城镇化的发展体系中，必然会受到越来越多生态环境因素的制约。在绿色城镇化实证分析中采用灰色关联分析法，定量的揭示了城镇化发展和生态环境因素相耦合的主要影响方面和耦合（傅立，1992）协调度，从而对问题进行相应的研究并提出对应的建议，以推动城镇化发展和生态环境两者的协调发展。

5.2.1 实证研究方法与研究模型

5.2.1.1 构建指标体系

从定义上讲，城镇化发展与生态文明的绿色发展体系是不相关的却又相互作用的系统，根据对城镇化发展、生态文明的绿色发展体系内涵的研究分析，通过与此相关的研究体系模型，同时选取按照主导性、科学性、差异性（罗上华，2003）和可获得性的基本原则，建立一个城镇化—生态绿色文明系统的指标体系，同时对影响因素指标的选择依据、统计方法（李为，2014）等进行阐述（见表5-1）。

表 5-1　生态绿色文明系统——城镇系统指标体系

目标层	系统层	准测层	指标层	单位	备注
生态绿色发展与城镇化的耦合协调	生态环境绿色建设子系统	生态环境条件因素	人均公共绿地面积 X1	m²	衡量园林绿化建设水平
			建成区绿化覆盖率 X2	%	—
			保护区面积比重 X3	%	衡量保护区保障情况
			饮用水源地水质达标率 X4	%	衡量水环境质量
			空气质量优良率 X5	%	衡量大气质量
		生态环境负荷	人均废水排放量 X6	吨/人	衡量水污染排放情况
			人均废气排放量 X7	万立方米/人	衡量气污染排放情况
			人均工业固体废物排放量 X8	吨/人	衡量固体废弃物排放情况
		生态环境治理	污染治理资金 X9	万元	衡量资金支持力度
			工业废水处理排放达标率 X10	%	衡量水环境整治及减排情况
			城市污水处理率 X11	%	—
			工业固体废弃物综合利用率 X12		衡量固体废弃物资源利用率
	城镇化发展子系统	人口城镇化	人口城镇化率 Y1	%	城镇人口/总人口
			人口增长率 Y2	%	人口规模增量
		空间城镇化	城市建成区面积 Y3	km²	衡量景观城镇化
			人均城市道路面积 Y4	m²	衡量城镇硬化率
		经济城镇化	人均 GDP Y5	元	衡量经济发展水平
			经济密度 Y6	万元/km²	GDP/土地面积,土地产出
			人均固定资产投资 Y7	元	衡量经济增长需求及投入水平
			非农产业增加值比重 Y8	%	衡量非农水平
		人文城镇化	城镇居民人均可支配收入 Y9	元	衡量实际城镇化成效
			城镇居民人均消费支出 Y10	元	衡量购买力水平
			城镇居民户均就业面 Y11	%	衡量就业保障
			城镇居民人均住房面积 Y12	m²	衡量住房保障
			每一专任教师负担学生数 Y13	人	衡量教育保障
			每千人拥有卫生技术人员数 Y14	人	衡量医疗卫生保障

5.2.1.2　指标数据标准化

根据数据类型的不同,我们将指标分为正向指标和负向指标,指标的性质不同,而指标数据的类型、离散程度(张占斌,2014)、单位也不同,初始数据的可比性不强。所以对初始数据采用的方法是极差标准化,并进行归一化处理。

对正向指标：

$$x_{ij} = (X_{ij} - M_inX_{ij})/(M_iaxX_{ij} - M_inX_{ij}) \tag{5-1}$$

对负向指标：

$$x_{ij} = (M_iaxX_{ij} - X_{ij})/(M_iaxX_{ij} - M_inX_{ij}) \tag{5-2}$$

式 5-1、5-2 中，x_{ij} 为 i 指标 j 样本的标准化指标；X_{ij} 为 i 指标 j 样本的初始指标值；$MiaxX_{ij}$ 分别为 i 指标 j 个样本数据中的最大值和最小值。

5.2.1.3　构建关联度、耦合度模型

模型使用能够全面分析整个系统多因素的相互作用的灰色关联度模型，定量测算城镇化发展系统与绿色生态文明发展系统中两个子系统的耦合关系（沈基清，2013）和协调程度。

（1）关联化系数模型

以绿色生态发展系统指标因素作为参考序列，城镇化发展指标因素作为比较序列（姚士谋等，2010），以此建立关联度系数模型：

$$\xi_{ij}(k) = \frac{\min_{ij}\min \mid x_i(k) - y_i(k) \mid + \alpha\max_{ij}\max \mid x_i(k) - y_i(k) \mid}{\mid x_i(k) - y_j(k) \mid + \alpha\max x_{ij} \mid x_i(k) - y_i(k) \mid} \tag{5-3}$$

式中：$\S_{ij}$ 是 k 样本下绿色生态发展体系指标 X_i 与城镇化发展因素指标 Y_i 的关联度系数；$x_i(k)$ 和 $y_i(k)$ 分别代表 k 样本下的绿色生态系统指标因素 X_i 与城镇化发展 Y_j 的标准化值；α 为分辨系数，本书中确定前提是绿色生态文明发展系统与城镇化发展系统重要性相同，α 取值为 0.5（郝华勇，2014）。

（2）关联度矩阵的构建

将关联度系数按照样本数 k 求其均值，以此得到关联度矩阵：

$$\gamma = \begin{matrix} X_1 \\ \cdots \\ X_m \end{matrix} \begin{vmatrix} Y_1 & \cdots & Y_n \\ \gamma_{11} & \cdots & \gamma_{1n} \\ \cdots & \gamma_{ij} & \cdots \\ \gamma_{m1} & \cdots & \gamma_{mn} \end{vmatrix} \tag{5-4}$$

$$\gamma_{ij} = \frac{1}{k}\sum_{i=1}^{k}\zeta_{ij}(k) \tag{5-5}$$

关联度矩阵 γ 反映了绿色生态文明建设系统与城镇化发展系统彼此相互影响、相互作用的错综复杂的耦合关系。γ_{ij} 的值越大，则表明了两系统关联性越强，耦合作用越大，如果值越小，则反之。而根据相关研究的实验方式，绿色生态建设系统和城镇化发展系统指标因素的耦合性和关联度的变化可以划分为五种模式（牛文元，2012）：①如果 $0 < \gamma_{ij} \leq 0.35$，说明绿色生态建设系统某一指标 X_i 与城镇化建设系统的某一直指标 Y_j 之间的关联度弱，耦合作用小且相互作用不强，相互影响程度浅；②若 $0.35 < \gamma_{ij} \leq 0.65$，表示两个系统因素指标之

间耦合作用和关联程度为中等水平；③若 $0.65 < \gamma_{ij} \leqslant 0.85$，说明了两系统因素指标之间的关联程度和耦合作用强度较高；④若 $0.85 < \gamma_{ij} < 1$，则说明两系统之间指标因素的关联程度很高、耦合作用极强；⑤如果 $\gamma_{ij} = 1$ 则说明了两系统之间指标因素的变化规律完全等同，耦合性发生共振（曾志伟等，2012）并趋向新的有序系统。

（3）关联度模型

对关联度矩阵的分布分别按照行和列求平均值：

$$\begin{cases} d_i = \dfrac{1}{n} \sum\limits_{j=1}^{k} \gamma_{ij} \\ d_j = \dfrac{i}{m} \sum\limits_{i=1}^{k} \gamma_{ij} \end{cases} \quad (i = 1,2,\cdots,m; j = 1,2,\cdots,n) \qquad (5\text{-}6)$$

式中：d_i 代表了某一绿色生态文明建设体系指标 X_i 和城镇化发展系统的相关联程度；d_j 表示某一城镇化发展系统因素指标 Y_j 和绿色生态建设系统的关联程度；同时，d_i 和 d_j 的大小及对应的值域，可表达城镇化发展系统对生态环境的最主要威胁因素，也表达了生态环境发展对城镇化发展的主要影响因素。

（4）耦合度模型构建

要在大方向上整体判别生态环境发展和城镇化发展两个系统的耦合强度大小，必须更进一步地建立绿色生态建设系统和城镇化系统的相关耦合度模型：

$$C(k) = \frac{i}{m \times n} \sum_{i=1}^{k} \sum_{j=1}^{k} \zeta_{ij}(k) \qquad (5\text{-}7)$$

式中：m、n 分别表示绿色生态发展系统和城镇化发展系统的因素指标，分别为 12、14。

5.2.2 绿色生态城镇化发展水平能力及驱动力解析

以代表实验数据为例，分析实证研究。根据式 5-1 ~ 5-7，可以得到耦合度动态发展变化曲线、绿色生态建设系统和城镇化发展系统耦合作用相关矩阵图（图 5-1、表 5-2）。

5.2.2.1 耦合度时序分析

在图 5-1 中可以直观地反映出绿色生态环境与城镇化发展的时序变化和阶段性，数据反映出两系统的耦合演变规律特征（孙长青，2013）。①当耦合度在 0.54 ~ 0.68 之间，两系统的耦合度演变则分为六个阶段：$C = 0$，则表示耦合度很小，两系统并无关联且发展无序；当 $0 < C \leqslant 0.3$，则说明了耦合处于低水平状态；$0.3 < C < 0.5$，则说明系统处于颉颃的状态阶段；$0.5 \leqslant C < 0.8$，则说明了系统的耦合度处于高水平阶段；$C = 1$，则说明两系统耦合处于良性共振状态。根据研究结论，说明了绿色生态建设系统和城镇化发展系统耦合度在磨合阶段。

②耦合度出现了明显的波动性特征。在图像上耦合度曲线并不是一条直线，并且每阶段的变化程度不同，则说明在经济发展的不同阶段时，绿色生态发展系统和城镇化发展系统的耦合度与协调程度还存在差异。③耦合度图线可分为两阶段，第一阶段是耦合度为 0.5459~0.6761，该阶段城镇化系统发展比较平缓，城镇化发展率为 54.5%~58.5%，人均增长率高，生态环境发展体系良好且污染治理效果较好，城镇化发展对环境的影响压力比较小，所以耦合度继续提高；第二阶段，两系统的耦合度有所下降，在该阶段重视基础设施的建设和社会综合建设发展，同时日益重视生态经济对城镇发展的带动作用，但生态破环态势已初步形成，环境对城镇化发展通过资源环境承载能力有着大幅度的负反馈，发展受限，所以造成两系统的耦合协调下降。

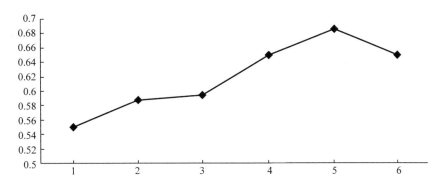

图 5-1　绿色生态系统—城镇化发展系统耦合度变化

5.2.2.2　系统耦合驱动因素分析

生态绿色文明建设和城镇化发展系统耦合驱动因素识别度经计算，生态文明绿色化建设系统各个因素指标之间的关联度均为 0.4 以上（吕丹等，2014），因素指标关联程度均在中等以上水平，这表明了城镇化发展系统和生态绿色文明建设系统之间联系密切。此数据表明，对上一层次所得到的结果分析其平均值，则分别可以得到城镇化发展系统对生态绿色发展系统主要威胁因素、生态绿色环境系统对城镇化的限制因素以及两个系统间的准则层互相耦合的关系如表 5-2，从而更进一步地表现出两个系统之间的相互耦合关系、关联特征及主要的驱动力。

（1）城镇化发展系统对生态绿色系统的主要威胁因素

在城镇化发展系统对生态绿色环境系统的影响进程中，社会城镇化、经济城镇化的影响最为明显，对生态绿色系统的综合关联度分别为 0.6198、0.6203（戚晓旭等，2014），两者对比，人口城镇化对生态绿色发展的影响程度最小，相关关联程度低于 0.6。说明城镇化发展的进程会随着经济社会的发展，已经进入城镇化发展的第二阶段，代表着城镇化生活方式——包括城镇文明、城镇价值观体系及城镇意识等各类因素指标，如人均汽车分配、人均消费支出（曹飞，2014）、医疗教育住房等基本公共服务体系建立在城镇化发展过程中的作用日益显露，对绿色生态环境建设造成很大的影响。同时，社会人口城镇化发展率由 2005 年的 54.52% 上升至 2014 年的 66.97%。城镇人口数量的大规模聚集已经大致完成。利用 2005～2014 年的基础数据来计算，在城镇化发展体系的 14 项因素指标中，对生态环境影响关联度最大的 8 项指标分别是：城镇人口均就业面指数（0.6358）、城镇人口人均消费支出（0.6298）、人均 GDP（0.6289）、非农产业的经济增加值比重（0.6281）、城镇人均可支配收入（0.6244）、经济密度（0.6222）、城市建设城区面积（0.6231）、城镇化人口率（0.6191），其指标关联度均处在平均值以上水平，此类指标主要为社会指标和经济指标，通过指标再次印证了城市化发展体系对生态环境系统的威胁作用，而经济社会发展是主要的体现方面（薛文碧等，2015）。

（2）绿色生态建设体系对城镇化发展体系的主要限制因素

生态环境系统对城镇化发展体系的限制作用，主要体现在部分自然地理因素如地形地貌、水土资源环境、气象气候、生物分布等基础主导因素对城镇化发展的进程起到促进或限制作用，与此同时，生态环境恶化还会对城镇化系统的发展中的城市选址和经济的发展产生一定的排斥。通过分析，在生态环境的 3 个基础因素功能团中，生态环境的条件对城镇化发展体系的综合关联度（0.6752）达到最高，所以表现出研究跨度内能源资源、生态环境的条件是影响城镇化发展最基础主要的限制因素（李晓燕，2015）。其次为生态环境的治理组团，关联度为 0.6341，反映出环境治理和投入的基本成效，对生态环境的发展和保持产生明显的影响，以此进而对城镇化发展造成影响。所以在绿色生态发展体系的系统 12 项基本指标中，对城镇化发展体系发展影响较大的几项是：城镇城市建成区植被绿化覆盖率（0.7911）、城镇人均绿地面积（0.7741）、城镇污水处理率（0.7661）、饮用水源地水质达标率（0.7029）、工业固体废弃物利用率（0.6606）（陈田田，2015），主要从生态环境基本条件和生态环境治理对策等多个方面体现出生态环境发展体系对城镇化体系的负反馈。在城镇化发展对绿色生态建设系统的主要威胁因素对比中可以发现，后者的峰值明显高于前者且集中程度高，所以可以证明生态环境对城镇化发展的制约更加的集中和紧迫（樊纲等，2012）。

表 5-2　绿色生态系统——城镇化发展因素指标关联度矩阵

城镇化发展系统		人口城镇化（Y1－Y2）（0.5996）	空间城镇化（Y3－Y4）（0.6121）	经济城镇化（Y5－Y8）（0.6187）	人文城镇化（Y9－Y14）（0.6211）
绿色生态建设系统	生态环境条件（X1—X5）（0.6753）	$\gamma12$、$\gamma31$、$\gamma32$、$\gamma42$、$\gamma51$、$\gamma52$ 为中度关联，$\gamma11$、$\gamma22$、$\gamma41$ 为较强关联	$\gamma33$、$\gamma34$、$\gamma53$、$\gamma54$ 为中度关联，$\gamma13$、$\gamma14$、$\gamma24$、$\gamma53$、$\gamma54$ 为较强关联，$\gamma23$ 为极强关联	$\gamma35$、$\gamma36$、$\gamma37$、$\gamma38$、$\gamma48$、$\gamma55$、$\gamma56$、$\gamma57$、$\gamma58$ 为中度关联，$\gamma15$、$\gamma16$、$\gamma17$、$\gamma18$、$\gamma28$、$\gamma45$、$\gamma46$、$\gamma47$ 为较强关联，$\gamma25$、$\gamma26$、$\gamma27$ 为极强关联	$\gamma111$、$\gamma113$、$\gamma211$、$\gamma39$、$\gamma310$、$\gamma312$、$\gamma313$、$\gamma314$、$\gamma411$、$\gamma59$、$\gamma510$、$\gamma512$、$\gamma513$、$\gamma514$ 为中度关联，$\gamma29$、$\gamma210$ 为极强关联，其余为较强关联
	生态环境负荷（X6—X8）（0.4938）	$\gamma61$、$\gamma62$、$\gamma71$、$\gamma72$、$\gamma81$、$\gamma82$ 均为中度关联	$\gamma63$、$\gamma64$、$\gamma73$、$\gamma74$、$\gamma83$、$\gamma84$ 均为中度关联	$\gamma65$、$\gamma66$、$\gamma67$、$\gamma68$、$\gamma75$、$\gamma76$、$\gamma77$、$\gamma78$、$\gamma85$、$\gamma86$、$\gamma87$、$\gamma88$ 均为中度关联	$\gamma611$、$\gamma711$、$\gamma811$ 为较强关联，其余为中度关联
	生态环境治理（X9—X12）（0.6337）	$\gamma91$、$\gamma92$、$\gamma101$、$\gamma102$、$\gamma112$、$\gamma122$ 为中度关联，$\gamma111$、$\gamma121$ 为较强关联	$\gamma93$、$\gamma94$、$\gamma103$、$\gamma104$、$\gamma124$ 为中度关联，$\gamma113$、$\gamma114$、$\gamma123$ 为较强关联	$\gamma95$、$\gamma96$、$\gamma97$、$\gamma98$、$\gamma105$、$\gamma106$、$\gamma107$、$\gamma108$、$\gamma127$ 为中度关联，$\gamma115$、$\gamma116$、$\gamma117$、$\gamma118$、$\gamma125$、$\gamma126$、$\gamma128$ 为较强关联	$\gamma913$、$\gamma1011$、$\gamma1013$、$\gamma119$、$\gamma1110$、$\gamma1112$、$\gamma1114$、$\gamma129$、$\gamma1210$、$\gamma1212$、$\gamma1213$、$\gamma1214$ 为较强关联，其余为中度关联

5.2.3　主要结论和对策

根据实证的结果表明，绿色生态建设系统和城镇化发展系统耦合机制，主要表现出城镇化发展对绿色生态建设的威胁作用和绿色生态建设对城镇化发展影响和负反馈。所以，上述两系统对于各地不同的实地因素有着不同的反馈程度，所以为协调城镇化发展体系和绿色生态建设两系统的和谐发展，并切身提高生态文明建设，提出以下几点切实建议。

5.2.3.1 落实加强环境保护

继续深入推进产业节能减排，更全面地支持管理节能降耗。对于各类资源分类保护、可持续发展，如加强对水资源的管理保护，土地资源更加节约集约利用，并发展循环式经济。继续快速推进各产业的转型升级，积极推进新型的工业化建设，对于农业进行特色建设，服务业发展为现代服务业，调节优化能源产业结构，重视科技创新以驱动发展。对绿色生态环境建设继续加大保护和监督力度，并加强对生态的修复和维持，提高绿化面积，保证水土保持。重点把握住重污染项目，提高环境标准并加强环境监管。

5.2.3.2 加强新型城镇化建设

把绿色生态化建设的理念融入城镇化发展体系中，且在城镇化建设的整个过程中都要以绿色生态文明的理念贯彻始终，加强对城镇地区进行生态因素重建，继续重视区域生态系统的结构功能恢复，全面依托河流、山地、海洋沿岸等自然格局，合理规划农业空间和生态保护区，将绿色生态保护体系完善作为主要目标。对于城镇，推进绿色城镇建设如大力推行绿色城镇建筑，继续发展绿色出行公共交通体系、绿色城乡设计、绿色社区。

5.2.3.3 耦合协调机制

将主体功能区的发展规划理念作为绿色城镇化发展的首要手段，把城镇建设区域主要集中于优化开发区和重点开发区，并严格地将农产品主产区和重点生态功能区保护起来。对于地方政府干部考核，重视对生态环境保护指标的考核权重和力度，实行地方差别化政绩考核管理，从政府到地方严格地施行绿色城镇建设各要求。

5.3 实现绿色发展的能力建设

5.3.1 绿色生态文明建设与城镇化发展的关系

5.3.1.1 逻辑联系

绿色城镇化发展是生态文明建设的载体，如果城镇化发展建设符合社会发展的客观规律以及因地制宜，并且尽可能充分地分析对自然资源能源的自然承载能力，城镇化发展则会走上环境友好型、资源节约型的道路；生态文明建设作为绿色城镇化建设的首要目标，从绿色生态文明建设的方面可以加强城镇化建设的综合水平，同时完善城镇生态环境，也可以作为城镇新型发展的特色名片。相反，如果将经济城镇化发展作为城镇化发展的唯一指标，对生态文化等因素视而不见，没有合理的规划，脱离现实，只重视金山银山而放弃绿水青山，虽然在短期内可以提高经济发展水平，但生态环境必然会对当地发展造成负反馈，阻碍城镇化的发展。所以两系统相互影响、相互制约，决不能只重视其一而忽视另一，只有在绿色城镇化建设的过程中将生态文明建设作为贯穿始终的原则和目标(王素斋，2005)，处理好绿色生态文明建设和城镇化发展两系统的关系，才能真正实现可持续发展。

绿色生态文明建设和城镇化发展关联的新思路转变发展观念，强化绿色理念。走绿色生态化城镇的新型道路，便要逐步转变破坏环境和过度消耗能源资源的传统化发展方式，逐步建立起一个环境优良、生态文明的现代化绿色城镇，人与自然的关系和谐相处，改善和人联系紧密的环境，以此实现绿色城镇化发展的目标。同时，在绿色城镇化建设的过程中必须坚持的一个原则就是以人为本，并要转变从前的只重视经济发展的城镇化发展为绿色发展的方式。

5.3.1.2 注重保护，合力推进

根据我国城镇化发展的速度(每年1%)(苏金发，2006)，截至2016年，我国城镇化发展规模已达到56%左右(张占斌，2006)。城镇化发展给人们带来了许多便利，带动了经济的发展，但同时也给人们带来了许多问题，从中得到的经验教训需要铭记于今后的发展模式中，准确把握绿色生态文明与城镇化发展之间的关系，在城镇化发展的过程中将经济与生态同步推进便是总结出的经验教学之一。所以，在绿色城镇化建设的过程中，不要再重复先破坏再治理甚至是只破坏不治理的错误，在保护绿水青山的同时发展金山银山。

5.3.2 城镇化发展如何实现绿色化

对于我国资源匮乏、人口众多的基本国情和现状及当前城镇化发展中出现的一系列问题，必须要把"以人为本、生态环保、保护自然遗产"等原则作为目标指标，并因地制宜、因时制宜地推动绿色城镇化的生态发展进程，切忌将基本国情以及以往经验抛掷脑后，只重视经济社会发展而放弃生态保护进程。

5.3.2.1 根据绿化建设原则，建设生态城市

联合国教科文组织在1971年发布的"人与生物圈"中首次提出"生态城市"(蒋宵宵，2011)的明确概念，确定了要从生态学的角度衡量城市发展，运用生态学方法来建设城镇。概念中认为，绿色生态化城镇是人民、城镇、自然相互融合的统一整体，是经济快速发展、生态环境绿色发展、社会和谐统一的人类聚居区的具体表现形式。绿色生态城市的发展目标是实现"社会—自然—人"的相互和谐，强调了城镇与自然的协调发展，其中最重要的是实现人与自然的和

谐相处。其中，追求人与自然的和谐及自然系统相对和谐是实现人与人之间和谐的必要条件。与传统城镇相比，绿色生态城镇在建设过程中应遵循绿色的原则。此处的"绿化"并非只是植被覆盖度高，而是指生态绿色化。绿色生态化城镇建设是一项系统的工程，从绿色生态的角度去完善城镇化建设，必然要求在城镇的规划设计、产业结构布局、基础设施建设和城镇运行机制等方面做到无污染、可持续再生、低能源消耗等。具体体现在以下几个方面：城镇规划结构空间布局合理，生态建筑广泛建设、生态环境基础设施相对完善，人工建设环境与生态环境协调度高；城镇经济的发展方式为内涵集约型，建立生态绿色的产业体系；城镇交通体系为快捷清洁便利的系统；将太阳能和风能等清洁能源应用到城镇的能源结构中，对水资源等资源循环清洁的利用；乡村与城市相结合，相互作用且成为一个整体，生态化城市、生态化社区和生态化村落的不同仅存在于分工，所以不能差异对待或为对立；城镇的各方面如教育、文化、制度、道德、科技、法律和宣传等方面逐渐将绿色生态化贯彻始终。所以，生态城镇化是一个"社会与经济—人与自然"的复杂相互系统，绿色生态环境是基础，生态化经济是条件，生态化社会是目的。

5.3.2.2　贯彻落实具体化原则，根据地方实际推进城镇化进程

基于我国现阶段发展的基本国情，城镇化水平发展参差不齐，所以必须将城镇化发展进行分类管理，以不同的方式推进城镇化进程，以不同的绩效考核管理各个层次绿色城镇化成效。在对城镇化水平较发达、各种城镇化弊端已显露的一线城市和东部发达地区，应将重点放在生态恢复和保护上，逐步地减缓城镇化速度，以此来提高绿色城镇化的质量。因为近年来东部地区城镇化发展迅猛，导致了过度城镇化的倾向，以至于东部生态环境在城镇化进程中遭到破坏，特别是东部区域的水体污染严重，包括长江流域、珠江流域、巢湖水域、太湖水域、湘江流域（高红贵等，2013）的水质受到污染。而"城市病"是由于在城镇化过程中因城镇的扩张迅猛，城镇的资源、环境及基础设施建设等方面难以和快速工业的城镇相匹配，因此表现出的和城镇发展不协调的无序和失衡状态，同时是城镇的资源环境承载能力无法满足城镇发展的表现。所以，如果再对过度城镇化不加以组织，仍然盲目地扩张城镇容量，不仅会超过地区的资源环境承载能力，使城镇超负荷运转、资源枯竭、生态环境继续恶化，而且还会使得城镇居民的生活质量下降使得经济发展的成本上升，城镇的可持续发展无法达到。相对的对于城镇化水平较低的西部区域，因地制宜，针对自身生态环境脆弱的特点，合理规划绿色城镇化发展体系，统筹协调发展城镇水平，将城镇化发展和绿色生态化体系相结合。总观西部地区，矿产资源、能源相对丰富，但是水资源是严重的匮乏，同时，土壤荒漠化、水土流失和草地退化现象仍不能忽视，工业化产业相对于东部水平偏低。根据上一节主体功能区的开发程度，西部地区城镇化发展仍然要与资源环境能力紧密地结合在一起，将西部地区城镇化发展速度和规模控制在一个合理的范围内，特别是工业发展必须紧扣区域资源环境的协调能力，节约水资源，同时做到保护、净化和循环利用。在现阶段，特别要重视的是东部地区高污染、高能耗的工业产业向中西部过渡转移由此带来的环境破坏等问题，防止中西部地区再次走上东部发达地区城镇化的旧模式。

5.3.2.3 贯彻适度性原则，建设中国特色城镇体系

根据我国现阶段发展和绿色城镇化发展水平，在今后未来城镇化的道路上要积极发展中小城镇。积极发展中小型城镇不但可以在一定程度上避开以大型城市为主体的聚居城市所带来的"城市病"（沈清基，2007），更重要的是中小型绿色城镇一方面可以联结城乡二元体系，使得乡镇产业向城镇集中，城镇又多分散于个个乡镇之间，总体上优化农业的产业结构，同时增加农村剩余劳动力的就业机会，使劳动力尽可能全面地向第二、三产业转移，增加收入的同时缩小了城乡差距，共同富裕；另一方面积极建设中小绿色城镇体系，还可以为广大农民建立一种全新的生活方式，更加适应城市规律，有利于促进农村的教育、文化及卫生事业的发展，提高人们的思想水平，推进城乡建设一体化。同时在提升乡村建设的同时，仍然要将绿色城镇化的原则贯穿始终，注意中小城镇建设的过程中所发生大生态问题。首先要对城镇区域的环境作合理的科学评价，根据中小城镇本身的资源环境优势，尽可能地合理布局和规划城镇的产业结构，对于高新技术产业要积极的培育和引进，同时必须严格禁止高污染源的工业产业从大城市向中小城镇转移，原因是一个工业产业在大城市和中小城镇所带来的产值基本相同，而在中小城镇中，由于资源廉价、劳动力低廉、技术落后、环境检测标准缺失等问题，企业的污染会造成更大的环境资本付出；其次，对于中小城镇的基础设施的承载能力建设要适当的扩张，尤其是在垃圾分类回收、污水排放处理和资源再生利用等方面，从城镇化建设之初就先行预防城镇化发展对环境所造成的影响。

此外，绿色生态化城镇建设的过程中会伴随着各种复杂恶劣的因素，所以利用法制体系推动生态绿色发展进程，努力发展技术支撑体系对生态环境进行协助，提高城镇的绿化覆盖率，对居民进行生态环境绿色宣传以提高其素质，倡导积极的绿色消费等，对推动绿色城镇化建设的重要性不言而喻。总体来说，对于城镇化发展必然会出现对生态环境的威胁，同样也会有城镇发展滞后带来的后续发展环境压力风险增大的问题，所以综合各方面因素，绿色城镇化是必然之举。

5.3.3 如何实现绿色城镇化能力建设

5.3.3.1 健全完善法律法规

建立健全和完善法律法规，可以使城镇化的绿色发展在法律法规的监视监督下，以保护生态环境为底线，以绿色可持续发展为目标，以建设绿色生态城镇化为最终目标。通过建立健全绿色城镇化发展相关法律法规，确定出政府、企业、公民和其他相关机构人员所需履行的责任和义务，若要绿色生态文明建设和城镇化发展两系统有序、有成效的推进，必须在法律体系完善的前提下建立一系列的合理科学的制度规范体系。合理完善的法律法规是政府建设绿色城镇化发展的重要依据和推手，一方面，要将绿色城镇化规划作为众多工作的起点，科学合理的规划是绿色城镇化建设的前提，首先，限制城镇的无序、乱序发展，避免"鬼城"的出现（董泊，2012）；其次，加强城镇的基础设施建设特别是有关污染净化和回收利用的机构，以此加强对绿色生态的保护。另一方面，除了建立新的法律法规外，还要对已有的法律法规进行合理的创新和改革，首先要打破城市和乡村政策制度之间的壁垒，将对户籍制度、基层自治制度及土地制度等一系列相关制度进行适度的改革和合理的更新，在绿色发展经济的基础上，缩小城乡差距，完善社会公平和谐。在国家社会层面，必须首先要完成法律法规的顶层建设，从一个较高的层面对整个社会及成员做出约束，然后对于法律法规制定后如何进行贯彻落实到位、到各层级，对为城镇化建设而破坏其生态环境行为进行惩处。所以必须通过法律法规的建立健全对法制行为的整合规范、公民环保绿色发展意识的发展，才能从根本上来帮助绿色城镇化的发展。

5.3.3.2 提高政府职能，建立科学的绩效考核体系

无论城镇体系怎么发展，政府机构仍然是绿色生态城镇化建设的主导领导者，政府统筹兼顾各方面资源，进行分配指导和管理，在城镇化建设、积极推行绿色生态文明建设中担负着重要的责任。所以，一方面政府要更加严格地实行生态建设责任制和土地管理制度，将绿色生态保护成果和生态建设纳入政府绩效考核体系，同时保证生态红线和土地红线不被突破（方创琳等，2011），根据主题功能区区分严格执行开发模式；另一方面，更加完善执行"一把手问责制"以及"工作成效奖惩制"（曾志伟，2010）（戚晓旭等，2014），通过严格的制度体系去完善加强政府的职能，加强政府治理环境的能力和行政执行能力，提高政府相关部门及其领导的保护和治理环境的意识及能力。"绿水青山就是金山银山"，要将绿色生态发展作为城镇化发展的新常态，开发不同于以往的城镇化发展模式。传统的政府绩效考核只重视 GDP 发展速度和水平，不重视环境的保

护和修复，而通过以往的经验和教训，传统的发展模式无异于杀鸡取卵。所以，现阶段的政府领导人员必须要更正传统的绩效评价观念，以正确的绩效考核观，以"绿水青山就是金山银山"为导向指导城镇化发展，重视环境的资源环境承载能力，真正地将城镇化经济发展和绿色生态文明建设统一起来，避免用绿水青山来换取金山银山的发展模式再度发生，真正地做到绿色生态城镇的建设，兼得经济与生态共同成果。

5.3.3.3 建设生态化城市，发展城镇绿色生态化

绿色城镇化的发展模式是生态坚韧、环境友好和消耗平衡的城镇化发展模式。同样，生态城市的概念也是基于对城市生态文明建设和绿色城镇化发展的高度重视而提出的。建设绿色城镇和生态化城市，首先要"调结构、转方式"（曹红华，2010），调整合理的农业产业结构，适当改变工业企业发展模式，优化改变第三产业的发展结构模式；其次，当战略机遇期和发展契机来临时，要努力抓住发展的机会，特别在当下国家和党注重发展生态文明建设的时机来临，在绿色城镇的规划和建设中着重注意以人为本、因地制宜和因时制宜，保证传统文化的传承，加强公共设施建设，同时提高公共服务水平，尽量地降低"城市病"出现和恶化的概率；最后，对于工业园区的建设，则要加强规范和标准，特别是政府要更加理性地考虑工业园区的引入建立，且对于工业园区的监察管理力度和污染处理水平要更加的严格和准确。

（1）绿色城市的建立对绿色城镇化发展的必要性和发展趋势

针对现阶段城镇化发展水平和环境承载度，可将绿色城市发展趋势作如下表述：第一，城市园林区域绿化应高度建立，绿色城市首先必须拥有一个良好的生态环境，而要完成这一目标首先就是要使城市的园林绿化面积达到标准，但是现阶段我国城市的绿化覆盖率不高，覆盖面不大，所以应该提高城市绿化面积，但要注意的是，不要一味地过分注重绿化覆盖面，同时要统筹兼顾每个城市的特点，因地制宜，切忌只为了提高绿化面积覆盖率而阻碍基础设施建设和发展。近些年来，我国城市的园林绿化工作已经有了很大程度上的改善，如城市绿化景观的质量不断加强，城市绿地覆盖率不断提高，生态环境的质量不断改善，等等。第二，绿色城市的发展建设应该有一个明确的依据和评价体系，有高效的管理机构和协调运转的各体系（吕丹等，2013）。绿色生态化城市的运转的健康程度，从很大程度上依赖于城市管理体系，同样绿色城市的管理效用也同时体现了城市的文明发展水平和运转效率。若将城市的物质组成看作外在，城市的管理体系和监察体系看作内在，这时会发现内在提升的重要程度远远大于外在内容的更新。所以，想要建设高程度高内涵的绿色城市，必须有一个合理科学的规划，有一个良好的管理和监察体系，从而带动绿色城市的建设达到

一个更高的水平。另外，绿色城市的建设应该以人为本、宜居舒适为原则。以人为本的内涵就是"人与自然和谐相处"（李晓燕，2010），以此作为绿色城市的主旨，一定不是将人类作为凌驾于自然之上的系统。同时，绿色城市建设的最终目的是建设绿色空间、绿色生活社区，在绿色发展的同时注重发展城市特色，保留原始的传统文化传承。各方面相互结合以完成经济、社会和绿色生态的可持续发展。

（2）建设绿色生态城市的要求

根据绿色城镇化发展的内涵要求，与绿色城市建设相符合，为达到预期的生态发展目标，绿色城市的建设应该符合以下几点要求：

①绿色城市建设要进行科学合理的规划；

②绿色城市建设存在合理比例的绿化覆盖面积；

③绿色城市建设必须有完善的基础设施建设（包括污染治理设施和可循环利用资源的净化设施）；

④绿色城市运转是低消耗、低污染模式；

⑤绿色城市中的政府、各机构和居民要有环保意识。

（3）建设绿色城市的途径

绿色城市的建设需要多方面的手段，如政府行政、法律法规、经济基础和技术发展等协调进行综合治理发展，同时"内在"发展建设和"外在"发展建设相统一，实现城市社会和经济发展向着绿色生态化的方向转变，同时保证城市绿色生态的可持续发展，完善绿色城市的建设，需要遵循以下途径：

①遵循制定的合理规划；

②经济运行的模式应以循环可持续发展为核心；

③城市综合环境基础设施建设功能齐全；

④建立城市交通体系需快捷清洁；

⑤城市能源体系以清洁可循环能源为主体；

⑥完善和改革环保法律法规体系；

⑦提高科学水平以支撑生态环境体系；

⑧建立生态环境优良、服务设施完善以及高品质生活质量的生态居住区；

⑨完善绿色生态宣传体系（包括教育宣传体系）以提高大众环保意识，并提倡绿色消费观念和生态价值观念。

绿色城市建设基于绿色城镇化发展的内涵，成为绿色城镇化的现实体现，是整个城镇化生态文明建设的典型特色体现，不仅将绿色生态文明建设的要求贯彻落实于城镇发展中，同时统筹兼顾社会经济建设。所以对于绿色城市建设应合理提高规划建设，不断合理借鉴国外成功的做法，取长补短并结合我国现阶段发展特点，建设符合我国国情的中国特色绿色城镇化体系。

5.3.3.4 提高大众环保意识，增强社会舆论力量

对于绿色生态文明建设，媒体、教育和社会舆论的力量不可忽视。合理地利用媒体、教育和社会舆论宣传环保观念，不但能提高公众的环保意识，同时能逐步将意识同化入行为，而且可以能建立一个良好的社会环境氛围。另外，社会舆论组织现在逐步发展壮大，一些民间环保组织和社会环保团体通过自身团体力量和网络媒体等渠道为生态环境的宣传和保护作出了相当大的贡献，但仍然不排除组织不善、领导不力等现象，所以必须扬长避短，培养社会团体组织规范有序的发展，对相关的社会团体和志愿者团体进行合法合理的推进建立，并建立有关团体组织的法律法规，总领各团体最主要的主旨。这样，可以让大众通过合理合法的渠道去表达一种合理的诉求，可以有机会参与环境的治理，对生态环境贡献出自身力量。

5.3.4 结语

我国现阶段城镇化发展速度迅猛，但是发展质量参差不齐，大多是过分地重视社会经济建设且政府绩效等完全直接与经济发展状况挂钩，一些城镇化发展模式带来了深刻的教训，同时也让我们得到了清醒的认识。绿色生态文明的城镇化建设发展模式，是根据以往经验教训和现阶段国情来确定的必需的发展模式，是打破传统城镇化发展的壁障的新型科学的发展模式，是新形势下社会发展的新要求，是绿色生态文明建设的重要要求，也是党和人民共同的选择。城镇化发展不仅仅是城镇数量和人口比例的增长、城镇规模的扩大，它更是一次社会经济结构转型的过程。同时来说，新型绿色生态城镇化建设的过程，更是要将绿色、生态、可持续等要素融入城镇化的发展体系，以经济建设为中心的同时，更要以绿色生态文明建设为依托、基础、目标。只有实现了人与社会、人与自然的和谐发展、共处共荣，才能保证城镇化建设全方位的完成，才能真正地走出一条符合中国国情、具有中国特色的新型绿色城镇化发展道路。

云南省城镇绿色发展模式

6.1　城镇建设现状与绿色发展思路

　　云南简称云(滇)，省会为昆明，下设 8 个地级市，包括昆明市、曲靖市、玉溪市、昭通市、保山市、丽江市、普洱市、临沧市；8 个自治州，包括红河哈尼族彝族自治州、文山壮族苗族自治州、楚雄彝族自治州、西双版纳傣族自治州、大理白族自治州、德宏景颇族傣族自治州、怒江傈僳族自治州、迪庆藏族自治州。

　　众所周知，云南地处祖国西南边陲，多山地，相对平缓的山区占总面积的10%，地形地貌复杂，大面积土地高低参差，纵横起伏，全省地势西北高，东南低，发育着各种类型的喀斯特地貌。总体来说，云南多山，有个别县、市的山地比重超过98%，多山地形导致云南部分区域的交通不便，这是对云南城镇建设影响最为重要的原因之一。

　　云南城镇建设的历史可以追溯到先秦时期，在之后的很长时间里，昆明、大理两个城市曾经作为云南首府的所在地都是初具规模的城镇。新中国成立后，云南城镇建设经历了发展、停滞、快速发展和科学发展的曲折历程。1950～1960 年，城镇建设初步发展，建设规模逐步扩大，基础设施有所发展；1961～1978 年，城镇处于倒退状态；1979～2002 年，随着经济的快速发展，城乡壁垒逐渐被打破，特别是乡镇企业的发展和工业化进程的大步推进，使得云南的城镇建设取得很大的进展；2003 年后，城镇建设快速发展，城镇化也进入科学发展时期。全省按照现代新昆明，玉溪、曲靖、大理、红河区域中心城市，州市政府所在地和设市城市，县城，中心集镇，边境口岸城镇各层次的城镇体系，全面加强城镇基础设施的建设，加快城镇化的进程与发展，在各项积极措施的推动下，云南城镇建设进入快速发展时期。

　　同时，云南城镇化水平也不断提高。1949 年，云南城镇化水平仅为 4.8%。但改革开放以来，云南城镇化水平稳步提高，2001~2008 年，云南省的城镇人口从 990.3 万人增加到 1499.2 万人，年均增加 63.6 万人，城镇化水平从 23.4% 上升到 33%，年均上升 1.2 个百分点。

　　截至 2016 年，云南省城镇化率达到 45.03%，全省城镇人口、县城以上含县城建成区面积分别达到 2148.16 万人、1772km²，初步形成了 1 个特大城市（昆明）、1 个大城市（曲靖）、3 个中等城市（个旧市、大理市、玉溪市）、12 个小城市（楚雄市、芒市、瑞丽市、宣威市、昭通市、普洱市、保山市、景洪市、安宁市、开远市、丽江市、临沧市）、595 个建制镇、692 个乡集镇组成的省域城镇体系。到 2016 年，全省常住人口城镇化率由 2010 年的 34.7% 上升到 44.33%，已经形成 1 个大城市、1 个中等城市、21 个小城市（15 个县级市）、98 个县城、16 个区构成的城镇体系格局（云南省统计局，2016）。

　　现阶段，云南省城镇建设卓有成效，滇中城市群的规划，大大提高了城镇化率，滇中城市群包括昆明、曲靖、玉溪、楚雄四州市行政辖区范围，总规划面积 9.6 万 km²。规划的期限为 2009~2030 年，根据规划，到 2030 年末，滇中总人口规模约为 2400 万人，城镇化水平达到 75%。按照云南省"滇中城市群"构想，云南省将以昆明为核心，携手曲靖、玉溪和楚雄进行滇中城市群建设。根据滇中城市经济圈各区域发展基础、资源环境承载能力和发展潜力，依据国家和云南省主体功能区规划，优化空间发展格局，进一步明确各区域功能定位，加快推进形成"一区、两带、四城、多点"的空间发展格局。

　　（1）一区

　　一区即滇中产业聚集区。为推动全省科学发展、和谐发展、跨越发展，选择滇池径流区域以外的安宁、易门、禄丰、楚雄四县市（西片区）和位于昆明东部的官渡、嵩明、寻甸、马龙四县区（东片区）的局部区域规划建设滇中产业聚集区。以加快转变经济发展方式为主线，以改革创新体制机制为突破口，以产业园区为载体，按照产业带动、组团发展、产城融合、城乡统筹的要求，整合优势资源，采取有力的政策措施，大力发展以现代生物、汽车和装备制造、石油化工、新材料、电子信息、轻纺、家电、现代服务业等为主的中高端产业，努力聚集一批科技含量高、产业关联度大、经济效益好，具有较强市场竞争力和带动力的新型化、集群式现代新兴产业。把滇中产业聚集区打造成为高新技术产业、战略性新兴产业高度聚集发展和特色鲜明、配套完善、绿色发展、国际一流的西南地区重要的产业聚集区，形成全省技术创新的新高地、投资创业的新热土、外向型特色优势产业的新基地、改革开放的新窗口、品质优良的新家园，成为桥头堡建设的新引擎、产城融合的示范区、绿色发展的样板区和实现全省跨越发展的新支撑。到 2020 年，力争聚集区生产总值占全省 20% 以上。

（2）两带

①昆明—玉溪拓展至红河州北部旅游文化产业经济带：以昆明主城区和玉溪红塔区为旅游发展核心，以嵩明—通海—建水—蒙自、安宁—石林—弥勒—蒙自的骨干交通沿线为轴线延伸，以哀牢山—红河谷和东川红土地—禄劝罗鹭谷两条文化风情休闲度假旅游线为拓展，统一区域旅游形象、旅游营销、旅游市场和旅游管理，构建旅游文化产业经济带。打造滇池—阳宗海—抚仙湖—星云湖—杞麓湖—异龙湖六大高原湖泊文化旅游区，石林喀斯特—帽天山寒武纪古生物化石地世界自然遗产旅游观光区，螳螂川—普渡河温泉养生旅游区，轿子雪山生态旅游度假区。突出湖滨度假、城镇休闲、温泉养生、生态康体、遗产观光、乡村民俗等旅游发展主题，形成以古滇国历史文化为引领的国际文化旅游集散中心，成为世界一流的内陆高原湖滨休闲度假、养生康体、御寒避暑旅游胜地，我国面向西南开放的国际都市旅游目的地，国际有影响力的商务会展旅游目的地，国际知名的文化体验型旅游目的地。

②昆明—曲靖绿色经济示范带：沿杭瑞高速公路的昆明—嵩明—寻甸—曲靖—宣威段和南昆铁路的昆明—宜良—石林—陆良—罗平段为轴线，规划布局昆曲绿色经济示范带。坚持节约资源和保护环境，着力推进绿色发展、循环发展、低碳发展，以现代庄园经济为重要内容，在宜良—石林、陆良—罗平、嵩明—马龙、麒麟—沾益—宣威等区域规划建设一批具有比较优势的区域特色农业产业聚集区、农业观光体验区，加快形成区域化布局、标准化生产、一体化经营、社会化服务的昆曲绿色经济示范带建设格局，建设云南高原特色农产品供给和提高农民收入的重要基地，特色农产品加工、品牌培育、物流集散和出口创汇的重要基地，现代农业科技创新与农业高新技术成果转化的重要基地，加快建设绿色有机蔬菜基地和高标准农业示范园区。突出"丰富多样、生态环保、安全优质、四季飘香"四张名片，精心培育农业龙头企业，做大做强特色产业、特色产品，提高农产品的市场占有率，打造云南省高原特色农业发展的示范和样板，在全省高原特色农业发展中起到示范和引领作用。

（3）四城

推进四个中心城市同城化建设，形成功能合理分配、资源有效配置、产业相互协调、资金互为融通、技术相互渗透、人才互为流动的滇中城市群的"大核心"，带动辐射滇中城市经济圈跨越发展。

①昆明：以打造富强昆明、活力昆明、文化昆明、和谐昆明、生态昆明为着力点，以现代昆明大都市圈为核心，以建设区域性国际城市和打造世界知名旅游城市为目标，以发展绿色经济为方向，以强化中心城市的聚集和辐射作用，

加强昆明与曲靖、玉溪、楚雄、红河北部及滇中城市经济圈以外其他州、市的协作，理顺产业上下游关系，促进产业技术的创新支撑与引领作用为着力点，大力发展精深加工，积极发展高原特色农业，优化提升传统产业，着力培育战略性新兴产业，大力发展以高新技术产业为先导、先进制造业为主体的新型工业。加快发展以现代物流、金融保险、信息咨询和教育、科技服务等为重点的生产型服务业，以及吸纳就业能力强和市场需求大的旅游文化、商贸、商务会展、家政服务、养老服务等为重点的生活型服务业，全面提高现代服务业发展速度、质量和水平，增强科技创新和综合服务功能，打造总部经济、"昆明国家生物产业基地"核心区，积极构建区域性金融中心、物流中心、采购中心、研发中心、中介服务中心、培训中心、旅游集散和会展服务中心，使之成为全省对外开放合作的中心城市，引领滇中城市经济圈跨越发展的龙头，全省科学发展、和谐发展、跨越发展的"火车头"。

②曲靖：以构建现代农业强市、新型工业强市、园林宜居的珠江源大城市为目标，推动"麒（麟）沾（益）马（龙）"同城化发展，加快煤电及新能源基地、重化工基地、有色金属及新材料基地建设，加速推进绿色经济转型发展的步伐，大力发展先进装备制造和高原特色农业，以农业观光等为重点发展体验型旅游，加快建设承接黔桂川与东盟自由贸易区的物流中心和综合交通枢纽，使之成为资源型地区循环经济发展的示范区、珠江源生态安全保障区以及滇中高原生态宜居城市群的重要组成部分，支撑滇中城市经济圈跨越发展的东部增长极。

③玉溪：以生态立市、烟草兴市、工业强市、农业稳市、文化和市为着力点，以建设现代宜居生态城市为目标，推进红塔、江川、澄江、通海、峨山融合发展，加强与昆明、红河北部的互动发展与合作，重点发展卷烟及配套产业、装备制造业、战略性新兴产业、休闲观光旅游产业，加快发展外向型经济，联合昆明市建设一批面向东南亚、南亚市场需求的出口加工基地，成为支撑滇中城市经济圈跨越发展的南部增长极。

④楚雄：以工业强州、开放活州、科教兴州、生态立州为着力点，以构建滇中西部区域中心城市为目标，推动楚雄、南华、牟定、双柏、禄丰广通镇的融合发展，提升城市聚集力，加快绿色食品、彝医药和中成药、新能源新材料、冶金化工、商贸物流、民族文化旅游产业基地建设，深化与四川攀西经济区和滇西、滇南区域合作，加快形成"昆楚"与周边区域"2＋X"的合作模式，使之成为金沙江流域经济合作区的重要节点和支撑滇中城市经济圈跨越发展的西部增长极。

（4）多点

充分利用滇中城市经济圈内昆明市、曲靖市、玉溪市、楚雄州及红河州北部49个县、市、区的自然禀赋、地域特色、资源优势和文化条件，以县域经济跨越发展为目标，多点发展，注重以工促农、以城带乡、工农互惠，以"兴产业、调结构，重科技、促增收，强基础、惠民生，抓改革、扩开放"为重点，以县城、工业园区、农业产业化园区、商贸物流园区、文化旅游产业园区等为着力点，因地制宜，全力推进特色县域经济跨越发展，形成多点并进、功能互补、全面协调发展的新局面（云南省政府文件，2014）。

统筹区域城乡空间，综合利用低丘缓坡山地，优化城乡建设用地结构，引导城镇、村庄向坝区边缘适建山地发展，做优核心城市、做大区域中心城市、做强县城、做特集镇，形成以核心城市、区域性中心城市为重点、中小城镇为骨干、梯次明显、功能互补、共生共荣、结构合理的城镇体系。也要做到以下几点，才可以更大程度地提高和加快云南省城镇化的发展进程。

6.1.1　优化城镇体系结构

加快建设由省域中心城市、区域性中心城市、中小城市和小城镇构成的四级城镇体系，推动大、中、小城市协调发展。扩展昆明城市辐射能力和发展空间，加强安宁—晋宁—澄江—宜良—嵩明的交通联系，加快建设以昆明为中心的1小时经济圈，积极引导产业和人口适当向外围疏散，缓解中心城区和滇池的治理压力。加快曲靖、玉溪、楚雄、红河四大中心城市发展，完善城市功能，打造优势产业，壮大经济实力，带动区域发展，建设麒麟区、红塔区、楚雄市、蒙自市为中心的半小时经济圈，促进城市组团式发展。按照资源禀赋、发展基础和环境容量，通过扩容提质，加快对新的城镇化增长空间的引导和培育，积极推进省管县改革，壮大县域经济，大力发展县级市和县城，提升城市综合承载能力，建设一批各具特色、功能完善的中小城市。把小城镇作为沟通城乡、促进城乡一体化发展的重要节点，择优培育一批重点镇和中心镇，按照规模适度、布局合理、功能健全、突出特色的要求，通过乡镇合并、产业聚集、小城镇周边村庄聚集、居民点安置等方式扩大一般镇的总体规模，进一步改善基础设施和公共服务设施的配套水平，形成对区域城镇发展的强有力支撑。

6.1.2　强化重点城镇功能

按照错位发展和依托现状的原则，结合自身区位、设施现状和经济发展形势，形成彼此开放、联系紧密的城镇地域系统。强化昆明辐射带动力，优化产业、人口空间布局，适当控制主城区的人口规模，推动传统产业外移，打造区域性国际城市。加快曲靖、玉溪、楚雄、红河区域中心城市的发展，适度拓展城市空间，壮大产业规模，增强人口、产业聚集能力，带动周边城镇同城化发展。加大县城和重点镇的建设力度，优先发展具有较强人口吸纳能力、具有产业支撑和发展空间的县城和重点镇。促进县城和重点镇之间的产业协作，大力发展县域经济，完善县城和重点镇的基础设施及公共服务配套功能，提高县城和重点镇的吸引力。加强城市历史文化遗产的保护，重视历史文脉的继承和发展，弘扬传统文化和地域文化特色，提升城市文化内涵，彰显文化魅力。

6.1.3　推进山地城镇建设

按照形成"城在山中、房在林中、水在城中、人在绿中"的独特城镇风貌的总体要求，以特色城镇建设为重点和切入点，科学规划布局，彰显各自山水景观、民族文化、历史文化特色。引导城镇向低丘缓坡山地发展，充分利用自然山势、水系建设高效的城市道路和供排水系统，保障山地城镇的安全性。依托自然地形依山就势，建设与自然风光有机结合的山水田园城镇。对坝区耕地实行特殊保护，城镇建设尽量避免占用优质耕地，确保基本农田数目数量不减少、用途不改变、质量有提高。鼓励城镇新增建设用地利用周边适建山地、坡地和荒地，支持城镇组团向山地发展。积极引导工业向产业园区集中，园区向缓坡布局，实行单位面积土地最低投资限额，鼓励企业投资建设多层标准厂房。

6.1.4　加快滇中产业聚集区城镇建设

按照城乡统筹、产城融合、节约集约、生态宜居、和谐发展的要求，重点打造两片区、八大组团(东片区的嵩明—空港组团、寻甸组团、马龙组团，西片区的安宁组团、易门组团、禄丰组团、楚雄组团、碧城组团)，在推进区域产城融合、高原山地生态宜居智慧型城镇建设上作出示范。重点加强聚集区核心组团嵩明—空港组团、安宁组团与昆明主城区的良性互动，共建滇中昆明大都市圈。到 2020 年，滇中产业聚集区城市建成区面积力争达到 100km^2 以上，通过产业发展聚集城镇人口 100 万。

滇中城市群的建设，重点在于培育具有一定产业基础、人口规模、交通条件、资源承载力条件的重要节点城镇，通过专业园区建设、资源开发、农特产品加工和文化旅游服务，建设弥勒市、澄江县、碧城镇和广通镇四个新兴城镇。

①弥勒市：随着昆河高速、通用机场、云桂高铁、弥蒙高铁的建设，弥勒作为昆河通道上的重要节点城市，区位交通优势进一步凸显。弥勒重点发展旅游、烟草、新材料、机械制造与现代农业等，加快引导人口聚集和产业跨越发展，形成具有一定规模效应和带动辐射能力的新兴城市。

②澄江县：依托浑厚的历史文化底蕴、独特的高原湖滨生态旅游资源、举世罕见的动物化石群，积极发展与旅游业相关的休闲、娱乐、餐饮、购物等行

业，通过加强基础设施建设，延伸旅游产业链，打造全国养生度假基地、以文化旅游及大健康产业为主的高原湖滨生态旅游型新兴城市。

③碧城镇：是云南省产镇融合发展示范区，禄丰工业园区的重要组成部分。碧城镇依托重要的区位优势，将是安宁产业转移的重要承接地。以发展数控研发、加工以及数控配件加工为主导，以农副产品加工、生物资源和新能源等附属产业为辅，实现经济和人口规模有序增长，形成特色鲜明、优势明显、带动力强的滇中新兴城镇。

④广通镇：发挥位于滇川、滇缅铁路交会点上的重要交通区位优势，依托现有的大量专用铁路线、货物转运站（场）和仓储物流基础，以交通与物流业为主导产业，辅助发展金融、邮电、餐饮、商贸、酒店等相关产业，成为楚雄城镇组团的组成部分，区域性交通枢纽和滇中城市群西部物流中心。

滇中城市群的人口与城镇化发展概况为总人口增长平稳，但各地区人口增长差异较大；城镇化快速推进，但整体水平不高，地区差异显著；缺少中间规模城市，呈现高首位特征。现阶段，云南还同时打造其他城镇中心、城镇群，来推进云南城镇化建设。

加大推进水富、禄丰、祥云、罗平、华坪、镇雄、宜良、嵩明、河口、建水等县撤县设市，积极推进马龙、晋宁、鲁甸等县撤县设区。加大撤乡设镇、撤镇设街道办事处、村改居力度，对吸纳人口多、经济实力强的城镇，赋予同人口规模相适应的管理权。加快城镇群建设。完善城镇群之间快速、高效、互联、互通的交通网络，建设以高速铁路、城际铁路、高速公路为骨干的城市群内部交通网络，统筹规划建设高速联通、服务便捷的信息网络，统筹推进重大能源基础设施和能源市场一体化建设，共同建设安全可靠的水利和供水系统。

按照"11236"的空间布局，有序推进滇中城市群等6个城镇群协调发展，提升滇中城市群对全省经济社会的辐射带动力，加快建设昆明省域中心城市，曲靖、玉溪、楚雄区域性中心城市，打造滇中城市群1小时经济圈，把滇中城市群建设成为全国城镇化格局中的重点城市群，全省集聚城镇人口和加快推进新型城镇化的核心城市群。到2020年，户籍人口城镇化率达到50%。

加快发展以大理为中心，以祥云、隆阳、龙陵、腾冲、芒市、瑞丽、盈江为重点的滇西次级城镇群，将滇西城镇群建设成为国际著名休闲旅游目的地，支撑构建"孟中印缅"经济走廊的门户型城镇群。到2020年，户籍人口城镇化率达到40%。

加快发展以蒙自为中心，以个旧、开远、建水、河口、文山、砚山、富宁、丘北为重点的东南次级城镇群，将滇东南城镇群建设成为云南省面向北部湾和越南开展区域合作、扩大开放的前沿型城镇群和全省重要经济增长极。到2020

年，户籍人口城镇化率达到40%。

积极培育以昭阳、鲁甸一体化为重点的滇东北城镇群，将滇东北城镇群建设成为长江上游生态屏障建设的示范区，云南连接成渝、长三角经济区的枢纽型城镇群。到2020年，户籍人口城镇化率达到30%。

加快培育以景洪、思茅、临翔为重点的滇西南城镇群，将滇西南城镇群建设成为全国绿色经济试验示范区，云南省最具民族风情和支撑构建"孟中印缅"和"中国—中南半岛"经济走廊的沿边开放型城镇群。到2020年，户籍人口城镇化率达到35%。

加快培育以丽江、香格里拉、泸水为重点的滇西北城镇群，将滇西北城镇群建设成为我国重要的生态安全屏障区，联动川藏的国际知名旅游休闲型城镇群。到2020年，户籍人口城镇化率达到30%。

云南省城镇建设取得了很大的进步，但是在充分肯定成绩的同时，我们也清醒地看到，由于历史、经济、社会、自然等诸多方面的原因，云南省城镇发展水平较低的状况还远没有从根本上得到改变。

(1)城镇化发展水平总体滞后

从城镇人口数量看，目前统计的2148.16万城镇人口包括了大约460万在城市工作半年以上、户籍在农村的农民工及随迁人口，这部分人并未真正融入城镇、享受城镇居民的公共服务，还不是真正意义上的城镇居民。从城镇数量看，建制镇和建制市分别仅占全国总数的3%左右和3.3%左右。从城镇规模看，大部分州市政府所在地城市常住人口仅为10万~30万人，县城多为2万~5万人，建制镇多为1万人以下，城镇规模小、综合实力不强、辐射带动能力弱。从城镇化质量看，发展中"重地上轻地下""重硬件轻软件""重短期轻长期"等问题突出，城市功能不完善、不协调，城市管理水平相对滞后（云南省统计局，2016）。

(2)城镇空间分布不尽合理

云南省城镇空间分布呈现"T"形集聚型，中多边少、东密西疏。"T"形南北向城镇集聚轴主要覆盖昆明、曲靖、玉溪、楚雄、昭通、红河、文山、德宏等州市，设市城市比重达70%以上，总体呈现滇中地区城市多，周边城市少的基本格局。以云岭东侧和元江为界，东部有全省近2/3的城镇，滇西地区仅有1个中等城市和全省近1/3的城镇（郭凯峰等，2011年）。

(3)城镇化发展的产业支撑不强

云南省工业化不发达，而城镇化发展水平又严重滞后于工业化发展水平，导致工业化、城镇化与服务业的发展没有形成良性循环，产业集聚带动社会分工深化细化不够，人口城镇化滞后导致需求拉动力不强，一些中小城市、小城镇产业发展和集聚缺乏支持，造成产业发展吸纳就业的能力比较弱。

(4)城镇化过程中城乡矛盾突出

一些地方城镇化发展缺乏统一规划，城市发展和农村发展"一头重一头轻"，反哺农村的力量薄弱，没有达到提升农业、富裕农民、建设农村的效果。2016 年，全年城镇居民人均可支配收入28611 元，农民人均纯收入9020 元，城乡居民收入的绝对值差为19591 元，城镇居民收入是农民的3.17 倍(云南省统计局，2016)。

(5)城镇化过程中缺乏历史和文化内涵

省委书记陈豪从历史和文化的角度，深刻揭示出昆明城市规划建设中存在的问题：一是作为城市发展内核的历史文脉被割裂；二是城市原有的大山大水空间格局被破坏；三是城市的人文之湖滇池受到严重污染；四是城市的街区和建筑风格没有特色、缺乏个性；五是城市的基础设施建设缺乏统筹规划；六是城市的管理缺乏文化视野和战略眼光(陈豪，2016)。

(6)城镇化发展的体制机制障碍亟待破除

一些地方随意调整规划，规划的约束性不强。土地管理制度、就业制度、社会保障制度、户籍管理制度等方面的改革滞后，制约公共资源在城乡的优化配置和生产要素在城乡之间的合理流动，影响城镇化的健康有序发展。

(7)城镇管理经营水平滞后

云南地处边疆，经济发展落后，对城市的经营、管理缺乏足够的重视和必要的经验，土地资源、水资源、环境资源、人力资源的深度开发严重滞后，财政增收、社会就业压力增大。近年来，随着社会主义市场经济的发展，城镇供水、污水处理等基础设施建设的市场化运作才刚刚启动。

在发展大城镇的同时，还要注重提升小县城和重点镇基础设施水平。加强城镇发展与基础设施建设有机结合，优化城镇街区路网结构，促进城镇基础设施建设与公路、铁路、航空枢纽和现代物流产业发展衔接与配套，形成方便快捷的城镇交通网络。强化城镇各级道路建设，打通城镇断头路，促进城镇街区道路微循环，完善和优化城市路网结构。加快推进城镇天然气输配、液化和储备设施建设，提高推进城镇天然气普及率，加快推进迪庆藏区供暖工程建设。推进重点城镇供水管网工程建设，加大贫困县、严重缺水县城和重点特色小城镇供水设施建设，加强城镇供水管网和污水处理及循环利用设施、雨污分流设施建设。完善城镇生活垃圾分类及无害化综合处理设施建设(云南省政府，2016)。

《国家新型城镇化规划(2014 - 2020 年)》中指出，要根据资源环境承载能力，构建科学合理的城镇化宏观布局。严格控制特大城市规模，增强中小城市承载能力，从而促进大中小城市和小城镇的协调发展。这其间就要尊重自然格局，在依托现有地形环境、气象等条件下，合理布局城镇各类空间，尽量减少对自然的干扰和损害。要加大保护自然景观的力度，使历史文化得到传承。积极倡导城镇形态多样性，保持特色风貌，防止"千城一面"。更要科学确定城镇开发强度，提高城镇土地利用效率、建成区人口密度，划定城镇开发边界，从严供给城市建设用地，推动城镇化发展由外延扩张式向内涵提升式转变（国务院，2014）。

推进易地扶贫搬迁与新型城镇化结合。坚持尊重群众意愿，发挥群众主体作用，注重因地制宜，搞好科学规划，在县城、小城镇或工业园区附近建设移民集中安置区，推进转移就业贫困人口在城镇落户。采取争取中央、加大省财政支持和多渠道筹集资金相结合，引导符合条件的搬迁对象通过进城务工等方式自行安置，除享受国家和省易地扶贫搬迁补助政策外，迁出地、迁入地政府应在户籍转移、社会保障、就业培训、公共服务等方面给予支持。统筹谋划安置区产业发展与安置群众就业创业，确保搬迁群众生活有改善、发展有前景。

提升规划水平，增强城市规划的科学性和权威性，促进"多规合一"，全面开展城市设计，加快建设绿色城市、智慧城市、人文城市等新型城市，全面提升城市内在品质。实施"云上云"行动计划，加速光纤入户，促进宽带网络提速降费，鼓励发展智能交通、智能电网、智能水务、智能管网、智能园区。大型公共建筑和政府投资的各类建筑全面执行绿色建筑标准和认证，积极推广应用绿色新型建材、装配式建筑和钢结构建筑。落实最严格水资源管理制度，推广节水新技术和新工艺，积极推进再生水利用，全面建设节水型城市。深入实施城乡人居环境提升行动，全面开展城市"四治三改一拆一增"，加强区域性环境综合整治，加大城乡污水、垃圾监管力度，强化大气污染、水污染、土壤防治，提升城市人居环境。

坚持产业和城镇良性互动，促进形成"以产兴城、以城聚产、相互促进、融合发展"的良好局面。强化新城新区产业支撑，把产业园区融入新城新区建设，以产业园区建设促进新城新区扩展，通过产业聚集促进人口集中，带动就业，集聚经济，防止新城新区空心化。提升园区城镇功能，加快完善园区交通、能源、通信等市政基础设施，配套建设医疗、卫生、体育、文化、商业等公共服务设施，推进中心城区优质公共服务资源向园区延伸，推动具备条件的产业园区从单一的生产型园区经济向综合型城市经济转型。争取玉溪市、普洱市、楚雄市产城融合示范区纳入国家支持范畴，在全省范围内推进建设滇中新区等一批产城融合示范区，发挥先行先试和示范带动作用。

加快拓展特大镇功能。开展特大镇功能设置试点，以下放事权、扩大财权、改革人事权及强化用地指标保障等为重点，赋予镇区人口 10 万以上的特大镇部分县级管理权限，允许其按照相同人口规模城市市政设施标准进行建设发展。同步推进特大镇行政管理体制改革和设市模式创新改革试点，减少行政管理层级，推行大部门制，降低行政成本，提高行政效率。

统筹布局教育、医疗、文化、体育等公共服务基础设施，配套建设居住、商业等设施，改善镇域生产生活环境，增强特色城镇就近就地吸纳人口和集聚经济的能力，打造一批现代农业型、工业型、旅游型、商贸型、生态园林型特色城镇，带动农业现代化和农民就近城镇化。充分挖掘和利用云南优美的生态环境、多样的民族文化资源，强化镇区道路、供排水、电力、通信、污水及垃圾处理等市政基础设施和旅游服务设施建设，加快推进剑川县沙溪镇、贡山县丙中洛镇、广南县坝美镇、建水县西庄镇、禄丰县黑井镇、腾冲市和顺镇、新平县戛洒镇、盐津县豆沙镇等特色旅游小城镇建设，打造形成一批主题鲜明、交通便利、环境优美、服务配套、吸引力强、在国内外有一定知名度的特色旅游小城镇。充分利用国家赋予的特殊政策，依托沿边重点开发开放试验区、边（跨）境经济合作区平台，完善边境贸易、金融服务、交通枢纽等功能，积极发展转口贸易、加工贸易、边（跨）境旅游和民族传统手工业，推进口岸联检查验及配套基础设施和通关便利化建设，加快提升瑞丽、磨憨、河口、孟定等边境口岸城镇功能，促进城镇、产业与口岸型经济协同可持续发展（云南省政府，2016）。

城镇建设，不光要发展经济，还要注重生态环境的保护。现阶段，城镇绿色发展的理念已经深入人心，中国很多省份、城市都在走属于自己的绿色路线，如果云南要想走一条属于自己的城镇建设绿色路线，就要充分结合云南省的自然环境因素和特有的旅游资源，把生态文明、绿色低碳与特有的旅游资源，全面融入云南新型城镇化的进程。对于未来云南的城镇化之路，可将"集约化城市、流动化环境和可持续发展"作为标杆，促进云南省城镇化空间布局有序发展。现阶段云南省城镇化空间布局为："一区"即滇中城市集聚区（滇中城市群）；"一带"即沿边开放城镇带；"五群"即滇西城镇群、滇东南城镇群、滇东北城镇群、滇西南城镇群、滇西北城镇群；"七廊"即四条对外经济走廊（昆明—皎漂、昆明—曼谷、昆明—河内、昆明—腾冲—密支那）和三条对内经济走廊（昆明—昭通—成渝—长三角、昆明—文山—广西北部湾—珠三角、昆明—丽江—香格里拉—西藏）形成的城镇带（李若青，2016）。

由于云南的地理位置特殊，在城镇建设中，要注重山地城镇的建设。因地制宜利用低丘缓坡的土地资源，保护坝区农田，引导城镇、村庄、工业向适建山地发展。对城镇和村庄周边适宜开发建设的低丘缓坡土地，要确定为建设用地，推进山地城镇组团式紧凑布局发展，并依法纳入城镇总体规划、村庄规划及土地利用总体规划。整体上要求约束城镇建设用地规模，严格控制坝区人均建设用地规模，适当放宽低丘缓坡人均建设用地规模，鼓励城镇、村庄、工业向山地发展，对利用低丘缓坡土地的建设项目实施优先和适当倾斜的政策。

创新山地城镇。空间布局按照环境地貌特征，创新山地城镇布局模式，实现山水风貌与城镇布局和建设的有机融合。

坡地型山地城镇。宜采取组团式紧凑布局方式，城镇发展规模应以土地有效保障为前提，生态建设以山地生态保育为重点，避开不适合建设建筑物的山体、冲沟和滨水空间，突出山地城镇特色。

河谷型山地城镇。宜采取带状布局方式，规模较小的城镇应集中紧凑布局，规模较大的城镇应采取组团式布局方式，生态建设以河谷生态保育为重点，突出滨河城镇特色。

盆坝型山地城镇。宜采取带状、多中心组团布局方式，规模较小时应集中紧凑布局，规模较大时应采取多中心组团式布局，突出田园城镇特色。

湖滨型山地城镇。应结合山水空间格局，采取相对集中与组团式相结合的布局方式，生态建设应以湖泊流域环境保护为重点，突出山水空间特色。

营造山地特色城镇风貌，强化自然立体的山地特色城镇景观，突出山地城镇环境特征、历史特征、文化特征、建筑风格和城市色彩。根据城镇所在区域的自然和人文地理条件，利用不适建山体、冲沟等难以利用的自然空间作为生态调控区，保护山体、水体、林地、耕地等，因地制宜建设具有云南特色的山水田园城镇。

山地城镇特色风貌营建要突出山坡选择的适应性、空间视线的通透性、山溪流水的景观性、冲沟陡坡的生态性、山头高地的开敞性、交通方式的多样性、建筑绿化的组合性、山地建筑的地域性，不应大挖大填，应紧密结合地形，灵活布局。

推动山地建筑发展，山地建筑按照因地制宜的原则进行设计建设，尽可能保持自然地形、地貌，建筑与绿化密切结合，利用地形，结合环境，成为有机整体，反映出建筑的地方性特征和地域文脉特色。科学进行竖向设计，合理选择设计标高，确定土石方平衡方案，节约投资。加大地质灾害的预防和整治力度，确保群众生命财产安全（云南省政府，2016）。

在发展城镇化的同时，也要注重小城镇和特色城镇的发展。

持续推进特色小镇的发展，增强小城镇发展能力，加快新型城镇化进程。依托云南省独特的资源条件，挖掘发展潜力，创新发展模式，加快建设特色小镇，加快培育特色产业，协调推进城镇和农村发展，提高城乡居民生活质量和水平；改善人居环境和投资环境，推进生产要素聚集发展，增强小城镇辐射带动作用，使特色小镇成为各县域经济，特别是边疆少数民族地区发展的新亮点。到 2020 年，全省基本建成 210 个特色小镇。

推动现代农业型特色小城镇发展。突出现代农业型特色小城镇的区域特色、培育农业产业，建设龙头企业、农产品加工基地、农业专业合作组织，发展农业产前、产中、产后配套服务，发展现代农业，建设区域性农产品加工、集散和农业科技推广服务中心。

加快旅游型特色小城镇发展。推动旅游型特色小城镇建设与旅游产业的有机结合和协同发展，突出特色资源开发和传统文化传承，培育具有一定知名度的旅游名镇，为全省旅游产业发展提供新产品。

引导工业型特色小城镇发展。引导工业型特色小城镇依托当地优势资源，发展地域特征突出、专业性强、资源综合利用率高的现代加工业，引导企业聚集发展，走特色化、专业化、品牌化、可持续发展道路，建设区域性工业聚集发展区。

促进商贸型特色小城镇发展。促进商贸型特色小城镇发挥当地交通区位优势，完善交通基础设施，建设规模较大、功能齐全、辐射面广的综合市场或专业市场，配套发展仓储、物流及运输业；发展服务型产业和劳动密集型加工业，建设区域性商品、物资集散中心和中转站。

推进边境口岸型特色小城镇发展。围绕桥头堡建设和全方位对外开放战略的实施，推动边境口岸型特色小城镇依托"两种资源、两个市场"，完善口岸服务功能，积极发展进出口贸易、加工贸易、边境旅游和民族传统手工业，繁荣边疆经济，促进民族团结和边境稳定。

加快生态园林型特色小城镇发展。发挥生态园林型特色小城镇生态资源优势，以生态、景观、人文名胜、休闲娱乐和人居环境等方面为建设重点，发展生态、山水、园林社区，发展绿色经济(云南省政府，2016)。

生态文明的城镇化和城镇化的绿色化，是城镇化发展的必然性，从宏观布局到主体形态、从城市规模到城市开发、从功能分区到城市建设都要绿色化。具体说来，至少包括城镇化六个方面的绿色化：

(1)宏观布局要绿色化

就是要在适合人居住的地方进行城镇化布局，不适合人居住的地方则需要慎重推进城镇化，把适合树、草、水和其他动植物的空间留给大自然。这样就会从总量上增加生态空间的数量，减少了对大自然的伤害，减少洪水发生的频率和强度，也减少沙尘暴、水土流失、沙漠化、荒漠化、石漠化、民族文化消退等。

（2）主体形态要绿色化

城市群的好处是：由于中心较多，可以防止由于城市功能过于集中而形成一个超大城市带来的"城市病"。但也要根据云南的实际情况，围绕培育和发展六大城镇群，形成以"一区、一带、五群、七廊"为主体构架的点线面相结合、特色与优势互补的全省城镇化空间布局。

（3）城镇开发要绿色化

城镇化地区和城市建成区内，都要保留一定比例的自然生态空间，给水留下空间，给补充地下水留下水源空间，留下足够的植被来吸附 PM2.5，这样城市才不会变成一块密不透气的"水泥板"。城镇应是一个自然的生态系统，不应仅是一个高密度的人口居住地，而且植物也应该成为城市中的常驻"居民"，这才是生态系统建设中的必要性。

（4）城镇规模要绿色化

城市规模要同当地的自然生态空间保持平衡，当地的大气以及其他自然生态空间能有效吸附城市所排放的污染物，能净化掉当地经过处理的污水。特别是要重点构建以重点生态功能区为主体、禁止开发区为支撑的云南省"三屏两带"的生态安全战略格局，注重人口集聚与自然承载能力的相适性，关注生态环境与智慧城镇建设的和谐性。

（5）城镇分区要绿色化

要按照主体功能区而不是单一功能区的思想进行分布设计，不再把城市分割成功能单一的 CBD、居住区、购物区、科技园、大学城、休闲区、文化区等。城市规划和功能区的设计，要体现包容性、有记忆，这也是绿色化。结合云南省实际，依托云南省独特的环境资源条件，挖掘发展潜力，使特色小镇成为各县域经济重点项目，特别在边疆少数民族地区也成为发展的新亮点；积极推进沿边和少数民族城镇村寨发展，壮大特色产业、保护和民族文化，建成特色鲜明、功能齐全、服务规范的民族特色旅游村寨；不仅要关注民族特色文化的表象性，更要注重城镇居民自身的生态价值取向，引导和实施绿色行为。

（6）城镇建设要绿色化

城镇供水、交通、能源、防洪和污水、垃圾处理等基础设施系统，要按照绿色、低碳、循环理念进行规划和设计，减少水泥化的工程性覆盖。要尽可能地使用太阳能、风能、地热能等可再生能源，运用分布式的电力系统，尽可能让每一栋有条件的建筑物都能成为一个发电中心。要在源头上实现垃圾减量化，能再利用的垃圾应得到再利用，不能利用的垃圾要作为发电的燃料，逐步实现基本上不填埋垃圾，不向自然生态系统排放有害废弃物，形成真正的环保城市。同时要使用大运量、高速度、绿色低碳的轨道交通为主的运输体系，节能型的轨道交通，应当成为大城市群和大城市的主要客运方式，降低私人轿车的使用频率。城市建筑的质量高、寿命长、居住面积适度，充分利用太阳、自然风，使用保暖、御寒、低碳的建材，减少空调使用率。城镇的建设需要城镇各民族群众的积极参与，这就需要培养城镇居民生态价值观的形成，注重培育他们的绿色行为，促进他们成为绿色城镇、生态文明的倡导者、认同者和实践者（杨伟民，2015）。

同时，还应该成立云南省绿色城镇化工作领导组织机构，确保城镇化建设的绿色性能够统筹协调、全面实现。其次，可以探索建立云南省绿色发展基金，为建设绿色城镇提供充足的资金保障。最后，建立健全绿色城镇化建设的配套措施，如监管机制、责任追究制等，为绿色城镇化建设提供执行保障条件。

6.2　云南省城镇绿色发展模式

绿色城镇化是指把传统城镇化建设理念与生态环境保护、人文精神协调统一起来，融入社会、文化、历史、经济、自然、人文等因素，逐步形成一个以人为中心的经济发展、社会进步、生态保护三者高度和谐的，人的创造力、生产力协同的城镇规划。我国城镇发展应以绿色城镇为目标价值取向，并应从切实发展城镇的循环经济、注重城镇的生态规划、治理城镇的生态环境、合理布局城镇工业结构、集约利用土地、保护城镇绿地生物多样性六个方面来实现绿色城镇目标。

所谓绿色城镇化，是指城镇开发与绿色发展相结合，城镇人口、经济与资源、环境相协调，资源节约、低碳减排、环境友好、经济高效的新型城镇化模式。绿色城镇化集中体现了全面协调可持续的科学发展理念，其中资源节约与低碳减排是具体推进方式，环境友好与经济高效是奋斗目标。

具体内涵可从四个方面来理解：一是用全面发展的理念来推进城镇化。推进绿色城镇化就是要把城市和农村的经济社会发展进行整体统一规划，通盘考虑，以城市的功能规划全域，实现城乡规划的全覆盖；就是要打破城乡二元结构，统筹城乡产业发展、基础设施建设、公共服务、劳动就业、社会管理，促进城乡经济协调发展和基本公共服务均等化，构建城乡一体化发展新格局；就是要建立以工哺农、以城带乡的长效机制，实现城乡功能互补。二是用节约集约发展的理念来提升城镇化。推进绿色城镇化就是要克服传统城市化浪费土地资源、破坏生态环境的弊端，推进人口集中、土地集约、人气集聚，走资源节约、环境友好的发展之路，努力建设生态宜居城市。三是用城乡一体化发展的理念来建设社会主义新农村。推进绿色城镇化就是要改变"耕地变厂房、农村变城市"的传统方式，因地制宜建设区域中心镇、特色城镇和农村新型社区，推进公共服务和城市文明向农村延伸。四是用以人为本的理念提升城市品质。在城镇化进程中注重城市内涵的发展和城市质量的提高，特别是重视城市的历史和人文的保护和传承。

绿色发展大概分为三类：一是可以看见的绿色，二是地理学上讲的绿色，三是经济上的绿色，真正的绿色发展应该是在宏观层面上对资源进行最优的配置，而不是用钱或其他把绿色堆积出来。

要发展城镇的绿色化、新型化，就要结合自身的条件，可以大力推进节能减排以提高资源综合利用率和减少废物排放为目标，大力支持节能减排技术研发、引进、示范和推广，完善节能减排技术服务体系，推动形成低消耗、低污染、高效率的集约型发展方式。

6.2.1 淘汰落后产能

鼓励先进、淘汰落后，支持优势企业兼并、收购、重组并改造落后产能企业。落实并完善相关税收优惠和金融政策，支持符合国家产业政策和规划布局的企业发展，运用高新技术和先进适用技术对落后产能进行改造。严格产业准入制度，实行固定资产投资项目节能评估审查。充分发挥差别电价、资源性产品价格改革等机制在淘汰落后产能中的作用，促进产业结构优化升级。加快淘汰钢铁、铁合金、铅、锌、煤炭、焦炭、黄磷、建材、电石、化肥等行业的落后生产能力、工艺、技术和设备。严禁钢铁、水泥、电解铝、平板玻璃、船舶等新项目立项。

6.2.2 加强节能技术改造

推动制度、管理节能向技术、工程节能转变，推进传统资源型产业向精细化方向发展，提高能源利用效率。应用市场机制和行政方式，加速高耗能产业节能改造，重点搞好六大高耗能产业节能，制定能耗标准，鼓励生产单位选用先进技术工艺。加快推进燃煤工业锅炉（窑炉）改造、余热余压利用、电机系统节能和能量系统优化。落实和完善相关税收优惠和金融政策，支持符合国家产业政策和规划布局的企业发展，运用高新技术和先进适用技术对落后产能进行改造。推进建筑、交通、商用和民用、农业、政府机构等领域节能工作。优先实施城镇绿色照明，推进可再生能源建筑应用示范工程建设，深入开展公共机构及交通节能，积极促进农业、农村及商业节能。

6.2.3 推进污染物减排

把污染减排与改善环境质量紧密结合起来，有效控制主要污染物的排放，加强环境综合整治，实现污染排放量的持续下降、生态环境持续改善。大力推进节能减排，继续推进工程减排和管理减排，落实总量控制指标。加大重点工业园区、重点企业清洁生产的推广力度。全面完成国家下达的主要污染物总量减排任务。

6.2.4 强化目标责任

继续实施节能减排目标责任和评价考核制度。开展节能减排督查，实行属地化节能减排工作问责制和绩效考核制。积极引导行业协会、检测机构和消费者等社会力量参与节能减排监督，建立多渠道、多环节、全方位的节能减排监督体系。推进能耗限额管理、合同能源管理，开展节能达标管理（云南省政府，2016）。

6.2.5 大力落实环境目标责任制

积极稳妥推进环境质量考核，实行一票否决制，加强重点区域和重点企业监管、治理和考核工作。加大环境质量评估、监督、考核力度，加强重点流域水污染防治专项规划考核工作。建立重金属等严重危害群众健康的重大环境事件和污染事件的问责制和责任追究制。

推动循环经济和低碳发展，全面推进节能、节水、节地、节材和资源综合利用，促进废水、废气、固体废弃物的减量化、资源化、再利用，努力降低能耗、水耗和物耗，明显提高资源产出率。从生产、消费、体制机制3个层面推进低碳发展，推动经济社会发展向低碳能、低碳耗、高碳汇模式转型。

（1）推进废弃物资源化

推进工业废弃物综合利用。加强对冶金、煤炭、化工、建材、造纸等废弃物产生量大、污染重行业的管理，提高废渣、废水、废气的综合利用率。重点做好粉煤灰、煤矸石、燃煤电厂烟气脱硫、尾矿、冶金废弃物、化工废渣、有机废水及其他工业副产物综合利用，实施废弃有色金属、废材料、废旧电子电器等的回收利用。推进农业副产物的综合利用。实施农（林）业副产物综合利用示范工程，积极推进秸秆还田、青贮、氨化、气化、碳化、造纸等综合利用。大力推进建筑、餐厨废弃物资源化利用试点项目建设。

（2）建设资源循环体系

重点规范再生资源回收领域的市场秩序，建立规范化和标准化的社区回收、再生资源集散交易、再生资源集中加工的3级循环利用体系。积极培育再生利用龙头企业，推动再制造产业发展，促进再生资源利用向规模化、高效化、集约化发展。

（3）促进低碳化发展

加大低碳技术的引进和推广力度，搭建低碳技术支撑体系。推动传统产业的低碳化改造，大力发展新兴低碳产业，支持低碳工业园创建工作，推动低碳产品认证。促进能源结构低碳化转变，转变能源生产和利用方式，进一步提高非化石能源在能源生产中的比重，大幅提升清洁能源在能源消费中的比重。控制性利用煤炭，鼓励利用水电和天然气，高效利用石油，积极推进新能源利用。突出以机制创新和技术进步促进工业更多消纳水电，大力发展以电代燃料，扩大居民管道燃气覆盖，鼓励生物质燃料替代石化燃料。围绕云南省低碳发展的优势领域，开展碳汇交易和碳汇生态补偿试点，建立碳信用储备体系，推进太阳能综合利用示范区建设，开展低碳旅游示范。

（4）倡导低碳行为

倡导公众在衣、食、住、行、用等方面的低碳生活方式。促进低碳消费，鼓励和引导消费者购买低碳节能产品。提高城镇公共交通的服务能力，鼓励公众选择公共交通、自行车、步行等绿色低碳出行方式。推进政府和企业低碳办公，推行无纸化、网络化办公，推广视频会议、电话会议。发展农村户用沼气，推广省柴节煤灶、太阳能热水器和太阳能电池应用，开展烤烟房节能改造（云南省政府，2011）。

在建设绿色低碳城镇的过程中，可以用以下几点概括：

（1）引导绿色低碳城镇建设

推进城镇建设采用节能低碳新技术。全面推进低碳试点城镇建设，引导和鼓励房地产开发企业建设城镇生态小区。优化城乡能源利用结构，鼓励发展城镇可再生能源。打造低碳交通体系，加快推进清洁燃料汽车、混合动力汽车、电动汽车等城镇公共交通工具，推广车用乙醇汽油、生物柴油等新型燃料应用，严格控制经营性大排量燃油车增量。推广普及先进适用的节水工艺、技术和器具，鼓励中水回用、再生水利用和雨水收集利用。结合城镇污水管网、排水防涝设施改造建设，通过透水性铺装，选用耐水湿、吸附净化能力强的植物等，建设下沉式绿地及城镇湿地公园，提升城镇绿地汇聚雨水、蓄洪排涝、补充地下水、净化生态等功能。提高城镇建设水平，建设节约型社会，促进可持续发展。

（2）推行建筑节能

按照国家《绿色建筑行动方案》的要求，切实贯彻执行国家及云南省建筑节能标准，全面开展绿色建筑评价标志认定，强化建筑节能、建筑节地、建筑节水、建筑节材和保护环境的理念，大力发展绿色建筑。积极发展节能建筑，推进建筑墙体材料革新，推进既有建筑的节能改造，推进住宅产业化，建设节能省地环保型住宅。推广节能省地环保型建筑，建立并完善大型公共建筑节能运行监管体系。高度重视建筑安全，健全建筑节能地方性法规，通过制定、优化地方性管理条例和管理办法，强化建筑节能标准的强制性约束。

（3）切实加强环境保护

建立以污染防治、城镇污水、垃圾处理、农业农村面源污染控制和内源污染治理为主的污染防控体系，加强污染物总量控制，提高环境安全水平。做好城镇集中式饮用水水源保护地污染防治工作，加大出境跨界河流环境安全监管。划定土壤环境保护优先区域和土壤污染重点治理区，推进土壤环境保护和综合治理。加强畜禽养殖废弃物综合利用，积极推进规模化畜禽养殖污染防治。深入开展村庄环境综合整治，加强农村环境保护。加强重点行业大气污染源控制。建立以削减机动车排放为重点的城镇大气环境安全综合防控体系，改善城镇大气环境质量。以危险废物安全处置为重点，加强固体废物污染防治，推进禁塑和限塑工作。强化重金属污染治理及辐射污染防治，切实加强气象探测环境保护。进一步增强政府的环境管理能力，不断完善环境保护的统一立法、统一规划、统一监督管理体制，强化建设项目环境影响评价制度。强化城镇污水处理设施运营监管，健全环境监测、预警、应急系统，提高对突发性环境污染事件的处置能力(云南省政府，2016)。

加强城镇特色建设，立足云南省特点，顺应城镇发展规律，尊重自然、历史、民族文化，彰显城镇自然山水特色，保护与传承城镇文脉，突出地域民族文化，推动城镇绿色发展，全面提升城镇内在品质。

彰显城镇自然山水特色，优化自然山水宏观环境，综合考虑城镇的自然和人文地理条件，以保护坝区优质耕地和保障区域生态安全为前提，合理利用水域、耕地、林地及其他生态建设用地，扩大城镇生态绿色空间。

科学布局城镇形态，控制城镇开发规模和强度，城镇布局应与自然、人文环境融合，形成灵活多变，具有特色的城镇空间布局形态。应避免城镇建设无序蔓延，推进城镇组团式布局，高效开发利用土地资源，科学合理配置公共服务设施用地、居住用地和生态建设用地。

弘扬传统山水文化，把传统山水园林思想与城镇建设结合起来，在城市建设实践中，加强城镇建设用地与自然山水用地的有机交融，加大城镇园林绿化面积。深刻挖掘山水园林与城镇的环境意境，构建具有丰富云南特色的山水园林城镇。

推进绿道建设，根据全省坝区、山地、河谷、高原、丘陵等多种地理地貌特点，因地制宜进行绿道建设。在城镇化地区合理建设绿色生态廊道，打造显山露水、城水相依、城山相偎、人与自然融合的特色城镇。在城镇建设中推进沿河滨、溪谷、山脊、沟渠等的自然和人工廊道建设，形成与自然生态环境密切结合的带状景观斑块走廊，促进景观生态空间与城镇生产、生活空间的融合。

保护与传承城镇文脉，注重在城镇建设中，尤其是新城新区建设中融入传统文化元素，与原有城镇自然人文特征相协调，避免形成千城一面、万楼一貌的局面。注重城市建设规划与各类文化保护规划的衔接，深入挖掘、提炼云南民族文化元素，整合文化资源，重视历史文脉的传承、发展和弘扬。增强公共建筑的地域性、民族性，促进城镇建设与文化风貌相互融合，彰显云南文化的多元性，提高各类城镇的文化品位。建立健全现代公共文化服务体系，积极建设城市公共图书馆、文化馆、体育馆、社区健身设施等文化体育设施。

突出地域民族文化建设，突出云南地域民族文化特色，打造城镇品牌，提升城镇品位。注重城镇和村落的历史文化遗产保护、非物质文化遗产保护和民间艺术传承，弘扬传统文化和地域文化特色，提升城镇村落文化内涵，彰显云南民俗文化魅力。系统挖掘地方建筑文化特质和文化基因，研究梳理地域特色鲜明的建筑符号、建筑材料和建造工艺，形成与城镇的历史、文化、经济、社会、环境相适应的建筑风格和城镇风貌。

加强地域民族文化保护，调查、保护和传承有价值的地域民族文化资源。延续民族村庄聚落特色，加强白族、纳西族、哈尼族、彝族、傣族、景颇族、德昂族、佤族、拉祜族等 25 个世居少数民族的传统民居建筑研究，提高民族地区建筑设计水平，加大民居通用图推广力度，推进绿色乡土民居研究与推广，为城镇建设和农村住宅建设提供传承民族特色，节地、节能、节材的新民居设计图样。

加强对古滇文化、南诏文化、少数民族文化的保护和开发利用，在尊重并保护民族历史文化本真性的前提下，探索与民族发展、文化旅游、文化产业、文化贸易有机结合的方式，建设一批民族文化生态村和旅游村，促进民族传统文化与民族文化产业和旅游业相结合。严格禁止以历史文化传承为名，实则为商业地产开发利用的行为。

加强非物质文化遗产保护，特别要加强对具有鲜明地方特色和民族特色的非物质文化遗产的传承和保护。依据《中华人民共和国非物质文化遗产法》和《云南省非物质文化遗产保护条例》，加强对全省 66 个省级民族传统文化生态保护区建设，开展非物质文化遗产整体性保护（云南省政府，2016）。

所以，云南要想走一条属于自己的绿色化发展道路，就必须要结合自身所有的资源条件，积极响应国家政策和号召，还要结合国内外的相关经验，来制定一条科学有效的路线。同时不要浪费自身丰富的生态资源、民族资源和旅游资源，在发展新型绿色城镇的同时，大力挖掘旅游资源、民族资源和生态环境资源，努力实现绿色云南的发展目标。

云南省城镇绿色发展案例研究

　　绿色城镇化的定义强调城镇发展与绿色发展紧密结合，城镇的社会和经济发展与其自身的资源供应能力和生态环境容量相协调，具有生态环境可持续性、人的发展文明性、城镇发展健康性等特征的城镇发展模式及路径。

　　但绿色城镇这个名词或者概念其实并不是什么"新"东西，早在中国殷商时代有城市概念开始起，中国人就在不懈地追求"天人合一"的人居环境（谢遂联，2006），无论是"不敢高声语，恐惊天上人"的高台，"昔人已乘黄鹤去，此地空余黄鹤楼"的高楼；还是"朱雀桥边野草花，乌衣巷口夕阳斜"的曲折小巷，"月落乌啼霜满天，江枫渔火对愁眠"的庙宇和"庭院深深深几许？云窗雾阁常局"的高门大户；抑或是"去年今日此门中，人面桃花相映红"的市井人家；甚至是"绿树村边合，青山分外斜""稻花香里说丰年，听取蛙声一片"的乡村和"醉翁之意不在酒"的山野之亭，都渗透着浓浓的美感、人文气息和独特的风貌。在这样的城市或乡村里，人不是独立存在于环境之外的个体，而是生活在其中与其休戚相关的有机个体；在这样的关系中，城市和乡村不是毫无情感瓜葛的冰冷建筑和基础设施，而是人用来寄托感情、抒发情怀的有机客体。无论是广厦还是陋室、无论是高堂还是窄巷、无论是帝王还是百姓、无论是贵胄还是布衣、无论得意还是落魄、无论是庙堂还是江湖，人与城市（乡村）的关系都是水乳交融的，一方水土养一方人，一方人又筑一方城。

　　城市与人的关系从来都是多维度的（戴伟华，2006），从汉赋中班固的《两都赋》、张衡的《两京赋》到杜牧的"长安回望绣成堆，山顶千门次第开。一骑红尘妃子笑，无人知是荔枝来。"都是用描写宫殿华伟与典制之美来劝诫帝王节制、勤俭；从"独在异乡为异客，每逢佳节倍思亲"的乡愁到"无言独上西楼，月如钩。寂寞梧桐深院锁清秋。剪不断，理还乱，是离愁，别是一般滋味在心头。"的清冷寂落；从"夜阑卧听风吹雨，铁马冰河入梦来"的壮志，到"暖风熏得游人醉，直把杭州当汴州"的国仇家恨；从"同居长干里，两小无嫌猜"到"众里寻她千百度，蓦然回首，那人却在，灯火阑珊处"的爱恋；从"海内存知己，天涯若比邻。无为在歧路，儿女共沾巾。"的送别到"正是江南好风景，落花时节又逢君"的他乡遇故知；从"大隐于市"的出世到"择一城终老，遇一人白首"的皈依……

城市与人、人与城市之间的耦合既不冰冷又不疏离。我们在谈绿色城镇的建设，貌似重在打造"绿色"，实则却在梳理人和城市的关系，"绿色"着实是"天人合一"之后的色彩、韵味、愿景和美好。绿色城镇不是照搬其他地方，独立于原生地以外孤孤零零、充满陌生感的建筑物，亦不是如同流水线上下来的标准件一样不食人间烟火，更不是"法国小镇""西班牙风情""英伦风情"。"绿色"二字看似简，单实质丰厚，要如何践行"绿色"，大概还是要体现绿色之美、绿色之智、绿色之俭。

7.1　绿色城镇之美

绿色城镇首先要"美"，不但要"美"，还要"美"出自己的风格。何谓"美"？绿色城镇不单是树多、绿地多、水生景观或湿地景观多，除了这些还要有人文之美、建筑之美、气韵之美、传统文化之美，这样绿色城镇的美才有灵魂、灵气、灵性，绿色城市之美才拥有了自己独特的烙印、标记。

7.1.1　中国古代城市启发

7.1.1.1　古代城市诗篇

古代的城市似乎最不缺乏的就是红花绿树、小桥流水、春华秋实、秋月冬雪。看那"日出江花红胜火，春来江水绿如蓝""竹外桃花三两枝，春江水暖鸭先知""随风潜入夜，润物细无声""吹皱一池春水"的春日；看那"接天莲叶无穷碧，映日荷花别样红""稻花香里说丰年，听取蛙声一片"的夏日；看那"庭前落尽梧桐，水边开彻芙蓉""未觉池塘春草梦，阶前梧叶已秋声""载满一船秋色，平铺十里湖光""停车坐爱枫林晚，霜叶红于二月花"的金秋；看那"忽如一夜春风来，千树万树梨花开""孤舟蓑笠翁，独钓寒江雪"的冬日。城市的四季流转不论是过去、现在还是将来，都是充满情趣、故事和美好的。

城市的美不是单一、贫乏、千篇一律的，而是像有生命一般在演绎着时间的静好、悠然。一花、一叶、一池、一径都是景致，都是生活中的小感动，都是一首活脱脱的诗，人在城里生活处处有美的感受、美的感触、美的熏陶——春日里拂面不寒的杨柳风，夏日里蝉噪的树林、鸟鸣的清晨，秋日里水天一色的瑟瑟湖水，冬日里暖如春日的阳光。人与城的距离是如此接近，关系是如此和谐，脉动是如此一致。人没有窘迫感、疏离感、压抑感，人就是畅游在城里的一条鱼，如鱼得水；城就是母体的子宫，孕育着人的风貌、风骨、气韵、气质、美感。或许人有时候会带着城市不好的印记，城也会彰显着人的负面形象，但总体而言，城和人是可以和谐共生、共荣的。

7.1.1.2 古代城市解读

中国古代城市之美现在体现了天人协调的思想，要求人不违天，天亦不违人，使人与自然能协调并存（梁思成，1998）。

（1）中国古代的建筑之美

中国古建筑之美属于建筑艺术美，但是它融其他艺术美、自然美、科学美乃至社会美于一体，从而成为内涵丰富的旅游审美对象。

中国建筑以木质结构为主，因其木质的特征注定建筑物的高度有限、承重能力有限，所以中国建筑不可有超大体量的单体建筑，只能通过多座不同房屋的布局结合园林造景艺术来体现其"整体"之美，中国建筑鄙视一目了然，不屑急于求成，讲究含蓄和内在。以故宫为例，全宫有一条中轴线，整体分为三个部分：①前导空间由天安门、端门和午门前的三座广场组成，用体量较小的大明门和低矮平淡的千步廊为壮丽的天安门作铺垫——汉白玉石栏杆、华表、石狮子再配以天安门的红墙黄瓦，显得气势开阔雄伟，这就是开局的欲扬先抑；端门较天安门气氛收敛，显得平和中庸；端门到午门之间有一个封闭而纵长的广场，这仿佛是小高潮前的序曲，为 39.75m 高、呈巨大凹字形的午门作铺垫。凹字形的红色巨人建筑，三面合围起来，制造一种压抑、紧张、森严的氛围，有意压低的长列朝房、正方形的门洞都在凸显午门的体量感，反映出专职皇权的威仪。②高潮即紫禁城本身，包括前朝、后宫、御花园三部分。太和殿广场和太和门广场同宽，呈正方形，体量巨大的太和殿高居于层层收进的三层白石台阶之上，呈金字塔式的立体构图，显得异常庄重、稳定、严肃，象征皇权的稳固和不可冒犯。太和殿广场、太和门广场、太和殿、中和殿、保和殿整体感觉庄重严肃，但其中蕴含着平和、宁静和壮阔。庄重严肃显示了"礼"，强调了君臣尊卑的等级秩序，强调天子的权威；平和宁静蕴含着社会的和谐统一，突出天子的"仁"。③结尾是景山沿山脊列五亭，处理巧妙，丰富了宫城与宫外自然环境的联系。总结：中国建筑的出发点是线，完成是铺开成面，中国的建筑群就是一幅画，亭台楼阁，榭廊池殿，都是"画"中"线条"，人在"画"中"游"！中国单体建筑离开了"画"就毫无意义。

中国古建筑由台基、承重的木头圆柱、开间（建筑物的迎面间数）和进深（建筑物的纵深间数）、斗拱、屋顶、山墙、藻井、装饰组成，其中屋顶最具美感。中国古建筑的屋顶，包括庑殿顶、歇山顶、悬山顶、硬山顶、攒尖顶、卷棚顶、盝顶七种，层层缩小，呈现放射状。这样的屋顶显得厚重，而且具有层次，能够给人以体积大、力度强的崇高美感。中国屋顶上的正吻和脊兽是防止雨水侵蚀渗漏和松散脱裂的重要琉璃部件，是实用构件与艺术造型巧妙结合的典范。

（2）中国古代园林之美

中国的园林艺术一开始就渗透着浓郁的人文气质，反映着中国士人的精神追求（陈从周，1999）。园林起源于中国人对于永生的追求，希望通过园林能够吸引神仙，通过复刻仙境能够满足自身对于求仙问道的代偿。先秦思想中的道家思想对中国园林的影响很深，其中"无为而治，顺应自然"的理念奠定了中国园林对于自然的态度是友好的"师法自然"，与自然和谐相处。中国历史上的园林分为皇家园林和私家园林，这两种园林从本质上都是依托自然、顺应自然的产物，"有若自然"的自由式构图。自秦朝大一统之后，中国的士人就不可能跟春秋战国时期一样自由表达自己的政治理想，自由地在各诸侯国之间游走、摇唇鼓舌，不再有名士"一怒而诸侯惧"。在高度集权的皇权下，对中国士人精神钳制加大、文字狱频出，士人甚至连退隐山林的自由都没有，人生多忧，于是寄情于山水田园，文人对自然的热爱凝聚在园林之中，转化到文艺中，成为了士人精神的寄托，让园林通过诗意化的方法体现文人意趣。园林的诗意化又影响了画意，田园山水画也是中国艺术的一大特色。

中国园林小中见大，"虽由人作，宛自天开"，"巧于因借，精在体宜"，以真山真水的构成法来经营人工山水，使之具备真山真水的灵动。中国园林无论是皇家园林还是私家园林，"园主"多具有较高的文化修养，能诗会画，追求风雅，自有一套独特的价值体系和品鉴标准，所以园林被赋予了极具个性的生命力，这样的生命力具备唯一性，难以模仿和复制。

中国园林重视自然美，不追求规整的格局，讲求自然美与建筑美合二为一；中国园林追求曲折多变，无定式有定法，是抽象的自然，比自然更典型、更美、更概括；中国园林崇尚意境，由外在的景表达内在的情，创作时以情入境，欣赏时触景生情，村桥野亭远尘嚣，月色满庭浮生闲，叶落半床无人扫，柳暗花明又一村……

中国园林的构景手段：①添景：使用过渡景点让有空间有层次；②抑景：中国传统艺术历来讲究含蓄，"欲扬先抑"，"欲说还羞"，将美景先藏后露；③夹景：用两侧建筑物或者花草树木将远处的景色屏障起来，使远方的景色更具有诗情画意；④对景：景色遥相呼应，意趣相投；⑤框景：将远处悠然的美景请入门、洞、窗甚至是树枝合抱的"画框"之中；⑥漏景：看似无心似有心，透过漏窗可看到窗外的美景；⑦借景：远借他山、近借他树、仰借飞鸟、俯借池鱼，借月、借花、借雪、借月。

（3）江南水乡之美

江南水乡古镇是在相同的自然环境和文化环境中，通过密切的经济活动所形成的一种介于乡村和都市之间的人类聚居形式（阮仪三，1998）。"枯藤老树昏鸦，小桥流水人家"，小桥流水人家，是典型的江南水乡特色（段进等，2002）。

①小：江南古镇的空间特征，如要用一字来概括的话，非"小"莫属。被世人誉为"壶中天地"的江南园林，是江南人以"螺蛳壳里做道场"的功夫，创造出的巧夺天工之作。小街、小巷、小广场、小桥、小船、小埠头，小宅、小院、小作坊，小商、小贩、小书摊……甚至连弹词也称之为"小书"。芦原义信在探讨"小空间的价值"时指出："大空间自有大空间存在的意义，但小空间（并非狭窄空间）却有着不可估量的魅力。"并认为"城市过于庞大杂乱，小型安静空间就更显得十分需要了。"尤其是在生活节奏加剧、变化频率变快的今天，江南秀丽的自然风景、古镇恬静的生活氛围，会给烦躁、焦渴的心灵以抚慰。"小即是美"的哲学是绿色城镇哲学的外化（芦原义信，1989）。

②桥：水乡泽国的江南，人在桥上走、水在桥下流，在这里，桥的引渡的意思变成了生活实际的功能（陈从周等，1986）。不走过桥，只能隔岸观望。人们走过桥，就走过了故事。无论是梁山伯与祝英台十八相送"桥虽不长情意长"的长桥，还是白娘子与许仙"桥不断情断"的断桥，每一座桥都有故事。"你站在桥上看风景，看风景人在楼上看你。明月装饰了你的窗子，你装饰了别人的梦。"桥亦是风景，风景亦是桥。

③流水：流水是江南繁华的根本，看似无情，却有情。是流水成全了江南，锦绣江南众多的河道，犹如庞大躯体里的毛细血管，有了流水，江南也就有了生命，就有了无穷尽的活力。流水在岁月里孕育了江南的水文化、茶文化、酒文化、桥文化、船文化；运河、牵道带来了水上交通和商旅的繁荣，促进了相关产业的发生和发展，酿酒、酱园、染坊、茶馆、豆腐店鳞次栉比。

④人家：水上人家的生活总的说来是世俗的。水流才有清澄，清澄才有共用，共用才有亲情，顺着流水，"家家踏度入水，河埠捣衣声脆"。人们在这里洗衣淘米，在这里张长李短。年深日久，古镇中留下的各式小店最为勾留游人。藤棚作坊的女师傅精心地梳理着白藤，锁匠的头上荡着成千上万把旧锁，中药铺里弥漫着膏丸散丹的沁肺芳香。人们喜爱小镇老街，并非因为它的老旧与衰朽，而是于砖缝窗棂中感受到了它的知足、宁静、恬淡、厚道、质朴，还有种种风俗人情的细节。它让人很自然地想起童年及遥远的往事。

⑤江南水乡韵味："小桥流水人家"是一幅真实的世俗生活画卷，真正的江南味道，是江南水乡景色与江南风俗人情的统一。诚然，这些江南古镇，论格

局，论气魄，都未免琐琐，不足称道。但作为一种生活情趣、一种文化景观，江南古镇确实很有特色，而且意蕴深长，情味无限，是有其独特的魅力的。人是嵌入自然和文化环境中存在的，人与"地方"是密切联系在一起的。"小桥流水人家"，是一种尊重自然、与生态友好相处的栖居方式，是一种宜居的(livable)人类聚居模式，它代表着江南水乡地区的建筑文化语汇。假如我们那么急切地想把历史扔到身后，用不可抑制的躁动将所有的地方都变成一个模样，丧失了本地区、本民族的建筑话语，未来的居民将会身心不安、无家可归，甚至丧失故乡。

7.1.2　现代绿色城镇之美

7.1.2.1　要记得住乡愁

现代化的绿色城镇不应该成为脱离母体的"异性"，而要如同在原生土地里长出的森林一样，既有母体的印记、又有时代的烙印，与时俱进又望得见山、看得见水、记得住乡愁。"乡愁"是内心深处一种对家乡、对曾经生活过的地方的记忆、怀念与向往，是内心深处一份最柔软的情愫，是一种精神需求。城镇化不是摧枯拉朽的大拆大建，不是生活在"别处"的时髦，不是求大求怪的攀比，不是地标建筑耸立的高度，不是有皮无骨尴尬的拼凑，不是西为中用的东施效颦，而是中国的智慧及美感的内审和践行。大到一城一市，小到一宅一园，都是我们生活思想的答案，值得我们重新剖视。我们有传统习惯和趣味：家庭组织、生活程度、工作、游憩以及烹饪、缝纫、室内的书画陈设、室外的庭院花木等都是我们独有的东西，都是承载我们乡愁的载体。"记住乡愁"倡导的是一种人性关怀、人文关怀，以满足人们内心深处对于文化和情感的精神需求，这是一种真正以人为中心的城镇化的根本导向。

对城镇化的简单理解，就是农村人口转化为城镇人口、农村地域转化为城镇地域的过程，最终目的是减少城乡差异，实现城乡一体化。长期以来我国的城镇化都是"异地城镇化"的模式，大批农村人口进入城镇，以流动就业和在城市暂居的形式为主，跨区域的农民工占农民工总量的比例已达到62%。而且更为突出的问题是，中国的"异地城镇化"的人口迁入地主要集中在东部经济发达地区的少数省份和少数城市，人口主要流向广东、江苏、浙江、福建、北京、上海等少数省市，向这六省市流动的人口占全国流动人口的50%以上。人口向城市流动的结果，导致中国出现大量的"空心村"（杨忍等，2012）。要真正破解中国城镇化的难题，必须通过"就地城镇化"的方式，来全面解决中国农村和农民发展的根本问题，"就地城镇化"是指农民在原住地附近的县域或市域的范围内实现非农化就业和市民化的城镇化方式，实质上是农村人口的就近、就地迁移。"就地城镇化"的结果，必须对现有的传统村镇进行扩容提质和升级改造。

7.1.2.2 向内挖掘文化机理是重点

乡愁的重要情感源头是乡土记忆和地方文脉，保护乡土记忆和地方文脉的重点是保护传统聚居地的原真性和文化景观基因。保护传统聚居地的原真性就是要保护传统村镇的整体格局、街巷特点、民居风格以及各种物质和非物质文化遗产（刘沛林，1998）。比如，浙江省苍坡村的"文房四宝"格局，诸葛村的"八卦阵图"格局，湖南省张谷英村的"巨龙戏珠"格局等，都是保护原真性的关键。保护传统聚居地的景观基因（刘沛林，2014）就是要保护和挖掘古村古镇所独有的历史文脉和乡土记忆。比如，山西省临县黄河岸边的商业码头碛口古镇，其景观基因就是"晋商码头"；贵州省的屯堡古镇，其景观基因就是"明军后裔"；湘西的王村古镇，其景观基因就是多民族交往聚集的"边寨"等。对于这些传统村镇，都必须围绕文化景观基因进行有效保护。

1）立法保护是保障

保护乡土记忆和地方文脉必须靠政府主导，绝对不能以市场为主导。欧洲国家历史文化城镇保护之所以好，在很大程度上受益于法律制度的保护。第二次世界大战后，欧洲国家在城乡居民自愿保护行动的驱使下，制定出台了专门的城市与乡村保护条例及保护制度，意大利、法国更是如此。无论是《雅典宪章》还是《威尼斯宪章》，都成为欧洲国家文化环境保护运动的立法依据。中国也出台了《历史文化名村名镇街区保护条例》和《城乡规划条例》（彭震伟等，2004），虽还不够，但只要能贯彻落实到位，对于乡土记忆和地方文脉的保护也是很有利的。

2）社区参与是难点

保护乡土记忆和地方文脉的难点是地方居民的社区参与度太差，一是认识不到位，没有意识到古村古镇文化遗产的真正价值，放任其损毁和倒塌；二是责任不够，即使对其价值有一定认识，但因为不能立即产生经济效益，就对其漠不关心；三是资金缺乏，面对古建筑和文物古迹的明显损毁，无能为力（许学强等，2009）。最为明显的还是第一种情况，对乡村历史文化环境的保护意识严重欠缺。以金华浦江县具有600多年历史的马岭脚古村为例，这里有14棵上百年的古树，包括千年榉树，600年的糙叶榆，但是被村民们抛弃了，只留下一个残檐断壁的空村。直到外婆家的创始人吴国平发现了这块宛若璞玉的小山村，他集结了一群志同道合的"文青"，包括设计师沈雷、主持人华少等，投资了6000万租下整个村子，把一个破败的小村子打造成了"中国最贵民宿"。现在的野马岭保留了黄泥墙，在围绕自然的同时，把当代的生活方式填进去，让人感受到淳朴的旧，也体验到时尚前卫的新。但试想如果没有吴国平这样的"伯乐", 是否这样一个古村落便会在当地居民的漠视和无知中消亡。

3) 特色小镇建设是关键

无论是生活在城市、郊区还是乡村的人, 乡愁是一直萦绕在近代中华民族脑海中的一种情结。从广义的角度来看乡建的概念, 包括乡村建设和家乡建设两个方面, 其中家乡既可以是城市也可以是乡村, 还包含了长久生活和工作的地方。就目前的情况来看, 数目巨大的特色小镇的建设才能实现绿色城镇的统一协调(黄富国, 1996)。在特色小镇的建设中, 碧山共同体和郝堂村有很大的借鉴意义, 虽然二者(王磊等, 2013)都是乡村, 但是它们的建设方法、思路等均有极强的借鉴和引导意义。

(1) 案例解析

碧山共同体和郝堂村的建设自 2011 年开始, 艺术家欧宁等人在安徽省黟县碧山村尝试建立"碧山共同体", 意图融入城市知识分子的力量重构以乡村为主体的社会单元, 思考传统文化对当下以及将来的意义, 将永续农业、手工业等传统产业回归至农村安身立命之本, 焕发农村生命活力, 并借此对若干年来过度城市化思维予以纠偏的探索性实践。

中国农村问题研究专家李昌平等人在河南省信阳市郝堂村致力于探索增强农村发展内在动力, 调动农民主体性和自主性, 构建"经济发展、社区建设和民主治理"三位一体全面发展的生态文明富裕新村发展模式。提出"把农村建设得更像农村""同农民一道建设新农村"和"农村建设过程就是增加农民就业岗位的过程"的乡村建设思路(岳文海, 2013), 倡导以自然生态、有机环保、可持续发展为主导的新农村发展理念。本着群众需要、顺应自然、宜建则建、宜改则改的原则, 遵从"多用金融方法, 慎用财政手段"的思路, 以"内置金融——'夕阳红'养老资金互助社"为突破口重建社区共同体(王德祥, 2008)。在不改变村庄现有建筑体系的基础上, 通过专家设计指导、财政以奖代补等措施, 对农民房屋进行修复, 形成"一房一景、一宅一色、一户一品", 建设具有豫南民居风情的农民社区。郝堂村至震雷山风景区的循环路成为精品旅游线路, 初步形成了环震雷山以自然景观、田园风光、生态休闲观光农业为特色的慢生活近郊乡村旅游生态区。

(2) 案例思考

① 乡建各方责权利关系问题

无论乡建的规模大小, 都无法回避中国大部分乡村的文化教育和基础设施建设落后这个普遍问题。而这些工作需要大规模的资金投入和长时间的建设周期, 却在相当长的时间内没有利润回报。这两个项目均在乡村文化建设、改善生态等方面取得了令人瞩目的成绩, 也获得了一些政府的财政支持, 但暂时看不出在乡建过程中政府、执行者和农民之间清晰的责权利关系，更没有形成监督和效果评估方面的机制。无论国内国外，政府在城镇化过程中始终是一个重要的、不可缺失和替代的角色。政策的制定和监督、文化教育和基础设施的建设毋庸置疑应该是政府的责任。在乡建过程中，村民和基层组织有社区参与从中获益，但都没有形成制度化或法制化的多方责权利关系。

②"法制"还是"人治"

新时期的乡建探索项目应该在建立法治框架、治理体系、监督和评估机制方面制定出刚性和柔性的内容，以适应中国各种地域、文化和经济发展层面的情况。不然，没有大量复制效应的探索将难以避免落于"孤芳自赏"的境地。在乡建的整个过程中，政府要与专家和村民一起，首先从建立乡村社会的制度框架、治理体系、监督和评估机制入手，在实践中不断总结和完善，形成在广大乡建中可以复制实施的制度和治理体系。

③"精致文雅"还是"粗犷野蛮"之形

从专业美学和文化传承方面来看，碧山村的精致文雅具有极高的艺术氛围和功能，投入了极大的设计成本。相较于碧山村的精致文雅，郝堂村粗狂野蛮、极不规范，但目前郝堂村的乡建更为成功。碧山村的精致文雅与还保留着农耕文明印迹的中国大部分农村不协调，更不具备可以在其他农村大量复制的条件。各地民居建筑的形制风格、建造材料、符号色彩、空间格局、聚落肌理、文化内涵有很大差别，都有着悠久的历史沿革，是乡村中寄托乡愁的真正物质和文化载体，乡建时应该认真细致地对其进行研究和借鉴，不能凭空想象或随意创造，也不能把乡村建设成好看不好用的"艺术品"。

图7-1 郝堂村前的荷花

④乡建的主力军该是谁

寄托乡愁的乡建涉及很多专业方面的知识、规范和法律，应该由多方人士组成的团队协作完成，其中包括村民和基础组织成员。

乡建是一个具有专业性的规划设计和建设实施过程。乡建是一个集策划、设计、管理、实施、维护以及社会责任等多方面因素于一体的复杂系统工作，应该是一个多学科人员通力协作但又各负其责的系统工程，城乡规划、景观和建筑设计方面的专业人才应该成为团队主要的组成部分。中国数以万计的乡村不能仅靠几个非专业人士去建设和改变，专业人员的引导和介入必不可少。

图 7-2　郝堂村新貌

⑤"农业为本"还是"旅游为本"之惑（罗勇，2014）

在考察中还发现两个项目或多或少、有意无意都形成了有点像或者说结果有点像特色乡村旅游项目开发的情况。郝堂村至震雷山风景区的循环路成为旅游精品线路，初步形成了环震雷山以自然景观、田园风光、生态休闲观光农业为特色的慢生活近郊乡村旅游生态区。考察期间发现，周末中午时分的郝堂村，出现了类似周末和小长假国内大部分旅游景点人满为患、垃圾遍地的场景。憧憬一下未来的场景，数以万计的农村都成了"旅游精品线路"和"慢生活近郊乡村旅游生态区"，希望慢生活的城里人在假期和周末使得本来生活在慢节奏之中的农民节奏明显变快。需要反思的是，建设乡村的目的主要是为城里人在假日和周末创造更多的休闲旅游场所吗？农民希望的乡建目标是这样吗？那些极力推动乡建项目的人士的目标是这样吗？乡建不能仅仅定位为以吸引城市及外来者旅游和观光为主的开发建设项目，更应该通过产业政策、农村治理、人口政策、金融支持等多方面的协调，以村规民约、村民意愿为依托，形成一个完整的农村建设和产业发展的思路(埃比尼泽·霍华德，2000)。建设美丽乡村才是乡建的真正目的。对于目前已经完成的乡建项目，对旅游和观光的容量应该有所限制，同时加强管理和维护，否则美丽乡村将难以真正寄托乡愁。

7.1.2.3 要搞得了创新

传统的城镇宛如一刀切之下的混凝土标准化森林，冰冷阴森的灰色、一个个狭小闭塞的空间、一扇扇紧闭的门、一栋栋外形一致的建筑、一块块夹杂在林立建筑物之间小小的绿色景观。人和城的关系是如此紧张、仓皇、窘迫，人就像笼中的鸟，从小小的带着防盗设施的窗子看出去，外面不再蔚蓝的天空在雷同的建筑物里挣扎出窄窄的、不规则的形状。

城没有了自己的骨和肉，人丧失了回家的渡口，人在城中如游魂野鬼一般行走，每天在几乎一样的建筑物里进出，在没有差别的街道上匆匆而过，在同质化的生活中消磨了一天又一天。城与人日益像两条平行线，自说自话，各走各路。人忘记了独属于城的那一份美丽，那一片春日盛开的迎春花，那一朵夏日中散发着幽香的缅桂花，那一个在秋日斜阳中热气腾腾的糖腿包，那一份在冬日暖阳里闲坐的雅兴。

城没有了情感，只有越来越严重的热岛效应和污浊的空气，人甚至连去小小的绿色景观里闲暇的兴趣都没有了。越来越多、越来越高的建筑物侵占了原本属于城的绿色和美好，人越爬越高、越住越高、越来不接地气。何以解忧？何以让城和人重新以一种全新的方式融合在一起？何以让城和绿色相融？何以让人在现在高耸入云的城中感受土地的芬芳？何以打破一个个狭小的混凝土盒子，让人可以呼吸城中新鲜的空气？何以让城变绿，让人可以亲近自然？

绿色城镇不但需要浓得化不开的乡愁，也需要用新技术、新手段解决人与城之间的矛盾，用智慧让人与自然和谐发展，用创新让人在城中拥抱绿色、享受绿色，让曾经灰色冰冷的混凝土森林变为真的绿色森林，让弥漫浊气的城有草木花果的香气，让远离自然的身心得以舒缓，让久居城市的日子有了乡野的气息(魏后凯等，2013)。

全新的第四代住房将郊区别墅、胡同街巷以及四合院结合起来，建在城市中心，并搬到空中，形成一个空中庭院房，又称空中城市森林花园。简单来说，第四代住房的主要特征是每层都有公共院落，每户都有私人小院及一块几十平方米的土地，可种花种菜、遛狗养鸟，可将车开到每层楼上的住户门口，建筑外墙长满植物，人与自然和谐共生。

图 7-3　第四代住房 3D 图(1)

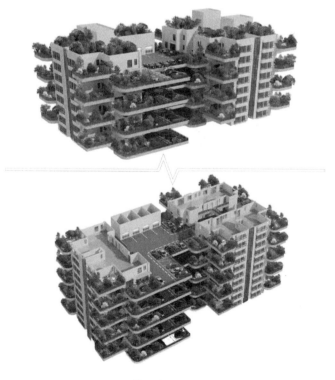

图 7-4　第四代住房 3D 图(2)

第四代住房所涉及的花草树木的养护浇灌采用自动滴灌系统(一种很成熟的技术)进行自动浇灌，住户只需要每两三个月修剪一次枝叶即可，每家每户绿化院子的成本大概是每平方米500元。

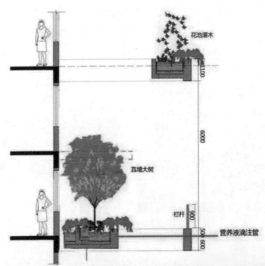

图7-5　第四代住房绿化庭院图(1)

在设计方案中，所有院子的混凝板都是下沉板上翻梁，就像卫生间的结构一样。下沉板有60cm左右深度，也就是说可以回填60cm厚的土，在靠墙栽种大树的地方还可做一个向上50cm的树池，这样，在靠墙的地方便有1m多深的覆土，即可以栽种4~5m高的树，并将树干固定在墙上，以防大风将树刮倒或使其摇晃，在其他不靠墙的地方栽种1~2m的低矮植物、果树或灌木。这样，整个庭院的花草树木便显得错落有致，经受任何大风也没问题。

第四代住房将给我们的生活带来怎样的改变？

（1）彻底改变目前鸟笼式的居住环境：每层楼内都有一条街巷和一座公共院落，房屋都建在街巷两边或院落四周，人们就如同住在传统的四合院里，继续着邻里和谐的健康生活模式。

图7-6　第四代住房绿化庭院图（2）

（2）每家都有一座私人小院：除了建筑外墙长满植物外，每家还有一座两层楼高的空中室外私人小院及一块几十平方米的土地，可种树、种花、种菜、遛狗、养鸟……使住在繁华城市中心的人们实现"家园"和"回归大自然"的梦想。为避免出现每家人的主要房间都被大阳台遮挡而成为黑房子、上下层住户之间可相互对望无私密性、左右邻居可攀爬翻越无安全感以及植物养护成本高昂需住户承担但住户并无法实际享用等诸多缺陷弊端，第四代住房采用多项创新方法，综合考量，才将阳台做高做大，给居住用户带来真正的便利。

图 7-7　第四代住房外立面 3D 效果图

（3）开启空中停车时代：住户车辆及访客车辆都可通过小区外围道路及智能载车系统，一分钟内即可开到所去任何楼层的公共院落里，停在所去屋前的停车位上，方便了人们回家停车和驾车出行，彻底解决了住户停车难问题。行人则走小区内道路及载人电梯，实行人车分流及小区内无车辆通行，同时彻底告别空气污浊黑暗的地下停车时代，节省了 24 小时的地下停车照明和排风耗能。

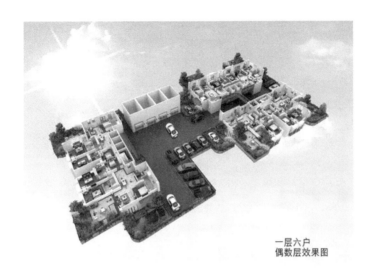

一层六户
偶数层效果图

图7-8　第四代住房偶数层效果图

（4）不再建地下停车场：只开挖主楼的基础部分做人防层及布置设备，不用再往下大开挖两三层建停车场，可节省90％的地下工程量，缩短工期。

一层十户
奇数层效果图

图7-9　第四代住房奇数层效果图

（5）使房屋面积凭空增加15％以上：住户从载人电梯出来即在所去楼层的室外街巷里，从街巷直接进出自家大门，没有了传统的电梯厅及过道，减少了公摊面积，使房屋公摊面积下降到10％以下，这是了不起的创新成果。

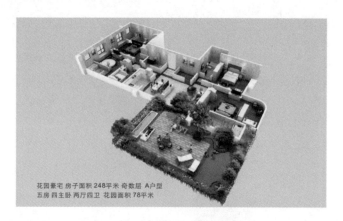

图7-10 奇数层A户型户型图

(6)不增加占地和建筑成本：第四代建筑可建设高层、中高层、多层等所有建筑类型和所有户型及面积，可采用框架、框剪、钢构等任何建筑形式；容积率可达到1.0~6.0，建空中街巷、空中停车及每层公共院落的成本，与大开挖建地下室停车场的成本基本相当，甚至还略有减少(地上空中停车建筑与地下停车建筑一样，不计容积率)。

图7-11 奇数层B户型户型图

　　(7)使投入与产出比发生质的变化：即投入了普通建筑的占地和建造成本，却得到比别墅更好的房子。

图 7-12　偶数层 D 户型户型图

　　(8)更适宜人类居住：它将彻底改变城市钢筋水泥林立的环境风貌，彻底改变第三代住房鸟笼式的居家环境，使家变成家园，使城市变成森林，使人类居住与自然完美契合并和谐共生！

图 7-13　第四代住房外立面效果图

7.2 绿色城镇之智

7.2.1 中国古代城市蕴含的智慧

7.2.1.1 古代城市建筑的哲学思想

中国哲学思想高远恢宏，其精义是给在天地之间活动的人类言行提供一个根本方向性的指导，并使其最终达到天人合一的境界。哲学作为一定程度上的世界观，对古代城市的规划有着深刻的影响；而古代城市的规划尤其以古建筑艺术作为一种意识形态的存在，在很多方面都反映着中国古代的哲学观（董建泓，1997）。

（1）古代建筑的实用、节制、便生

建筑是一种实体的艺术语言，它存在于空间中，也存在于时间中。错落有致的空间结构，绵延醇厚的时间序列，使中国古建筑可观看、可品味。中国古代，人们对建筑哲学领悟很深，在长期的建筑实践活动中，将上层建筑与经济基础的关系恰到好处地发挥到了极致。中国古代传统的建筑观念，将物质与精神之间相互转化、互为影响的理念，与营造形式、构成与内容，抽象与现实这些对立概念之间的关系，体现得彻底、涵盖得广泛。飞扬的生命意象，丰富的文化内涵，凝固在一个历史时期的建筑中，激发人们去想象，营造出物我同一的境界。

实用、节制、便生是建筑物对于人的功效和意义，无论是庙堂之高还是江湖之远，无论是庭院深深还是茅屋几间，无论是重重宫闱还是寻常人家，其作用都是"人居"。古建筑讲究风水、朝向、内外协调，都是为了解决人与自然之间的矛盾，达到和谐共生的目的。中国的哲学思想注重人生（现实），强调"实用理性精神"。中华民族自古以来就是一个尚俭的民族，这种价值观体现在建筑艺术中，便是一种很现实的实用观点，即"适形"与"便生"。中国古建筑适形而止，是以"度"为基础的，"度"即是建筑物的尺度、造型、体量以及施工过程中的重要参数。"便生"，就其意义来讲，一是指便于现世的人，二是指便于生活。中国古建筑的木结构语言，就是实用与"便生"理性精神的很好的例证。《易传》"说卦"里提到"土生木，木生风"，是一种求生的机制，接纳大自然整个的生气。木头有着自然的气息和生命的肌理，不冰冷、僵硬、死板。何况木结构又有就地取材、适应性强、抗震功能较强、施工速度快、便于修缮搬迁的优势，再辅以特殊处理，使用年限也大大延长，既可供现在使用，又可供后人使用。著名的五台山佛光寺大殿是纯粹的木结构建筑，历经千年，至今保存完好。由于木结构具有以上显著特点，故而覆盖面广，加之各地地理、气候、生活习惯不同，又使之产生许多变化，在平面组成、外观造型等方面呈现出多姿多彩的繁盛景象。

（2）中央集权统一下的整齐划一

中国古代的城市具有明显的风格统一、整齐划一的特点。究其原因：一是该城市规划格局本身的优越性；二是秦朝以来确立的中央集权制度，"车同轨，书同文"，城市的格局当然也要按照规定被标准化（程天明，2012）。

这种城市规划的格局，中心明显，主次分明，有明显的对称轴，左右呼应，街道的脉络清晰。最典型的代表应该就是北京城了。这座深深沉浸在礼仪、规范意识中的城市，井然有序，构图巧妙。丹麦学者罗斯缪森（S. E. Rasmussen）认为："北京城乃是世界的奇观之一，它的布局对称而明朗，是一个卓越的纪念物，一个伟大文明的顶峰。"登景山俯瞰，可以清晰地看见北京古城之内的四合院民居充满韵律，这些已经存在 700 多年的居住院落青砖灰瓦，绿枝出墙；城市中央，一条南北方向上长 7.8km 的中轴线，纵贯正阳门、天安门、紫禁城、鼓楼、钟楼等大型建筑，以金、红二色为主调，与四合院的灰与绿营造着出的安谧韵味，构成强烈的视觉反差，给予人极具震撼的审美享受。

图 7-14　老北京城鸟瞰图

（3）儒家思想价值观的体现

儒家思想讲究天人合一，追求仁、义、礼、智、信、中庸与和谐，讲究等级秩序（李卫等，2006）。

"天人合一"的关系中"天"既指代自然也指代冥冥之中对于上苍的敬畏和皇

权神授的隐喻。

"天人合一"中"自然"的关系在中国古代的价值取向体现为园林景观的设置。在古代规划中，园林在大景观中是城市"绿地"，在园林景观中又是情景相融、极富趣味的对于整体建筑的烘托。园林不但师法自然、亲近自然，同时也是一个时代、一代帝王、一位文人雅士文化修养、艺术审美、个人情怀、嗜好取向的体现（王其钧，2007）。"天人合一"的哲学在古代园林中表现得淋漓尽致。中国园林的气质与中国绘画极为相似，虽寄情思于山水，但超乎山水本身。无论是曲折的池岸、弯曲的小径、自由多变的假山，还是点缀其间的亭、台、楼、榭都并非大自然的单纯模仿，其中妙想连篇、天机灵运、随时而迁，融进了人的再创造，所构成的是一幅幅流动的充满诗情画意的天然图画。

"天人合一"中的"天"：自战国时代起，思想家对"天"给予极大的关注，伍子胥提出"相土尝水，法天象地"的城市规划基本原则，意指人间的山水大地总与天上的星星相通对应，如天上有四垣九野，地上则依据这个建城郭，以分地域九州，相土堪舆也大致是这种方式。这一思想在西汉时期被董仲舒进一步发展成"天人感应"。又如，在唐朝长安城中，十三牌坊象征十二个月加一个闰月，皇城南的四行坊象征四季；明清时，北京南边有天坛，北边有地坛，东边有日坛，西边有月坛。另一个典型的例子就是明代的南京城城市的设计者为"博通经史，于书无不窥，尤精经纬学"的刘基。他将南京城的城墙设为天象中"南斗""北斗"的聚合形态，并将皇宫置于北斗的斗勺内。刘基还在其中修筑三大殿、奉天殿、华盖殿和谨身殿，隐喻封建皇帝的皇权神授。

古代人们对于太阳的崇拜和依赖导致人类本能地趋阳避阴，如我国古代的"四象""四灵"。"四象"是我国古代把日、月及五大行星以外的属于恒星体系的二十八星宿，平均划分为东西南北四大象限。"四灵"是用四种灵首的形象与颜色分别代表东西南北的属性，四大方位的属性为东（左）属青龙、西（右）属白虎、南（前）朱雀、北（后）属玄武。标志天上四大方位的"四象"或"四灵"符号，同样可以代表地上建筑与环境的东西南北方位。讲究南北东西正位，以坐北朝南为尊，早朝时皇帝坐南朝北，文武大臣东西站列，朝拜或者启奏皇帝的大臣在南面跪坐，所有的人都面向中间。

儒家思想的最高境界是仁，仁统领着义、礼、智、信。什么是仁，有很多种说法，克己复礼是仁，使民如承大祭是仁，爱人也是仁，如果把这些仁归纳出来，集体主义就是仁，凝聚力就是仁，大一统就是仁。这种思想，反映在城镇选址中，就是选择群山环抱的地方，反映在建筑物中，就是四合院。"仁者乐山，智者乐水"，一般中国古代城市的选址都是有山有水的地方。

①儒家"礼制"影响下的森严等级

中国古代是受礼法约束的等级森严的社会。"礼"是行为规范，"法"是行为禁约，二者相辅相成，以保持人与人之间尊卑贵贱的关系。儒家思想在城市规划和建筑中体现在严整的城市布局、森严的社会等级上。儒家经典《周礼·考工记》中记载："匠人营国，方九里，旁三门，国中九经九纬，经涂九轨，左祖右庙，前朝后市，市朝一夫。"意思是：建筑师营建都城时，城市平面呈正方形，边长九里，每面各大小三个城门(其中设立两个侧门)。城内有九纵九横的十八条大街道。街道宽度皆能同时行驶九辆马车(七十二尺)。王宫的左边(东)是宗庙，右边(西)是社稷。宫殿前面是群臣朝拜的地方，后面是市场，市场和朝拜处各方百步(边长一百步的正方形)。中国古代绝大多数城市是正方形的，并且有一条中轴线。都城都以通过皇城正门至正南门的宽阔笔直的道路作为中轴线，体现了封建社会儒家理念中的居正不偏、不正不威、礼教尊卑、伦理秩序等传统观念，把至高无上的皇权通过建筑氛围烘托得更加威严，也使中国古代的城市拥有一种整齐划一的协调性与统一性。

②和谐

孔子以仁释礼解乐，他认为："乐者为同，礼者为异。同则相亲，异则相敬。乐胜则流，礼胜则离。合情饰貌者，礼乐之事也。礼仪立则贵贱等矣，乐之同则上下和矣。"他提倡与追求礼乐中和境界。乐的最初释义为人欲的一种需求，是不可亦不愿违逆天理的自觉的生理欲求，而这种人的自觉生理的源泉在本然的天地之中。"乐者天地之和，礼者天地之序。"礼乐的辩证综合，则是天理与人欲的同时满足。礼乐中和也是"天人合一"(杨焕章，2004)。《中国美术》一书曾指出："中国宫殿，多为一层平房，欲加其数，则必须纵横皆增，使无违乎均齐对称之势。凡正殿之空旷，东西之排列，回廊之本势，院落之广旷，台榭之布置，以及一切装饰物之风格，虽各有不同……"可以看出，这种对称均衡的布局不仅具有礼的特征，而且具有乐的意蕴。也正是如此，中国建筑虽然被赋予浓重的政治伦理色彩，但它是民族审美意识的物化，反映的是人民对建筑艺术的心理需求。和谐是古代思想的重要内容，反映到建筑中，就是建筑之间的和谐统一。中国古代建筑绝大多数是四合院，四合院内部的建筑都平实有序，虽然少了错落有致，但和谐统一。

7.2.1.2 对于大拆大建的思考

是否消灭了就会美？拆除了就会圆满？

新型绿色城镇的建设不得不面对的一个问题就是"老房子"的去留，这些"老房子"可能是古代遗留下来的建筑，可能也就是七八十年代的老旧建筑及厂房等，甚至还可能是使用功能不满足现代需求的道路及桥梁。对于这些时代遗留下来的建筑，对于传统的习惯和道德，现代人喜欢用理性来分析其对自己或群体的效用。这样的思维方式从书斋中延续到现实中，可能是杀伤力极大的文明炸弹。在当今的决策者看来，一个古代建筑、乡土建筑或老旧建筑，如果不合我用，就是没有价值的。至于悠久的历史本身，是没有什么意义的。效用，是理性思考者的主要判断标准。老建筑是否要拆迁，只需看它是否还适合人们使用。当今很多地方的决策者就是用这样的技术理性、用工程师的思维来解决实用与美的冲突，其实是在消灭美。由此，现代人的心灵走向了另一种更可怜的贫乏：将一切价值都简化为对自己的效用。

追求单一的效用，横扫一切"老"和"旧"，大刀阔斧地让新城市拔地而起，也割断了人与城情感的脐带，流淌在血液里的乡愁、时代传承的记忆和生活方式消亡了，城变得跟"远方"很像，却没有了"诗意"。站在城的中央，有"东南亚风情"、有"英伦风情"、有"美式田园"，唯独没有的就是"老家"的味道。笔者的父亲是一名建筑工人，他参与建设了很多八九十年代的"地标建筑"，也获得过建筑行业最荣耀的"鲁班奖"，很多他们用青春和汗水建造的房子、桥梁都被拆除了，说是要建设更高的楼、更复杂的桥。每当此时，父亲的眼睛里总是充满无限的惆怅和不舍。如果拆除了一代人的辛劳和记忆可以换来更好的明天，生活岂不就像电子产品——新鲜几天就开始廉价。

7.2.1.3　韩国"首尔路7017"的借鉴意义

老旧建筑如果花点心思让其焕发出第二春，带来的不只是"实用""效用"，其自身的情感、记忆更是一笔不可估量的财富。现在就以首尔空中花园"首尔路7017"为例阐释一下老旧建筑的新思路。

"首尔路7017"坐落于首尔市中心，由一条长983m的废弃高架桥改造为一座生机勃勃的城市植物园，以生动的植物百科形式在市中心提供一个最多样化的韩国本土植物品类展示区；改造后983m长的公共花园走廊聚集了至少50种不同科目的树、灌木、花草等，通过645个不同的盆景展示，收集了约228个主要品种及亚种。最终，整个花园将包括24000棵植物（树、灌木、花草等），是一座在市中心的"植物图书馆"。

"首尔路7017"是将其的前身高架桥的建成年份1970，和它作为空中花园的重生年份2017的结合。位于首尔中央火车站旁的高架桥被改造为人行通道，进一步推动城市的中心区变得更加绿色、友好、富有吸引力，也从更广阔的范围将城市绿地连接起来。

"首尔路7017"主要理念是将城市居民与自然紧密联系起来，同时提供一个观望首尔火车站和崇礼门的绝佳视野。空中花园既是一座教育性的植物园，植物是根据韩国字母表的顺序排列的，其效用类似"植物图书馆"；也是孕育各类物种的城市苗圃，将来可以成为城市绿色植物的源头。

"首尔路7017"的景观由一系列小型花园组成，每一座小花园都有自身独特的形态、香气、颜色。四季景色流转，春天樱花飘落、杜鹃怒放，夏天果实满枝头，秋季"霜叶红于二月花"，冬季松柏长青。"首尔路7017"不单是一个绿色景观，还将一系列城市公共空间活化剂要素，比如茶餐厅、花店、自由市场、图书馆等植入其中，力求让场所变得更有生机与可能性。与此同时，这座美丽的天桥在蔓延的过程中还衍生出系列分支，与周边的绿地和公共空间相联系，极大地带动周边的城市活力与丰富性。

"首尔路7017"中不同尺度大小的容器不但可以把不同的植物种类组织在一起，同时能够提供行人驻足休息的区域，一物多用，实用且有趣。一小部分可移动盆栽还可灵活地将种子和植物转移到未来更大的盆栽中。"首尔路7017"还根据原有的建筑物设施修建了观景亭和休息区。

"首尔路7017"中的各种楼梯、电梯、人行桥、手扶梯等设施将空中花园与城市连接起来，与周边的城市肌理形成弹性关系。夜幕降临时，空中花园将被蓝色的灯光点亮，与周边的城市灯光形成对比，采用一种更亲近自然的灯光色。而有盛大节日或庆祝活动时，灯光的颜色也可以随之调整和改变。

图7-15 "首尔路7017"(1)

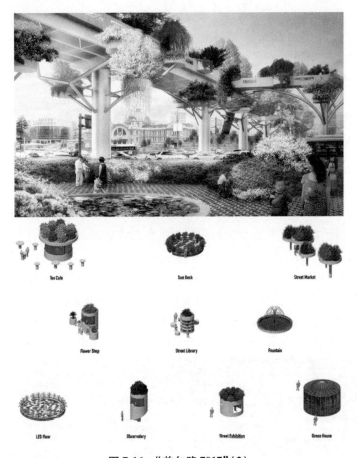

图 7-16 "首尔路 7017"（2）

图 7-17 "首尔路 7017"（3）

图 7-18   "首尔路 7017"夜景

7.2.2   新型绿色生态城市

7.2.2.1   新型绿色生态城市的规划

（1）绿色生态城市的几点规划建议

①系统建设，规划先行。我国城镇化进程中的资源环境问题是一个涉及城镇自然、经济和社会众多层面、众多部门和建设发展全局的复杂性问题。生态城镇建设必须综合回应上述建设要求，打破以往的条块分割建设模式，形成多部门融合、多学科交叉的系统工程。这种系统化建设首先要从规划做起。

②宏观与微观的认识统一。生态城镇是一个"自上而下"和"自下而上"结合的规划和建设过程。它既需要对宏观建设问题综合把握，也需要对当地资源环境条件和建设障碍深入了解，因地制宜地确定规划目标、发展策略和行动方案，微观与宏观并重。

③经济性与适宜性并重。与城市相比，小城镇的经济基础和建设能力相对较弱，更需要对技术经济性和适宜性的重视。在规划编制方面，它需要将成本-效益分析和技术适宜性评价纳入编制办法，转变原有经验主义规划模式，真正做到科学规划。

④有机更新，滚动发展。生态城镇建设应避免目前各地开展的大规模、集中式的造城运动，以有机更新、滚动发展的方式缩减建设成本和建设难度，提高资源利用效率，将生态冲击减至最小。

（2）以天津中新生态城为例

①天津中新生态城建立的背景：2007 年 11 月 18 日，由时任中国国务院总理温家宝与新加坡总理李显龙共同签署两国合作建设中新天津生态城的框架协议。协议的签订标志着中国-新加坡天津生态城的诞生。中新天津生态城是中国和新加坡两国政府在国家层面上推动的生态城建设项目，也是国家建设绿色生态城市的试点项目，是完全按照"可复制、可操作、可推行"模式建设的。它不仅填补了目前中国国家级生态城建设的空白，而且还将确立未来我国生态城市、绿色生态城（郝寿义，2011）的发展方向。

②整体规划及空间布局：在总体规划上，生态城积极构建"六体系"，即健康安全的自然生态体系、集约永续的资源利用体系、循环高效的产业支撑体系、宜居友好的人居环境体系、和谐文明的生态文化体系、开放公平的管理运营体系。在空间布局上，采用紧凑型城市布局，全面建设集现代服务业、居住、休闲等多种功能于一体的生态谷，并将其打造成为生态城的发展主轴。将生态城土地划分为四个综合片区，在中部片区结合生态谷建设生态城的城市主中心，在南北两个片区依托轻轨站点分别建设城市中心，形成"一轴三心四片"的布局结构。

（3）绿色生态城市的内涵

①城市绿色生态发展规划。城市绿色生态发展规划包括调整产业结构、优化能源结构等工作规划，明确提出控制温室气体排放的行动目标、重点任务和具体措施等。

②合理的城市规模。城市规模过大，将造成土地使用浪费，通勤时间和通勤距离增加，生活成本上升，间接提高城市交通中碳排放量；规模如果过小，会限制城市发展，限制规模经济效应的发挥，降低居民福利水平。因此，必须根据实际发展需要，合理确定城市的规模。

③布局形态的完善。紧凑的城市形态可以大大降低城市各个功能区之间汽车、人流往来的次数和距离，完善的公共交通网络也可以降低汽车出行的比重，从而减少污染气体的排放。

④绿色生态为特征的产业体系。逐步建立绿色生态的工业体系、高效的能源利用体系、绿色生态的交通体系等。积极推进低碳技术研发、示范和产业化，广泛运用绿色生态技术改造提升传统产业，培育壮大节能环保、清洁能源等战略性新兴产业。

⑤绿色生态建筑体系。从规划施工起，通过合理的规划设计来指导施工过程，积极推行绿色生态技术的应用，采用节能建筑材料，从而降低建筑物的能耗，同时在规划中应加大城市绿地的数量，达到降低总量的效果。

⑥温室气体排放监测和管理体系。温室气体排放的统计监测和管理体系的建立和完善，能够确保绿色生态城市建设过程中控制温室气体排放行动目标的实现。

⑦绿色生态的生活方式和消费模式。鼓励绿色生态生活方式和行为，积极推广使用绿色生态产品，弘扬绿色生态生活理念，推动全民广泛参与和自觉行动。

⑧城市智能化管理。充分利用数字化信息处理技术和网络通信技术，科学整合各种信息资源，使绿色生态城市成为高效、便捷、可靠、动态的数字化城市。

(4)绿色生态城市的构成

①高产出、高附加值、低排放的绿色生态产业和建筑材料、能源系统、社区环境等绿色生态社区。

②构建绿色的生态系统，包括城市内的生态系统和城市与周边相关联的生态系统。

③绿色生态城市的社会系统包括软、硬件两个方面，软件指的是绿色生态的生活方式和绿色生态文化，硬件指的是工业、交通、建筑、市政设施等方面的绿色生态化。

(5)政府的积极引导

在我国，市场经济机制、政策法律建设尚未完善，此时，建设绿色生态城市、发展低碳产业尤其需要政府的参与、主导和管理。需要政府做到：科学规划，合理布局，发挥规划指导作用；完善政策法规，加强执法能力，发挥立法保障作用；倡导绿色消费，培育绿色生态生活方式，发挥宣传示范作用；健全考核机制，加大绿色生态绩效考核与激励；明确责任目标，强化问责制度。此外，还要积极发挥政府政策的引导作用，间接地对绿色生态产业发展、绿色生态城市建设进行宏观指导与调控，从而达成鼓励和支持绿色生态经济发展的目的。

7.2.2.2　构筑海绵城市

(1)什么是海绵城市

在当今城镇化日益加剧的背景下，城镇建设发展与资源环境保护矛盾日益尖锐。大量的城市建设带来土地硬化、绿地减少以及河湖水系破坏等问题，直接导致我国城市地表径流量大幅度增加，城市蓄存水、净水能力锐减，随之而来的洪涝灾害、地下水枯竭、河流水系生态恶化、水污染等问题加剧，尤其是越来越严重的城市内涝，在这样的趋势之下，海绵城市应运而生。

《海绵城市建设技术指南——低影响开发雨水系统构建(试行)》(下文简称

《指南》)中明确了海绵城市的定义：海绵城市是指城市能够像海绵一样，在适应环境变化和应对自然灾害等方面具有良好的"弹性"，下雨时吸水、蓄水、渗水、净水，需要时将蓄存水"释放"并加以利用。

海绵城市的本质是改变传统城市建设理念，重点关注并保护区域的自然水生态过程，实现开发建设与资源环境(尤其是水资源)的协调发展。相较于传统城市建设模式，海绵城市开发建设对水生态环境影响降至最低。

《指南》中提出海绵城市的三大建设途径：一是对城市原有生态系统的保护；二是生态恢复和修复；三是低影响开发(王文亮等，2015)。其中，第三点低影响开发模式(又称低冲击开发，Low Impact Development，简称 LID)是第一次以指导要求的形式出现的，是贯彻落实海绵城市建设的最有效途径。低影响开发雨水系统是一套先进的雨洪管理模式，指在场地开发过程中采用源头、分散式措施维持场地开发前的水文特征。其核心是维持场地开发前后水文特征不变，包括径流总量、峰值流量、峰现时间等，在有效减轻城市排水负担的同时，将雨洪资源化利用，是探索解决当前我国城市旱涝并存困局的有效途径。

(2)海绵城市构建的景观生态规划途径(肖洋，2013)

①构建生态雨洪调蓄系统。海绵城市若要真能如海绵一般具有良好的滤水、吸水及蓄水能力，就需要通过规划设计在关键区域布置若干"绿色海绵体"，包括绿地、水域、湿地、沟渠、池塘等水导向的绿色基础设施，并形成紧密联系的良性格局体系，即生态雨洪调蓄体系。构建区域生态雨洪调蓄系统一般有以下几个步骤：首先，建立区域以水为核心的景观生态安全格局，根据高、中、低三级安全格局划分禁、限、建区域，明确严格保护、限制建设和引导建设的范围区域。其次，根据景观生态安全格局识别区域内水导向的绿色基础设施的空间位置，判别潜在径流方向与通道、汇水与蓄水区域、洪涝灾害风险区域等重要控制点。再次，通过重要控制点规划设计绿色生态基础设施，构建区域生态雨洪调蓄系统。

②规划布局雨洪调蓄系统设施。通过场地基础分析、水文气象分析、排水管网系统分析、土地利用现状分析等方法对场地空间进行合理规划，然后设计出雨水设施主要方法功能与布置原则，可分雨洪自然净化下渗系统和雨洪人工净化蓄渗系统两大类，包括截污、净化、渗透、存储、调节及运输等多项技术措施。

雨洪自然净化下渗系统：a. 植被浅沟和缓冲带。植被浅沟和缓冲带起到雨洪截污与自然净化作用。当雨洪径流通过植被时，植物群落可以降低雨洪流速并吸收过滤、生物降解污染物。在中小尺度的场地设计中，植被浅沟在城市地块边界、道路两侧或硬质地面的周边进行设置，起到雨水净化和输送的功能，成为雨水管网体系的一部分。b. 低势绿地。地势绿地是高程低于周围硬化地面5~25cm 的下凹型绿地，是雨水自然渗透的绿色基础设施，也是大幅提高城市雨洪下渗吸收的关键所在。

雨洪人工净化蓄渗系统：生物滞留池是在低势区域设置的净化池塘。通过人工设置植物截流、生物净化、土壤和沙砾过滤滞层等自然、工程装置，收集并利用净化后雨洪的设施。生物滞留池可以结合雨水花园、人工湿地等设计。一般布局在区域内地势较低、雨水自然汇集的区域。

(3) 雨洪生态社区案例——德国汉诺威市康斯伯格

康斯伯格生态社区位于德国萨克森州首府汉诺威市东南，总面积150hm²。该项目采用近自然的排水方式，结合源头控制、局部就地滞留和下渗的方法恢复天然的水循环系统，使社区的地下水位保持在开发前的状态，实现可持续发展。方案通过构建雨洪滞留与入渗系统，组合特色化的生态雨洪设施来实现雨水的管理与利用。雨洪滞留与入渗系统由雨水渗滤沟、坡地雨水绿道、雨水滞留区、蓄水湖和输水沟五部分构成一个相互连通的三级渗蓄网络。地表径流首先通过沿路的雨水渗滤沟，滤渗后的溢流被输送到高一级的坡地雨水滞留绿道和雨水滞留区内进一步渗透，最后溢流的雨水进入最低洼处的蓄水湖，作为景观水体长期存储。康斯伯格生态社区在社区规划层面成功应用了低影响开发雨水系统，为海绵城市构建的技术运用提供了参考依据。

(4) 展望

现有的城市海绵体建设存在着相关标准不完善、维护成本高、地域限制、与现有市政设施衔接不密切等问题，希望在新型绿色城市规划建设的过程中根据实际情况科学建模、系统规划，在具体操作层面上，要与城市水系统、城市绿地、城市管网、城市防洪排涝等规划相衔接。

在具体操作中，推进绿色屋顶建设；在市政设施中，广泛铺设透水砖、建设下沉式绿地、优化市政网管功能、提升雨水收集储蓄能力，并将"海绵体"的建设与施政管网有效衔接，充分发挥"绿色海绵体"和"灰色"基础设施的协同运行能力。

7.2.2.3　建设城市湿地

新型绿色城镇要重视和加强对于城市湿地的保护、恢复和建设。湿地被称为"地球之肾"，具有极强的生态功能(俞孔坚，1999)。城市湿地受到人类活动的干扰，景观破碎化，连接度降低，生物多样性下降。城市湿地是重要的城市生态基础设施，具有众多的生态及服务功能：①不仅为城市提供水源，还具有运输、补充地下水源等功能；②起到净化城市污染物的作用，污染物的聚集导致了城市水体的富营养化，城市湿地植物如芦苇、水葱、茭白、石菖蒲等有很好的净化功能；③调节城市微气候，改善环境，减缓城市热岛效应；④为动植物，尤其是鸟类，提供栖息地；⑤为城市居民提供休闲娱乐场所和教育场所。

在新型的绿色生态城市中，湿地的保护也是绿色生态的体现，具体措施如下：进行合理的土地规划利用，保障城市湿地系统的生态安全，防止内部生境破碎引起生态功能退化；建立持续的城市湿地监管机制，对城市进行持续的监测和控制；控制城市湿地污染，恢复湿地自然生境，保护湿地物种多样性；需要政府的强制性措施，加强加快制定法律法规，依法管理和加强依法治水力度；加强对于保护城市湿地的宣传教育，提升城市居民的保护意识。

7.3 绿色城市之俭

"节俭""勤俭"是几千年以来深入中华民族骨髓的哲学思想和价值取向，儒家思想中君子"克己复礼"，有节制、有度量、有分寸、有礼仪，不骄、不奢、不淫、不欲，讷言、敏行、张弛有度。"俭"作为一种传统价值取向，在当今的社会中并不过时，尤其在新型绿色生态城市的建设中，"俭"的价值取向同样可以被继承并发扬光大，尤其是绿色生态城市的节能规划。绿色生态城市也是一种绿色生活价值观念的体现，用节能践行"俭"的理念。

7.3.1 绿色建筑

7.3.1.1 何为绿色建筑

我国在《全国绿色建筑创新奖管理办法》中将"绿色建筑"明确定义为："为人们提供健康、舒适、安全的居住、工作和活动的空间，同时在建筑全生命周期中(物料生产、建筑规划、设计、施工、运营维护及拆除、回用过程)实现高效率地利用资源(节能、节地、节水、节材)，最低限度地影响环境的建筑物。(胡学明，2007)"实际上，绿色建筑是追求自然、建筑和人三者之间和谐统一，并且符合可持续发展要求的建筑，其核心内容是尽量减少能源、资源消耗，减少对环境的破坏，并尽可能采用有利于提高居住品质的新技术、新材料。

7.3.1.2 绿色建筑的组成部分

(1)绿色建筑设计。绿色建筑的设计包括生态环境设计和内部的设计。尊重自然环境，节约资源，充分利用自然界的物理条件，如日照、通风、风向、地形、地貌、太阳能等。为了今后可持续发展需要，建筑周围要留有一定的余地和发展空间，减少建筑以及建筑废弃物对环境的影响，还要注意再生资源的利用，如沼气、水循环系统、生活垃圾资源的再利用等。绿色建筑设计的主要目的就是使人与自然协调，以人为本。建筑内部也应达到绿色设计的要求，内部的空气质量、湿度、温度等条件对人的身体和精神影响甚大，一方面可通过选择朝向、合理布局、加大间距等措施来强化自然通风，保持室内空气流通，有时也可以设计必要的强制机械通风系统，保证室内空气的新鲜。

（2）绿色建筑的选材。绿色建材就是指采用绿色生产工艺技术生产出来的无毒、无害、无污染的建筑材料，包括墙体材料和装饰材料，包括生产过程中尽量使用工业废渣或城市垃圾为原料。这样可以减少工业对环境的污染和对资源的浪费，降低生产成本，提高经济效益。对于室内装饰材料的选择，要严格控制甲醛、芳香族化合物、重金属、放射性物质等对人体严重有害的物质，可采用无害的水性涂料、无毒黏合剂等。建筑用塑料、金属管件要经过严格的检验，符合标准才能使用。为了规范建材市场，国家要根据绿色建筑的要求，制订和实施绿色建材产品标准和环保标准。凡是不符合绿色建材标准的产品，一律不可生产和使用。

（3）绿色建筑节能。能源问题现已成为影响人类生存的最重要问题之一。建筑行业是能耗大户，人们消耗能源的主要场所也是在建筑里，因此，建筑节能问题是直接关系到社会可持续发展的重要问题，也是关系到人类生存的问题。

（4）绿色建筑管理。绿色建筑要保持其可持续发展的生态环境，还必须加强建筑的后期管理，做好各种设施的配套，建筑营运和管理也必须达到绿色建筑的标准要求。同时要提高全民节能意识，使人们自觉规范自身行为，提高节能效率。

7.3.1.3 "大地之舟"的借鉴经验

"大地之舟"是一位现在已七十多岁的美国建筑设计师迈克尔的创举。有感于人类面临越来越严重的环境问题，20 世纪 70 年代，迈克尔选择在不毛之地新墨西哥州建设了一种住房。这种房子用玻璃瓶、易拉罐、轮胎等垃圾砌墙，用太阳能和风力发电作为能源，采集雨水作为生活用水，用循环水浇灌农作物，尝试了一种让人类完全不依赖现代设施生存的样本。迈克尔反对核电站，反对地球上越来越多的掠取，提出了一种反方向的生存和发展的理念（所谓反方向是笔者的概括，正方向的生存发展理念是予取予夺。比如这地方缺电，想方设法使用水力、火力发电；缺水，劈山架桥引水；太热，装上中央空调；太冷，使用地暖、电暖、水暖，等等。同样面对资源紧缺，迈克尔是向自然索取，是一种返璞归真的理念。）。迈克尔的第一套住房就是自己的婚房。可是这种建房方式违背了美国建造住房的规范，而规范是有法律保障的。所以，迈克尔最终被吊销了建筑师资格，建造的房子被封存。即使面对如此厄运，迈克尔也没有放弃，一直用提交法案的方式，争取权利。一直到 2005 年，印度尼西亚发生海啸，迈克尔被邀请参与灾后重建；同年，卡特里娜飓风席卷墨西哥湾北岸，成为造成美国历史上损失最大的自然灾害之一，迈克尔也带领着他的团队前去参与灾后建设。

他们首先利用轮胎作为砖来造墙，轮胎是有弹性的建筑材料，用它做出的墙具有强大的吸热和制冷功能。

图 7-19　用轮胎和泥土制作"大地之舟"的墙壁

再用玻璃瓶、易拉罐、塑料瓶等砌墙，当阳光透过墙的时候折射出五颜六色的光，同时这些废弃的瓶子本身也能组成各种瑰丽图案，是化腐朽为神奇的"秘密武器"。

图 7-20　璃瓶、易拉罐、塑料瓶等砌筑的美丽墙壁(1)

图 7-21　璃瓶、易拉罐、塑料瓶等砌筑的美丽墙壁（2）

　　随后用厚泥砌墙。因为厚泥是天然的隔热层，所以这个房子无论室外是严冬还是酷暑，室内始终保持恒温 21℃，还可以防 9 级地震。冬天时，玻璃墙会最大限度把阳光引进来，提升室内的温度和采光；夏天时，打开天窗和地下蓄水池的通风口，靠空气自然流通就能把热带走。

图 7-22　"大地之舟"建设（1）

图 7-23 "大地之舟"建设(2)

图 7-24 "大地之舟"内部

　　屋顶上有风车进行风力发电,屋顶收集的雨水,过滤后用太阳能板加热,便可用来洗漱。洗漱之后的"中水"用以浇灌植物、冲洗厕所,经过循环使用,最后排入地下。

图 7-25　"大地之舟"的太阳能和风车系统

除此之外，每个屋子里都有一间绿屋用来种植食物，墙面以玻璃为主要材料，形成了天然温室，香蕉树、葡萄藤长在客厅里，就像一小片热带雨林。

图 7-26　"大地之舟"内部温室一角（1）

图 7-27 "大地之舟"内部温室一角(2)

在"大地之舟"之内安置好舒适的人居设施，一个舒服的家立即呈现。

图 7-28 舒适宜居的"大地之舟"(1)

图 7-29 舒适宜居的"大地之舟"(2)

　　"大地之舟"可以营造出不同造型、风格迥异的建筑物，现在欣赏一下"大地之舟"的不同风貌。

图 7-30 造型奇特、风格迥异的"大地之舟"(1)

图 7-31　造型奇特、风格迥异的"大地之舟"(2)

7.3.2　简约自然的生活方式

　　如果"俭"是中国人的传统美德、生活方式和生活哲学，就不得不提"便"。崇尚实用主义的中国一直都是把"俭"和"便"联系在一起，但是"俭"不代表抠门、吝啬，"便"也不代表懒散、随便，相反，它代表一种"爱物""善用"的智慧。

　　在以前中国人的生活中，小麦的秆子留着当吸管用，水稻的秸秆用来捆扎蔬菜，松树的落叶可以搓麻绳，荷叶能在去菜场的时候包肉，柳条能编成篮子，竹篾能化身为背篓、农具、帽子、扇子，榨茶油剩下的糟粕能用来洗头，野花草根用来染布……不仅物尽其用还就地取材，不仅环保节约还美观。

　　在现代绿色城市的日常生活里，人们的生活越来越便捷，但是这个"便"貌似跟大自然的关系越来远；这个"便"也貌似跟"俭"没有任何关系。大量的一次性物品、塑料制品充斥着我们的生活，甚至连衣物、食品等也造成大量浪费。绿色城市倡导绿色生活，绿色生活呼唤"俭"和"便"。在当今这个物资充足的时代，"俭"和"便"有着另外的含义，新的绿色生活蕴含着别样的智慧、选择和方式。现在就来看看香港大学生 Eric 和他的"染乐工坊 Dyelicious"工作室如何诠释"俭"和"便"。

　　26 岁的 Eric 毕业于香港公开大学环境管理学系，当前香港的大环境着实让他感到心痛，在香港这个人口密度极高的城市，除了每天有超过 3600t 的食物被丢弃，2018 年，香港的三个垃圾堆填区相继爆满。这 3600t 食物中不乏新鲜、完好的食物，仅仅因为"颜值低"就被浪费了。早在2010年，Eric 就开始关注环境保护方面的问题。有一天，他在一本书上看到厨房垃圾能变成染料，灵感立马就来了。于是一个想法诞生了！恰好那段时间里，有大学生发起回收婚宴剩食的活动，Eric 就想效仿他们，而这也成为他毕业设计的课题——利用厨余染布。

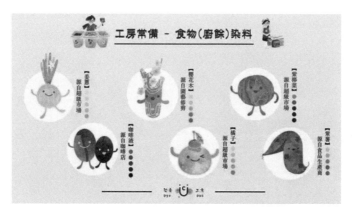

图 7-32　厨余染布（1）

刚开始 Eric 为了收集厨余经常跑到菜市场去翻垃圾，很多人都无法理解他的做法，觉得他"疯了"！比起别人的不理解，现实的困难更加残酷，由于没有老师做过类似的研究，所以无人可问，一切只能自己查资料然后摸索试验。经过一次又一次的尝试、失败再尝试，终于，他成功地从常见的厨余中提炼出天然色素。

图 7-33　厨余染布（2）

    提炼出天然色素只是第一步，染布是一门技术活，为了学习纯天然无污染的传统染布工艺，Eric专门飞到日本奈良的染布坊学习。Eric学习了"板染法"，用紫薯片染制日本服饰"甚平"。在浸湿的衣服上放上圆木板，用夹子紧紧夹住。再把衣服放在染液和温水里，细细地揉搓，直到染液均匀地渗透布料。最后，当圆木板被取下来的时候，没被染料浸染的部分，就变成了白色圆圈。清水冲洗、晾晒风干，一件紫色的"甚平"就在晾衣架上飘扬啦。Eric并不满足于此，他继续研究，希望能向人们展示更多的香港元素，他们找到老师傅裁剪出旗袍的半成品，用厨余染料染出了有着美丽的紫荆花等图案的旗袍。

图7-34　厨余染服装(1)

图7-35　厨余染服装(2)

如今的 Eric 除了继续研究染料，还带着厨余染料去到了意大利、德国、英国、日本、新加坡……

图 7-36　厨余染物品

绿色城市不单是一座城市，还是智慧的传承、美德的延续，同时也是美的享受和陶冶。打造绿色城市需要智慧、创新、适度和"便生"，也需要一种与之相契合的生活方式和生活智慧。绿色城市可以不拘小节，也可以打破传统，更可以关怀当下，绿色城市大有可为、大有所为！

参考文献

[1] BROWN S, LUGO A E. Biomass of Tropical Forests：A New Estimate Based on Forest Volumes[J]. Science, 1984, 223：1290 – 1293.

[2] ERHUN K, YAVUZG. Carbon Sequestration, Optimum Forest Rotation and Their Environmental Impact[J]. Environmental Impact Assessment Review, 2012, 37：18 – 22.

[3] GORHAM E, LAHAM C, DYKE A, et al. long – Term Carbon Sequestration in North American Peatlands[J]. Quatemary Science Reviews, 2012, 58：77 – 82.

[4] FANG J Y, GUO Z D, PIAO S L , et al. Terestial Vegetation Carbon Sinks in China, 1981 – 2000[J]. Science in China series D：Earth science, 2007, 50(7)：1341 – 1350.

[5] FRIEDL M A, DAVIS F W, MICHAELSEN J, et al. Scaling and Uncertainty in the Relationship between the NDVI and Land Surface Biophysical Variables：An Analysis Using A Scene Simulation Model and Data From FIFE[J]. Remote Sensing of Environment, 1995.

[6] IPCC. Land Use, Land Use Change, and Forestry[M]. Cambridge：Cambridge University Press, 2000：1 – 51.

[7] IPCC/IGES. Definitions and Methodological Options to Inventory Emissions From Direct Human-Induced Degradation of Forests andDevegatation of Other Vegetation Types[R]. Japan：Intergovernmental Panel on Climate Change, Institute for Global Environmental Strategies, 2003.

[8] IPCC, UNEP, OECD, et al. Revised 1996 IPCC Guidelines for National Greenhouse Gas Inventories[R]. Paris：Intergovernmental Panel on Climate Change, United Nations Environment Program, Organization for Economic Co – Operation and Development, International Energy Agency, 1997.

[9] JELLIOTT C, JAMES FF, PETER M A. Terestrial Carbon Losses From Mountaintop Coal Mining Offset Regional Forest Carbon Sequestration in the 21st Century[J]. Environment research, 2012, 7：1 – 7.

[10] MALHI Y, MEIR P, BROWNS. Forests, Carbon and Global Elimate [J]. Phil Trans R Soc Lond A, 2002, 360：1567 – 1591.

[11] ROSENZWEIC C, HLEL D. Soils and Global Climate Change：Challenges and Opportunities [J]. Soil Science, 2009, 165(1) ：47 – 56.

[12] SEDJO R A, TOMAN M A, BIRDSEY R A, et al. Can Carbon Sinks be Operational? An RFF Workshop Summary. Resources for the Future[R]. Discussion Paper 01 – 26, July 2001. Washington, DC, 2001.

[13] SINGH P, SHARMAI CM. Tropical Ecology：An Overiew [J]. Tropical Ecology, 2009, 50(1)：7 – 21.

[14] STAVINS R. The Costs of CarbonSequestration：A Revealed – Preference Approach[J]. Am Econ Rev, 1999, 89(4)：994 – 1110.

[15]LEHMANN S，胡先福. 绿色城市规划法则及中国绿色城市未来展望[J]. 建筑技术，2014，45(10)：917-922.

[16]埃比尼泽·霍华德. 明日的田园城市[M]. 金经元，译. 北京：商务印书馆，2000.

[17]毕光庆. 新时期绿色城市的发展趋势研究[J]. 天津城建大学学报，2005，11(4)：231-234.

[18]毕振华. 农村城镇化过程中的生态环境问题研究[J]. 价格月刊，2007(4)：33-34.

[19]曹飞. 新型城镇化质量测度、仿真与提升[J]. 财经科学，2014(12)：69.

[20]曹红华. 从测度到引导：新建城镇化评级指标体系构建与评估——基于浙江省11个城市的数据[D]. 杭州：浙江大学，2015(6)：14.

[21]曹利军，王华东. 可持续发展评价指标体系建立原理与方法研究[J]. 环境科学学报，1998，18(5)：526-532.

[22]曾坚，左长安. 基于可持续性与和谐理念的绿色城市设计理论[J]. 建筑学报，2006(12)：10-13.

[23]曾文革.《哥本哈根协议》的国际法解析[J]. 重庆大学学报：社会科学版，2010，16(1)：24-30.

[24]曾志伟，汤放华，易纯. 新型城镇化新型度评价研究——以环长株潭城市群为例[J]. 城市发展研究，2012(3)：11.

[25]曾志伟. 新型城镇化新型度评价研究——以环长株潭城市群为例[J]. 城市发展研究，2015(7)：512.

[26]柴锡贤. 可持续发展城市规划初探——绿色城市规划与创新[J]. 城市规划学刊，1999(5)：15-19.

[27]陈从周，潘洪萱. 绍兴石桥[M]. 上海：上海科学技术出版社，1986.

[28]陈从周. 园趣[M]. 上海：上海文化出版社，1999.

[29]陈改桃. 绿色城镇化如何实现[J]. 马克思主义研究，2016(4)：23-28.

[30]陈继革. 绿色城市规划建设新模式[J]. 地理教学，2009(9)：5-6.

[31]陈明，张云峰. 城镇化发展质量的评价指标体系研究[J]. 中国名城，2013(2).

[32]陈田田. 我国省域生态城镇化水平评价分析[C]. 2015年中国地理学会经济地理专业委员会学术研讨会论文摘要集，2015.

[33]程天明. 浅析中国传统建筑的礼制思想[J]. 工程与建设，2012，26(6)：753-755.

[34]仇保兴. 中国城镇化：机遇与挑战[M]. 北京：中国建筑工业出版社，2004.

[35]戴伟华. 地域文化与唐代诗歌[M]. 北京：中华书局，2006.

[36]邓德胜，尹少华. 对湖南绿色城市发展战略的探讨[J]. 经济地理，2004，24(4)：499-501.

[37]邓培雁，陈桂珠. 湿地价值及其有关问题探讨[J]. 湿地科学，2003，1(2)：24-26.

[38]董泊. 关于实施绿色城镇化的探讨——以天津市汉沽区大田镇为例[J]. 天津城建大学学报，2014(2)：51.

[39]董建泓. 关于中国传统城市规划理念的一些探讨[J]. 城市规划汇刊，1997(5)：4-6.

[40]董战峰，杨春玉，吴琼，等. 中国新型绿色城镇化战略框架研究[J]. 生态经济(中文版)，2014，30(2).

[41]段进，季松，王海宁. 城镇空间解析——太湖流域古镇空间结构与形态[M]. 北京：中国建筑工业出版社，2002.

[42]樊纲，武良成. 城市化发展——要素聚集与规划治理[M]. 北京：中国经济出版社，2012：1.

[43]方创琳，王德利. 中国城市化发展质量的综合测度与提升[J]. 地理研究，2014（12）：69.

[44]方创琳. 中国城市发展空间格局优化的总体目标与战略重点[J]. 城市发展研究，2016，23（10）：1－9.

[45]方精云，刘国华，徐嵩龄. 中国陆地生态系统碳循环[M]. 北京：中国环境科学出版社，1996：109－128.

[46]傅立. 灰色系统理论及其应用[M]. 北京：科学技术文献出版社. 1992.

[47]高红贵，汪成. 略论生态文明的绿城化[J]. 中国人口，2012，（3）：1－4.

[48]龚小军. 作为战略研究一般分析方法的 SWOT 分析[J]. 西安电子科技大学学报：社会科学版，2003，13(1)：49－52.

[49]顾洁. 大城市绿化隔离带规划与建设研究——以南京主城南部绿化隔离带为例[D]. 南京：东南大学，2007.

[50]郭凯峰，苏涵. 云南省城镇化发展特征、路径及对策研究[J]. 规划师，2011.

[51]国家发改委应对气候变化司. 中国自愿减排交易信息平台. 备案项目[EB/OL]. http://cdm.ccchina.gov.cn/ccer.aspx.

[52]国家发展和改革委员会. 国家新型城镇化规划(2014－2020 年)[R].

[53]国家林业局中国绿色碳汇基金会. 实施项目[EB/OL]. http：//www. thjj. org/.

[54]郝华勇. 生态文明融入城镇化全过程模式建构[J]. 科技进步与对策，2014(6)：41.

[55]郝寿义. 低碳生态城市规划与建设——一个基于中新天津生态城案例的研究[J]. 2011.

[56]何子张. 城市绿色空间保护的规划反思与探索——以南京为例[J]. 规划师，2009，25(4)：45－49.

[57]胡学明，葛家君. 绿色建筑概论[M]. 北京：中国建材工业出版社. 2007.

[58]黄从德. 四川森林生态系统碳储量及其空间分异特征[D]. 成都：四川农业大学，2008.

[59]黄富国. 小城镇的文化问题与集聚效应[J]. 城市规划汇刊，1996 (3)：53－57，66.

[60]黄金川，方创琳. 城市化与生态环境交互耦合机制与规律性分析[J]. 地理研究，2003，22(2)：211－220.

[61]贾倍思. 绿色城市不是可持续发展城市——生态系统观念在城市发展研究中的重要性[J]. 新建筑，1999(1)：15－17.

[62]江长胜. 川中丘陵区农田生态系统主要温室气体排放研究[D]. 北京：中国科学院大气物理研究所，2005.

[63]姜东涛. 森林制氧固碳功能与效益计算探讨[J]. 华东森林经理，2005，19(2)：19－21.

[64]蒋宵宵. 农业产业化在城镇化进程中驱动力研究——以"冀中南"为例[J]. 保定学院学报，2014(2)：111－113.

[65]解析海绵城市的雨水收集利用之谜[EB/OL]. http：//bbs. co188. com/thread‐9055501-1-1. html.

[66]柯林·罗. 拼贴城市[M]. 北京：中国建筑工业出版社，2003.

[67]李昂，王娜，杨涛. 绿色城市设计理论研究与实践——以佟沟新城概念性城市设计为例[J]. 科技视界，2013(13)：159－161.

[68]李红艳. SWOT 分析在城市发展战略上的应用[J]. 科学决策，2008(10)：29－30.

[69]李瑾. 天津蓟县绿色城市发展战略研究[J]. 天津农业科学，2007，13(3)：52－56.

[70]李麟学. 基于绿色城市模式的两型社会构建[J]. 中国发展，2009(6)：82－85.

[71]李漫莉，田紫倩，赵惠恩，等. 绿色城市的发展及其对我国城市建设的启示[J]. 农业科技与信息：现代园林，2013(1)：17－24.

[72]李若青. 用绿色发展理念规划城镇未来[J/OL]. https：//www. xzbu. com/7/view‐6886769. htm.

[73]李爽. 绿色 TOD 的评价指标体系与方法研究——以南京市轨道交通站点周边地区为例[D]. 南京：东南大学，2014. 15－22.

[74]李为，游秀凤. 新型城镇化战略重点优化：机遇国际经验的启示[J]. 长春师范大学学报，2014(9)：35－38.

[75]李卫，费凯. 建筑哲学[M]. 北京：学林出版社，2006.

[76]李晓燕. 中原经济区新型城镇化评价研究——基于生态文明视角[J]. 华北水利水电大学学报(社会科学版)，2015(2)：69.

[77]梁思成. 梁思成谈建筑[M]. 北京：世界出版社，2006.

[78]梁思成. 中国建筑史[M]. 北京：百花文艺出版社，1998.

[79]刘沛林，董双双. 中国古村落景观的空间意象研究[J]. 地理研究，1998，17(1)：31－38.

[80]刘沛林. 家园的景观与基因：传统聚落景观基因图谱的深层探索[M]. 北京：商务印书馆，2014：66－278.

[81]刘沛林. 论"中国历史文化名村"保护制度的建立[J]. 北京大学学报：哲学社会科学版，1998，35(1)：1－88.

[82]芦原义信. 道的美学[M]. 尹培桐，译. 武汉：华中理工大学出版社，1989：72－79.

[83]罗丽艳. 实现可持续发展的逻辑思路：市场—制度—伦理[J]. 资源开发与市场，2003，19(5)：300－301.

[84]罗上华. 城市环境保护规划与生态建设指标体系实证[J]. 生态学报，2003，23(1)：45－55.

[85]罗勇. 城镇化的绿色路径与生态指向[J]. 辽宁大学学报，2014(6)：84－89.

[86]吕丹，叶萌，杨琼. 新型城镇化质量评价指标体系综述与重构[J]. 财经问题研究，2014，(9)：72－78.

[87]吕伟. 低碳发展驱动绿色城镇化的动力分析[J]. 中共中央党校，2016.

[88]马志新，杨军平. 探索现代绿色城市规划发展之路[J]. 国土绿化，2001(3)：12.

[89]梅红，李湛东，张志强，等. 我国城市绿化指标的研究[J]. 经营管理，2003，1(2)：36－38.

[90]闵希莹，杨保军．北京第二道绿化隔离带与城市空间布局[J]．城市规划，2003，27
(9)：17－21．

[91]牛文元．中国新型城市化报告2012[M]．北京：科学出版社，2012：262－270．

[92]彭震伟，樊保军．论小城镇建设中政府职能的转变[J]．城市规划，2004，28(9)：40－42．

[93]戚晓旭，杨雅维．新型城镇化评价指标体系研究[J]．宏观经济管理，2015(2)：69．

[94]戚晓旭，杨稚维，杨智尤．新型城镇化评价指标体系研究[J]．宏观经济管理，2014(2)：51．

[95]荣冰凌，陈春娣，邓红兵．城市绿色空间综合评价指标体系构建及应用[J]．城市环境与城市生态，2009(1)：33－37．

[96]阮仪三．江南古镇[M]．上海：上海画报出版社，1998．

[97]沈基清．论基于生态文明的新型城镇化[J]．城市规划学刊，2013(1)：29．

[98]沈清基，顾贤荣．绿色城镇化发展若干重要问题思考[J]．建设科技，2014(9)：72．

[99]宋慧琳，彭迪云．绿色城镇化测度指标体系及其评价应用研究以江西省为例[J]．金融与经济，2016(7)：4－9．

[100]宋敏，耿荣海，王兰英，等．基于绿色发展的城市标准体系框架构建[J]．建筑科学，2012，28(12)：43－47．

[101]苏金发．城乡统筹：城镇化与农业经济增长关系的实证分析[J]．经济经纬，2011，(4)：111－115．

[102]孙军．海洋浮游植物与生物碳汇[J]．生态学报，2011，31(18)：5372－5378．

[103]孙长青．经济学视角下新型城镇化评价指标体系的构建[J]．河南社会科学，2013(11)：56．

[104]陶信平．略论中国湿地保护[J]．长安大学学报(社会科学版)，2004，6(4)：13－17．

[105]王德祥．明治维新以来日本的农业和农村政策[J]．现代日本经济，2008(2)：42－47．

[106]王冬至，张秋良，张冬燕．大青山乔木林碳汇效益计算[J]．山东农业大学学报(自然科学版)，2010，41(4)：522－526．

[107]王家庭，唐袁．我国城市化质量测度的实证研究[J]．财经问题研究，2009(12)．

[108]王建国，王兴平．绿色城市设计与低碳城市规划——新型城市化下的趋势[J]．城市规划，2011(2)：20－21．

[109]王建国．生态原则与绿色城市设计[J]．建筑学报，1997(7)：8－12．

[110]王建华，吕宪国．城市湿地概念和功能及中国城市湿地保护[J]．生态学杂志，2001，26(4)：48－50．

[111]王兰英，杨帆．创新驱动发展战略与中国的未来城镇化建设[J]．中国人口·资源与环境，2014，24(9)：163－169．

[112]王磊，孙君，李昌平．逆城市化背景下的系统乡建：河南信阳郝堂村建设实践[J]．建筑学报，2013(12)：16－21．

[113]王蕾，张景群，王晓芳，等．黄土高原两种人工林幼林生态系统碳汇能力评价[J]．东北林业大学学报，2010，38(7)：75－77．

[114]王平, 盛连喜, 燕红, 等. 植物功能性状与湿地生态系统土壤碳汇功能[J]. 生态学报, 2010, 30(24): 6990 – 7000.

[115]王其钧. 中国古建筑语言[M]. 北京: 机械出版社, 2007.

[116]王素斋. 新型城镇化科学发展内涵、目标与路径[J]. 热点关注, 2013, (4): 165 – 168.

[117]王文亮, 李俊奇, 王二松, 等. 海绵城市建设要点简析[J]. 建设科技, 2015(1): 19 – 21.

[118]魏后凯, 成艾华. 城镇化的绿色选择[EB/OL]. 中国环境网, 中国环境报, 2013.

[119]吴国春, 郗婷婷. 后坎昆时代中国碳汇林发展的理性思考[J]. 林业经济, 2011(10): 40 – 42.

[120]吴志敏, 刘永强, 许锦峰, 等. 江苏省绿色低碳智慧小城镇建设指标体系构建研究[J]. 墙材革新与建筑节能, 2017 (10): 63 – 69.

[121]肖洋. 基于景观生态学的城市雨洪管理措施研究[J]. 中国学位论文全文数据库, 2013.

[122]肖英, 刘恩华, 王光军. 湖南 4 种森林生态系统碳汇功能研究[J]. 湖南师范大学自然科学学报, 2010, 33(1): 124 – 128.

[123]谢淑娟, 匡耀求, 黄宁生. 中国发展碳汇农业的主要路径与政策建议[J]. 中国人口・资源与环境, 2010, 20(12): 46 – 51.

[124]谢遂联. 唐代都市诗的演变及其文化意义[J]. 唐都学刊, 2006, 22(2).

[125]许学强, 李郇. 改革开放 30 年珠江三角洲城镇化的回顾与展望[J]. 经济地理, 2009, 29(1): 13 – 18.

[126]许学强, 周一星, 宁敏. 城市地理学[M]. 北京: 高等教育出版社, 2009(9): 55 – 57.

[127]薛文碧, 杨茂盛. 生态文明城镇化评价指标体系构建及应用[J]. 西安科技大学学报, 2015(7): 512.

[128]杨春光. 推动生产方式绿色化[N]. 光明日报, 2015 – 5 – 12(3).

[129]杨焕章. 中国古建筑文化之旅[M]. 北京: 知识产权出版社, 2004.

[130]杨丽, 庞弘, 周艳芳. GIS 在"绿色城市设计"应用中的探索[J]. 武汉大学学报(工学版), 2001, 34(6): 100 – 103.

[131]杨忍, 刘彦随, 陈秧分. 中国农村空心化综合测度与分区[J]. 地理研究, 2012, 31(9): 1697 – 1706.

[132]杨万里. 宋词与宋代的城市生活[M]. 华东师范大学出版社, 2006: 14.

[133]杨伟民. 促进城镇化的绿色化 [J]. 瞭望, 2015(12).

[134]姚士谋, 冯长春, 王成新, 等. 中国城镇化及其资源环境基础[M]. 北京: 科学出版社, 2010: 152.

[135]于贵瑞, 伏玉玲, 孙晓敏, 等. 中国陆地生态系统通量观测研究网络(China FLUX)的研究进展及其发展思路[J]. 中国科学: D 辑, 2006, 36(A01): 1 – 21.

[136]于贵瑞, 张雷明, 孙晓敏, 等. 亚洲区域陆地生态系统碳通量观测研究进展[J]. 中国科学: D 辑, 2005, 34(A02): 15 – 29.

[137]余晖，秦虹．中国城市公用事业绿皮书——公私合作制的中国试验[M]．上海：上海人民出版社，2005(9)：13－17．

[138]俞孔坚．生物保护的景观生态安全格局[J]．生态学报，1999．

[139]袁牧，张晓光，杨明．SWOT分析在城市战略规划中的应用和创新[J]．城市规划，2007，31(4)：53－58．

[140]岳文海．中国新型城镇化发展研究[D]．武汉：武汉大学，2013．

[141]云南省人民政府．关于印发滇中城市经济圈一体化发展总体规划(2014－2020年)[R]．

[142]云南省人民政府．云南省新型城镇化规划(2014－2020年)[R]，2016．

[143]云南省人民政府．云南政府工作报告2016[R]．

[144]云南省人民政府．云南省人民政府关于深入推进新型城镇化建设的实施意见[R]，2016．

[145]云南省人民政府．云南省十二五规划纲要[R]．2011．

[146]云南省统计局．云南省统计年鉴2016[R]．北京：中国统计出版社，2016

[147]张国玉．中国新型城镇化的推荐路径："就地城镇化"与行政区划的调整[J]．四川行政学院学报，2014 (1)：5－8．

[148]张红卫，夏海山，魏民．运用绿色基础设施理论，指导"绿色城市"建设[J]．中国园林，2009，25(9)：28－30．

[149]张晶，张哲思．我国绿色城镇化的路径探索[J]．环球人文地理，2014(22)：120－121．

[150]张梦，李志红，黄宝荣，等．绿色城市发展理念的产生、演变及其内涵特征辨析[J]．生态经济(中文版)，2016，32(5)：205－210．

[151]张占斌．新型城镇化的战略意义和改革难题[J]．国家行政学报：经济发展与改革，2013，(4)：47－53．

[152]张占斌．中国新型城镇化健康发展报告(2014)[M]．北京：社会科学文献出版社，2014．

[153]赵振斌，包浩生．国外城市自然保护与生态重建及其对我国的启示[J]．自然资源学报，2001，16 (4)：390－396．

[154]赵峥，张亮亮．绿色城市：研究进展与经验借鉴[J]．城市观察，2013，26(4)：161－168．

[155]中国建筑科学研究院．GB/T 50378—2014绿色建筑评价标准[S]．北京：中国建筑工业出版社，2014．

[156]中国科学院可持续发展战略研究组．中国可持续发展战略报告：探索中国特色的低碳道路[M]．北京：科学出版社，2009．

[157]周庆，史相宾，赵立志．基于TOD模式的绿色城市组团设计策略研究[J]．城市发展研究，2013，20(3)：29－34．

[158]住房城乡建设部．海绵城市建筑技术指南[S]，2014

[159]庄世坚．构建绿色城市平台 支持循环经济发展[J]．福建环境，2003(5)：4－6．